住房和城乡建设部"十四五"规划教材

高等学校土木工程专业融媒体新业态系列教材

钢结构设计（第二版）

宋高丽　主编

中国建筑工业出版社

图书在版编目（CIP）数据

钢结构设计 / 宋高丽主编. -- 2 版. -- 北京：中
国建筑工业出版社，2025. 8. --（住房和城乡建设部"
十四五"规划教材）（高等学校土木工程专业融媒体新业
态系列教材）. -- ISBN 978-7-112-31336-5

Ⅰ. TU391.04

中国国家版本馆 CIP 数据核字第 20253J7B45 号

住房和城乡建设部"十四五"规划教材
高等学校土木工程专业融媒体新业态系列教材

钢结构设计 （第二版）

宋高丽　主编

*

中国建筑工业出版社出版、发行（北京海淀三里河路 9 号）

各地新华书店、建筑书店经销

霸州市顺浩图文科技发展有限公司制版

天津画中画印刷有限公司印刷

*

开本：787 毫米×1092 毫米　1/16　印张：16¾　插页：1　字数：405 千字
2025 年 8 月第二版　　2025 年 8 月第一次印刷
定价：**48.00** 元（赠教师课件及配套数字资源）
ISBN 978-7-112-31336-5
（45207）

本书主要介绍了房屋建筑工程中常用的钢结构体系的形式和设计方法，主要内容包括普通钢屋架单层厂房、门式刚架轻型房屋结构、多层钢框架结构体系的组成、构造和设计方法。全书按现行规范编写，配有计算实例，以案例阐述理论，理论和实际应用并重。

本书可作为高校土木工程及相关专业本科教材，也可作为相关设计人员、工程技术人员的参考书。

为了更好地支持相应课程的教学，我们向采用本书作为教材的教师提供课件，有需要者可与出版社联系。

建工书院：http://edu.cabplink.com/index

邮箱：jckj@cabp.com.cn，2917266507@qq.com

电话：010-58337285

* * *

责任编辑：聂　伟

责任校对：张惠雯

出版说明

党和国家高度重视教材建设。2016 年，中办国办印发了《关于加强和改进新形势下大中小学教材建设的意见》，提出要健全国家教材制度。2019 年 12 月，教育部牵头制定了《普通高等学校教材管理办法》和《职业院校教材管理办法》，旨在全面加强党的领导，切实提高教材建设的科学化水平，打造精品教材。住房和城乡建设部历来重视土建类学科专业教材建设，从"九五"开始组织部级规划教材立项工作，经过近 30 年的不断建设，规划教材提升了住房和城乡建设行业教材质量和认可度，出版了一系列精品教材，有效促进了行业部门引导专业教育，推动了行业高质量发展。

为进一步加强高等教育、职业教育住房和城乡建设领域学科专业教材建设工作，提高住房和城乡建设行业人才培养质量，2020 年 12 月，住房和城乡建设部办公厅印发《关于申报高等教育职业教育住房和城乡建设领域学科专业"十四五"规划教材的通知》（建办人函〔2020〕656 号），开展了住房和城乡建设部"十四五"规划教材选题的申报工作。经过专家评审和部人事司审核，512 项选题列入住房和城乡建设领域学科专业"十四五"规划教材（简称规划教材）。2021 年 9 月，住房和城乡建设部印发了《高等教育职业教育住房和城乡建设领域学科专业"十四五"规划教材选题的通知》（建人函〔2021〕36 号）。为做好"十四五"规划教材的编写、审核、出版等工作，《通知》要求：（1）规划教材的编著者应依据《住房和城乡建设领域学科专业"十四五"规划教材申请书》（简称《申请书》）中的立项目标、申报依据、工作安排及进度，按时编写出高质量的教材；（2）规划教材编著者所在单位应履行《申请书》中的学校保证计划实施的主要条件，支持编著者按计划完成书稿编写工作；（3）高等学校土建类专业课程教材与教学资源专家委员会、全国住房和城乡建设职业教育教学指导委员会、住房和城乡建设部中等职业教育专业指导委员会应做好规划教材的指导、协调和审稿等工作，保证编写质量；（4）规划教材出版单位应积极配合，做好编辑、出版、发行等工作；（5）规划教材封面和书脊应标注"住房和城乡建设部'十四五'规划教材"字样和统一标识；（6）规划教材应在"十四五"期间完成出版，逾期不能完成的，不再作为《住房和城乡建设领域学科专业"十四五"规划教材》。

住房和城乡建设领域学科专业"十四五"规划教材的特点，一是重点以修订教育部、住房和城乡建设部"十二五""十三五"规划教材为主；二是严格按照专业标准规范要求编写，体现新发展理念；三是系列教材具有明显特点，满足不同层次和类型的学校专业教学要求；四是配备了数字资源，适应现代化教学的要求。规划教材的出版凝聚了作者、主审及编辑的心血，得到了有关院校、出版单位的大力支持，教材建设管理过程有严格保障。希望广大院校及各专业师生在选用、使用过程中，对规划教材的编写、出版质量进行反馈，以促进规划教材建设质量不断提高。

住房和城乡建设部"十四五"规划教材办公室

2021 年 11 月

第二版前言

《钢结构设计》于2019年2月出版，被多所高校选为教材或参考用书。此次修订，在保持原书章节体系不变的前提下，根据2019年2月之后颁布实施的规范，如《工程结构通用规范》GB 55001—2021、《钢结构通用规范》GB 55006—2021等，对相关内容进行了修订，并对与教材配套的课件进行了调整。同时，为提高钢结构施工图识图能力，录制了部分常见钢结构连接节点详图的识图讲解视频，读者扫描书中二维码即可观看。

全书的修订由昆明学院宋高丽完成。限于编者水平，错误和不妥之处在所难免，敬请读者批评指正。

第一版前言

本书重点阐述了常见钢结构体系（普通钢屋架单层厂房、门式刚架轻型房屋结构、多层钢框架结构）的基本组成、结构布置、结构体系的受力分析、构件设计和节点连接设计。此外本书还包括三大典型工程设计案例，附详细手写计算过程和主要施工图。本书可作为高校土木工程专业和相关专业建筑钢结构设计课程的教材，也可作为相关设计人员和工程技术人员的参考书。通过本书的学习，读者能初步掌握建筑钢结构的设计过程和计算方法。

本书所涉及的主要国家现行规范为《钢结构设计标准》GB 50017—2017、《门式刚架轻型房屋钢结构技术规范》GB 51022—2015、《冷弯薄壁型钢结构技术规范》GB 50018—2002 等。

本书由昆明学院宋高丽主编，具体分工为：宋高丽编写第 1～3、5、6 章、姚学群编写第 4、7 章、周卫霞编写附录，本书附赠课件由周卫霞制作。全书由宋高丽规划并定稿。

本书的编写参考了有关资料，谨致谢意。

限于编者水平，错误和不足之处在所难免，敬请读者批评指正。

目　　录

第 1 章　绪　　论

1.1　钢结构的主要结构体系

1.1.1　单层钢结构

单层钢结构主要由横向抗侧力体系和纵向抗侧力体系组成，其中横向抗侧力体系可分为排架、门式刚架、框架结构体系（图 1-1），纵向抗侧力体系宜采用中心支撑体系，也可采用刚架结构。

排架由屋架（或屋面梁）、柱和基础组成。屋架（或屋面梁）与柱铰接，柱与基础刚接，是单层钢结构的基本结构形式，包括等截面柱排架、单阶柱排架和双阶柱排架。而门式刚架结构中，屋面梁与柱刚接，柱与基础铰接或刚接，包括单层柱门式刚架和多层柱门式刚架。

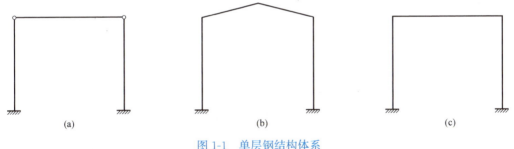

图 1-1　单层钢结构体系
（a）排架；（b）门式刚架；（c）框架

在对单层钢结构建筑进行结构布置时，应注意：①多跨结构宜等高等长，各柱列的侧移刚度宜均匀；②在地震区，当结构体型复杂或有贴建的房屋和构筑物时，宜设防震缝；③在同一结构单元中，宜采用同一种结构形式，当不同结构形式混合采用时，应充分考虑荷载、位移和强度的不均衡对结构的影响。

1.1.2　多高层钢结构

按抗侧力结构的特点，在多、高层钢结构常用的结构体系主要有：（1）框架结构：以钢梁和钢柱为主要承重构件的结构体系为框架结构，它可以形成较大使用空间，平面布置灵活，构造简单，延性好，但侧向刚度较差，常用于层数不超过 30 层的建筑。（2）框架支撑体系：在框架体系中的部分框架柱之间设置竖向支撑，支撑结构承担大部分水平侧力，这类体系具有良好的抗震特性和较大的侧向刚度，可用于 30～40 层的高层钢结构，如图 1-2 所示。（3）框架剪力墙板体系：该体系是以钢框架为基础，在框架间设置一定数

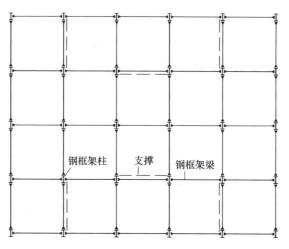

图 1-2 框架支撑体系平面示例

量的带肋钢板或预制钢筋混凝土板所组成的结构体系。整个建筑的竖向荷载全部由钢框架承担，水平荷载由钢框架和墙板共同承担。在风荷载或地震作用下，框架剪力墙板体系的侧移比框架体系减小很多。（4）框筒体系：该体系是由密柱深梁构成的外筒结构，承担全部水平荷载；内筒是梁柱铰接相连的结构，仅按筒截面积比例承担竖向荷载，不承担水平荷载。整个结构无须设置支撑等抗侧力构件，可提供较大的灵活空间，如图 1-3 所示。（5）筒中筒体系：该体系由外筒和内筒通过有效的连接组成一个共同工作的空间结构体系，其外筒与框筒体系的外筒类似，内筒可采用梁柱刚接的支撑框架，或梁柱铰接的支撑排架。内、外筒通过楼面结构连接在一起共同抵抗侧力，从而提高了结构总的侧向刚度，如图 1-4 所示。（6）束筒体系：是由一个外筒与多个内筒并列组合在一起形成的结构体系，具有更好的整体性和更大的侧向刚度，如图 1-5 所示。（7）巨型框架体系：该体系是由柱距较大的格构式立体桁架柱及立体桁架梁构成巨型框架主体，配以局部小框架而组成的结构体系。水平荷载全部由巨型框架承担，在局部范围内设置的小框架，由实腹柱和实腹梁组成，仅承担所辖范围的楼层重力荷载。巨型框架的"巨梁"通常是每隔 12～15 个楼层设置一道，如图 1-6 所示。

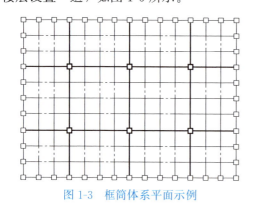

图 1-3 框筒体系平面示例

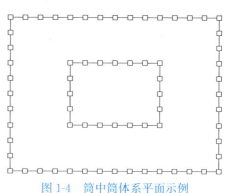

图 1-4 筒中筒体系平面示例

对多（高）层钢结构建筑进行结构布置时应尽量遵循以下原则：①建筑平面宜简单、规则，结构平面布置宜对称，水平荷载的合力作用线宜接近抗侧力结构的刚度中心，高层

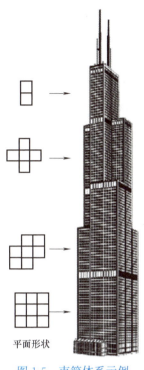

平面形状

图 1-5　束筒体系示例

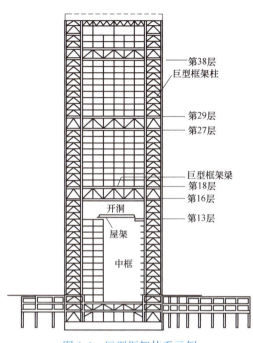

第38层
巨型框架柱

第29层
第27层

巨型框架梁
第18层
第16层

第13层

开洞

屋架

中框

图 1-6　巨型框架体系示例

钢结构两个主轴方向动力特性宜相近；②结构竖向体型应力求规则、均匀，避免过大的外挑和内收，结构竖向布置宜使侧向刚度和受剪承载力沿竖向均匀变化，避免因突变导致过大的应力集中和塑性变形集中；③采用框架结构体系时，高层建筑不应采用单跨结构，多层的甲、乙类建筑不宜采用单跨结构；④高层钢结构宜选用风压较小的平面形状和横向风向振动效应较小的建筑体型，并应考虑相邻高层建筑对风荷载的影响；⑤平面上的支撑布置宜均匀、分散，沿竖向宜连续，不连续时应适当增加错开支撑及错开支撑之间的上下楼层水平刚度；设置地下室时，支撑应延伸至基础。

1.1.3　大跨度钢结构

大跨度钢结构常用的结构体系主要有：（1）桁架结构：该结构分为平面桁架和空间桁架，空间桁架结构是由平面或空间桁架平行或交叉布置而形成的空间刚性结构体系，其整体刚度好，但两个方向的桁架往往有主次之分，使传力以平面传力为主，用钢量较多，如图 1-7 所示。（2）网架结构：该结构是由许多杆件按一定规律组成的平板型空间网格结构（图 1-8），按弦杆层数不同可分为双层网架和三（多）层网架。（3）网壳结构：该结构是由许多杆件按一定规律组成的曲面型空间网壳结构（图 1-9），分单层网壳和双层网壳。（4）悬索结构：该结构是以只能受拉的钢索通过预拉力构成能承重的结构（图 1-10），外荷载由受拉的钢索承担，充分利用钢材的强度，可节约用钢量，但安装技术要求高，难度较大。（5）索穹顶结构：该结构是由拉索和少量压杆组成的结构体系（图 1-11），由于这类结构依靠索的张力将索和压杆组装成有刚度的结构，因此也称为张拉集成结构。

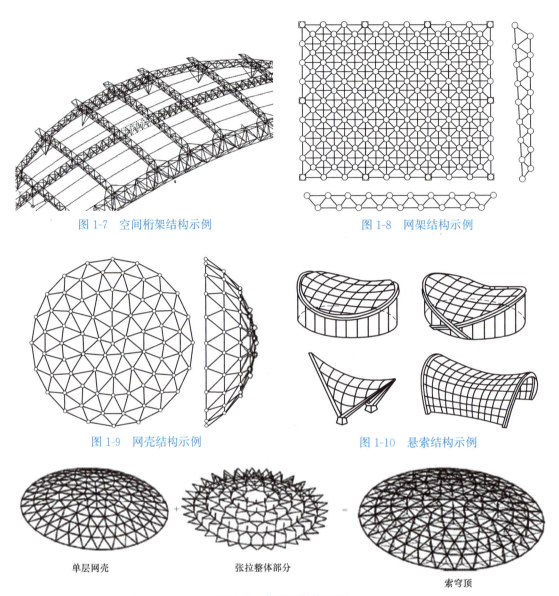

图 1-7　空间桁架结构示例　　　　　　图 1-8　网架结构示例

图 1-9　网壳结构示例　　　　　　图 1-10　悬索结构示例

单层网壳　　　　　张拉整体部分　　　　　索穹顶

图 1-11　索穹顶结构示例

　　大跨度钢结构体系设计时应遵循的原则主要有：①大跨度钢结构的设计应根据结构工程的平面形状、体型、跨度、支承情况、荷载大小、建筑功能综合分析确定，结构布置和支承形式应保证结构具有合理的传力途径和整体稳定性，平面结构应设置平面外的支撑体系；②应根据大跨度钢结构的结构和节点形式、构件类型、荷载特点，并考虑上部大跨度钢结构与下部支撑结构的相互影响，建立合理的计算模型，进行协同分析；③地震区的大跨度钢结构，应按《建筑抗震设计标准》GB/T 50011—2010(2024 年版) 考虑水平及竖向地震作用效应，对于大跨度钢结构楼盖，应保证使用功能满足相应的舒适度要求；④应对施工过程复杂的大跨度钢结构或复杂的预应力大跨度钢结构进行施工过程分析；⑤杆件截面的最小尺寸应根据结构的重要性、跨度、网格大小计算确定，普通角钢不宜小于L50×3，钢管不宜小于φ48×3，对大、中跨度的结构，钢管不宜小于φ60×3.5。

1.2 钢结构的设计方法

1.2.1 概率极限状态设计方法

（1）结构的功能要求

结构计算的目的在于保证所设计的结构构件在施工和使用过程中能满足预期的各种功能要求。在设计工作年限内，钢结构应满足的功能主要有：

① 应能承受在正常施工和使用期间可能出现的各种作用；

② 应保障结构和结构构件的预定使用要求；

③ 应保障足够的耐久性要求。

这里的"各种作用"指使结构产生内力或变形的各种原因，如施加在结构上的集中力或分布力（直接作用，也称为荷载），以及引起结构外加变形或约束变形的原因（间接作用，如地震、温度变化、地基沉降等）。

（2）结构的极限状态

当整个结构或结构的一部分超过某一特定状态就不能满足设计规定的某一项功能要求时，此特定状态就称为该功能的极限状态。结构的极限状态主要有：

① 承载能力极限状态

涉及人身安全以及结构安全的极限状态应作为承载能力极限状态。当结构或结构构件出现下列状态之一时，应认为超过了承载能力极限状态：结构构件或连接因超过材料强度而破坏，或因过度变形而不适于继续承载；整个结构或其一部分作为刚体失去平衡；结构转变为机动体系；结构或结构构件丧失稳定；结构因局部破坏而发生连续倒塌；地基丧失承载力而破坏；结构或结构构件的疲劳破坏。

② 正常使用极限状态

涉及结构或结构单元的正常使用功能、人员舒适性、建筑外观的极限状态应作为正常使用极限状态。当结构或结构构件出现下列状态之一时，应认为超过了正常使用极限状态：影响外观、使用舒适性或结构使用功能的变形；造成人员不舒适或结构使用功能受限的振动；影响外观、耐久性或结构使用功能的局部损坏。

（3）概率极限状态设计方法

结构的工作性能可用结构的功能函数来描述。若结构设计时需要考虑 n 个影响结构可靠性的随机变量，即 x_1、x_2，…，x_n，则这 n 个随机变量之间通常可建立函数关系：

$$Z=g(x_1,x_2,\cdots,x_n) \tag{1-1}$$

式中，Z 称为结构的功能函数。

为了简化，只以作用效应 S 和结构抗力 R 两个基本随机变量表达结构的功能函数，则得：

$$Z=g(R,S)=R-S \tag{1-2}$$

在实际工程中，可能出现三种情况：①$Z>0$ 时，结构处于可靠状态；②$Z=0$ 时，结构达到临界状态；③$Z<0$ 时，结构处于失效状态。

传统的设计方法认为 S 和 R 都是确定的变量，只要按 $Z>0$ 进行设计结构就是绝对安全的，但事实并非如此，因为影响结构功能的各种因素，如荷载的大小、材料强度的高低、构件截面尺寸大小和施工质量等都具有不确定性，因此绝对可靠的结构是不存在的。结构设计要解决的根本问题是在结构的可靠和经济之间选择一种最佳的平衡，那么，对所设计的结构的功能只能给出一定概率的保证，只要可靠的概率足够大，或者说失效的概率足够小，便可认为所设计的结构是安全的。

按照概率极限状态设计方法，结构的可靠度定义为：结构在规定的时间内、规定的条件下，完成预定功能的概率。若以 p_s 表示结构的可靠度，则可靠度的定义可表达为：

$$p_s = P(Z \geqslant 0) \tag{1-3}$$

若以 p_f 表示结构的失效概率，则：

$$p_f = P(Z < 0) \tag{1-4}$$

由于事件（$Z<0$）和（$Z\geqslant 0$）是对立的，所以结构可靠度 p_s 和结构的失效概率 p_f 的关系可表示为：

$$p_s + p_f = 1 \tag{1-5}$$

因此，结构可靠度的计算可以转换为结构失效概率的计算。钢结构设计应采用以概率理论为基础的极限状态设计方法（除疲劳计算和抗震设计外），用分项系数设计表达式进行计算。

1.2.2 分项系数设计表达式

（1）承载能力极限状态设计表达式

结构或结构构件强度不足破坏或过度变形时的承载能力极限状态设计，应符合式（1-6）要求：

$$\gamma_0 S_d \leqslant R_d \tag{1-6}$$

式中 γ_0——结构重要性系数：对于持久设计状况和短暂设计状况，当安全等级为一级时不应小于 1.1，当安全等级为二级时不应小于 1.0，当安全等级为三级时不应小于 0.9；对偶然设计状况和地震设计状况，不应小于 1.0；

S_d——承载能力极限状态下作用组合的效应（如轴力、弯矩等）设计值：对非抗震设计，应按作用的基本组合计算；对抗震设计，应按作用的地震组合计算；

R_d——结构构件的抗力设计值。

整个结构或其一部分作为刚体失去平衡时的承载能力极限状态设计，应符合式（1-7）规定：

$$\gamma_0 S_{d,dst} \leqslant S_{d,stb} \tag{1-7}$$

式中 $S_{d,dst}$——不平衡作用效应的设计值；

$S_{d,stb}$——平衡作用效应的设计值。

结构或结构构件的疲劳强度不足的破坏应按容许应力设计原则及容许应力幅的方法进行设计。

建筑结构设计时，应考虑持久状况、短暂状况、偶然状况、地震状况等不同的结构设计状况。其中持久设计状况适用于结构使用时的正常情况；短暂设计状况适用于结构出现的临时情况，包括结构施工和维修时的情况等；偶然设计状况适用于结构出现的异常情况，包括结构遭受火灾、爆炸、撞击时的情况等；地震设计状况，适用于结构遭受地震时的情况。对不同的设计状况，应采用不同的作用组合。

对持久设计状况和短暂设计状况，应采用作用的基本组合，其效应设计值 S_d 按式（1-8）中最不利值确定：

$$S_d = S(\sum_{i \geqslant 1} \gamma_{G_i} G_{ik} + \gamma_{Q_1} \gamma_{L_1} Q_{1k} + \sum_{j>1} \gamma_{Q_j} \psi_{cj} \gamma_{L_j} Q_{jk}) \qquad (1-8)$$

式中　$S(\cdot)$——作用组合的效应函数；

　　　γ_{G_i}——第 i 个永久荷载的分项系数，当永久荷载效应对结构不利时，不应小于 1.3；当永久荷载效应对结构有利时，不应大于 1.0；

　　　G_{ik}——第 i 个永久荷载标准值；

　　　Q_{jk}——第 j 个可变荷载标准值，其中 Q_{1k} 为各可变荷载中起控制作用者（主导可变荷载）；

　　　γ_{Q_j}——第 j 个可变荷载的分项系数，其中 γ_{Q_1} 为主导可变荷载 Q_{1k} 的分项系数。当可变荷载效应对结构不利时，不应小于 1.5；当对结构有利时，不应考虑该荷载；

　　　γ_{L_j}——第 j 个可变荷载考虑结构设计工作年限的荷载调整系数，其中 γ_{L_1} 为主导可变荷载 Q_{1k} 考虑结构设计工作年限的调整系数，按表 1-1 取值；

　　　ψ_{cj}——第 j 个可变荷载的组合值系数，按相关规范规定采用。

当作用与作用效应按线性关系考虑时，基本组合的效应设计值 S_d 按式（1-9）中最不利值计算：

$$S_d = \sum_{i \geqslant 1} \gamma_{G_i} S_{G_{ik}} + \gamma_{Q_1} \gamma_{L1} S_{Q_{1k}} + \sum_{j>1} \gamma_{Q_j} \gamma_{Lj} \psi_{cj} S_{Q_{jk}} \qquad (1-9)$$

式中　$S_{G_{ik}}$——按第 i 个永久荷载标准值 G_{ik} 计算的荷载效应值；

　　　$S_{Q_{jk}}$——按第 j 个可变荷载标准值 Q_{jk} 计算的荷载效应值，其中 $S_{Q_{1k}}$ 为各可变荷载效应中起控制作用者。

对偶然设计状况应采用作用的偶然组合，对地震设计状况应采用作用的地震组合，其应符合的规定详见相关规范。

楼面和屋面活荷载考虑设计工作年限的荷载调整系数 γ_L　　　　　　表 1-1

结构设计工作年限（年）	5	50	100
γ_L	0.9	1.0	1.1

注：当设计工作年限不为表中数值时，调整系数 γ_L 不应小于按线性内插确定的值。

（2）正常使用极限状态设计表达式

结构或结构构件按正常使用极限状态设计时，应符合式（1-10）要求：

$$S_d \leqslant C \qquad (1-10)$$

式中　S_d——正常使用极限状态下作用组合的效应值；

　　　C——设计对变形、裂缝等规定的相应限值，按相关结构设计规范的规定采用。

按正常使用极限状态设计时，宜根据不同情况采用作用的标准组合、频遇组合或准永久组合。标准组合宜用于不可逆正常使用极限状态；频遇组合宜用于可逆正常使用极限状态；准永久组合宜用于长期效应是决定性因素的正常使用极限状态。

设计计算时，对正常使用极限状态的材料性能的分项系数，除各结构设计规范有专门规定外，应取为 1.0。

各组合的效应设计值 S_d 可分别按以下各式确定：

① 标准组合

标准组合的效应设计值 S_d 按式（1-11）确定：

$$S_d = S\left(\sum_{i \geqslant 1} G_{ik} + Q_{1k} + \sum_{j>1} \psi_{cj} Q_{jk}\right) \tag{1-11}$$

当作用与作用效应按线性关系考虑时，标准组合的效应设计值 S_d 按式（1-12）计算：

$$S_d = \sum_{i \geqslant 1} S_{G_{ik}} + S_{Q_{1k}} + \sum_{j>1} \psi_{cj} S_{Q_{jk}} \tag{1-12}$$

② 频遇组合

频遇组合的效应设计值 S_d 按式（1-13）确定：

$$S_d = S\left(\sum_{i \geqslant 1} G_{ik} + \psi_{f1} Q_{1k} + \sum_{j>1} \psi_{qj} Q_{jk}\right) \tag{1-13}$$

当作用与作用效应按线性关系考虑时，频遇组合的效应设计值 S_d 按式（1-14）计算：

$$S_d = \sum_{i \geqslant 1} S_{G_{ik}} + \psi_{f1} S_{Q_{1k}} + \sum_{j>1} \psi_{qj} S_{Q_{jk}} \tag{1-14}$$

式中　ψ_{f1}——可变荷载的频遇值系数，按相关规范规定采用；

ψ_{qj}——第 j 个可变荷载的准永久值系数，按相关规范规定采用。

③ 准永久组合

准永久组合的效应设计值 S_d 按式（1-15）确定：

$$S_d = S\left(\sum_{i \geqslant 1} G_{ik} + \sum_{j \geqslant 1} \psi_{qj} Q_{jk}\right) \tag{1-15}$$

当作用与作用效应按线性关系考虑时，准永久组合的效应设计值 S_d 按式（1-16）计算：

$$S_d = \sum_{i \geqslant 1} S_{G_{ik}} + \sum_{j \geqslant 1} \psi_{qj} S_{Q_{jk}} \tag{1-16}$$

1.3　钢结构设计的一般原则和步骤

1.3.1　钢结构设计的一般原则

结构设计要解决的根本问题是在结构的可靠性和经济性之间取得一种最佳的平衡，既要做到安全可靠，也要考虑经济合理，应遵循的基本原则主要有：

（1）除疲劳计算外，采用以概率理论为基础的极限状态设计方法，用分项系数表达式进行计算。

（2）所有承重结构或构件均应按承载能力极限状态进行设计以保证安全，再按正常使用极限状态进行设计以保证适用性。承载能力极限状态包括：构件或连接的强度破坏、脆性断裂，因过度变形而不适用于继续承载，结构或构件丧失稳定、结构转变为机动体系和结构倾覆。正常使用极限状态包括：影响结构、构件或非结构构件正常使用或外观的变形，影响正常使用的振动，影响正常使用或耐久性能的局部损坏。

（3）按正常使用极限状态设计钢结构时，应考虑荷载效应的标准组合，对钢与混凝土组合梁，尚应考虑准永久组合。

（4）钢结构的安全等级和设计使用年限应符合现行国家标准相关规定。一般工业与民用建筑钢结构的安全等级应取为二级，其他特殊建筑钢结构的安全等级应根据具体情况另行确定。建筑物中各类结构构件的安全等级，宜与整个结构的安全等级相同。对其中部分结构构件的安全等级可进行调整，但不得低于三级。

（5）计算结构或构件的强度、稳定性以及连接的强度时，应采用荷载设计值（荷载标准值乘以荷载分项系数），计算疲劳时，应采用荷载标准值。

（6）应从工程实际出发，合理选择材料、结构方案和构造措施，满足结构构件在运输、安装和使用过程中的强度、稳定性和刚度要求，并符合防火、防腐蚀要求，宜优先采用通用的和标准化的结构和构件，减少制作、安装工作量。

（7）钢结构的构造应便于制作、运输、安装、维护并使结构受力简单明确，减少应力集中，避免材料三向受拉。以受风荷载为主的空腹结构，应尽量减少受风面积。钢结构设计应考虑制作、运输和安装的经济合理与施工方便。

1.3.2 钢结构设计主要内容和基本步骤

钢结构设计应包括的主要内容有：①结构方案设计，包括结构选型、构件布置；②材料选用；③作用及作用效应分析；④结构的极限状态验算；⑤结构、构件及连接的构造；⑥抗火设计；⑦制作、安装、防腐和防火等要求；⑧满足特殊要求结构的专门性能设计等。

钢结构设计的基本步骤主要包括：①收集资料：主要包括拟建项目所在地环境、地质、水文、气象和地震等资料，以及结构设计所需的各种规范、标准图集等；②结构选型：根据建筑使用要求、受力特点、施工条件等因素综合考虑选择合理的结构体系；③结构布置：进行结构体系平面和竖向布置；④确定计算简图：将复杂的工程结构抽象为简单合理的力学模型，确定其所受的各类荷载，画出计算简图，以便于分析设计；⑤内力计算：计算出结构构件在各种荷载作用下的内力；⑥荷载效应组合：考虑各种可能工况下的荷载效应组合，求出结构构件控制截面最不利内力，作为结构设计的依据；⑦构件截面设计及连接节点设计；⑧施工图绘制。

1.4 钢结构施工图

钢结构的建筑施工图是在确定了建筑平面图、立面图、剖面图初步设计的基础上绘制的，表示建筑物的总体布局、外部造型、内部功能分区、细部构造等，一般包括建筑设计总说明、总平面图、门窗表、建筑平面图、建筑立面图、建筑剖面图及详图等。

结构施工图主要包括：①结构设计总说明：设计说明中应明确工程概况、设计依据、荷载取值、所用钢牌号和质量等级（必要时提出力学性能和化学成分要求）、连接材料及其质量要求、防腐防火措施、加工制造及安装要求等；②基础平面图及详图；③结构平面图：应注明定位关系、标高、构件的位置及编号、节点详图索引号等，构件可用单线绘制；④构件与节点详图：简单的钢梁、柱可用统一详图和列表法表示，一般应注明构件钢材牌号、尺寸、规格等，绘出节点详图并注明施工与安装要求。

复习思考题

1-1　按抗侧力结构的特点，多、高层钢结构体系可分为哪几类？

1-2　按抗侧力结构的特点，大跨度钢结构体系可分为哪几类？

1-3　按横向抗侧力体系的特点，单层钢结构体系可分为哪几类？

1-4　一般钢结构设计主要包括哪些内容？

1-5　一般的钢结构施工图应包括哪些内容？

第2章 普通钢屋架单层厂房

目前，单层钢结构厂房主要分为轻型门式刚架结构厂房和普通钢屋架单层厂房。对无吊车或吊车吨位较小的钢结构厂房常采用门式刚架结构形式（详见第3章），对于内部配重型设备、管线以及车间具有很大高度的工业厂房，大多采用以钢柱、钢屋架为主要承重构件的结构形式。相对于门式刚架结构这样的轻型厂房，这类结构可以称为重型厂房，本章主要介绍重型厂房的设计思路和方法。

2.1 结 构 组 成

普通钢屋架单层厂房结构一般由屋盖结构、柱、吊车梁（包括制动梁或制动桁架）、各种支撑及墙架等构件组成，如图2-1所示。

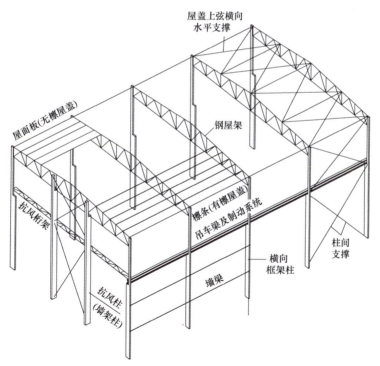

图 2-1 普通钢屋架单层厂房结构体系

结构整体可以看作由各构件组成的若干子结构构成，各子结构如下：

（1）横向框架

横向框架由柱和它所支承的屋架组成，是厂房的主要承重体系，承受作用在厂房上的横向水平荷载和竖向荷载，如结构自重、雪荷载、吊车竖向荷载、吊车横向水平荷载、横向风荷载等，并将这些荷载传至基础。

（2）纵向框架

纵向框架由位于同一轴线上垂直于厂房跨度方向的柱子、托架或连系梁、吊车梁、柱间支撑等构成，承受纵向水平荷载，主要有吊车纵向水平荷载、纵向风荷载、纵向地震作用等，并将这些荷载传至基础。

（3）屋盖结构

屋盖结构由檩条、天窗架、屋架、托架和屋盖支撑等构件组成，主要承受屋面竖向荷载以及在屋盖结构高度范围内的纵向及横向风荷载，可分为有檩体系和无檩体系两大类。当屋盖刚度较大时，部分吊车水平荷载也可由屋盖系统传递。

（4）支撑体系

支撑体系包括屋盖支撑和柱间支撑，其作用是将平面框架连成空间体系，从而保证了结构的刚度和稳定，同时承受作用在支撑平面内的风荷载、吊车荷载和地震作用等。

（5）吊车梁及制动系统

吊车梁及制动系统由吊车梁和在吊车梁上翼缘平面内沿水平方向布置的制动结构（制动梁或制动桁架）组成，直接承受吊车竖向荷载和水平荷载。

（6）墙架系统

墙架系统通常由墙架梁、墙架柱、抗风桁架和支撑等构件组成，主要承受墙体自重和作用于墙面的风荷载，并将荷载传递到厂房框架柱或基础上。

当处于腐蚀性强的工作环境下时，普通钢屋架单层厂房的屋面可选用传统的预制预应力混凝土屋面板，墙体可采用砌体或预制墙板。对于一般环境，也可采用压型钢板和轻质保温材料构成的屋面和外墙。

2.2 结构布置

钢结构厂房结构布置的主要内容是确定厂房的平面及高度方向的主要尺寸，布置柱网，确定变形缝的位置和做法，选择主要承重结构体系，并布置屋盖结构、支撑系统和墙架体系等。在进行结构布置时主要考虑：①满足生产工艺流程和使用的要求；②确保结构体系的完整性和安全性；③充分考虑设计标准化、生产工厂化、施工机械化的要求，以提高建筑工业化水平；④技术经济指标的要求。

2.2.1 柱网布置

厂房柱纵横向定位轴线在平面上构成的网格称为柱网。纵向定位轴线之间的距离为房屋的横向跨度，横向定位轴线之间的距离为柱距，如图 2-2 所示。

柱网的布置首先要考虑生产工艺的要求，柱的位置应与生产流程及设备布置相协调，并需考虑生产发展的可能性。一般情况下，尽量让柱距相等并符合模数，这样可以使结构构件统一化和标准化，从而降低制作和安装的工作量。通常，横向跨度不大于 18m 时模数取为 3m，横向跨度大于 18m 时模数取为 6m，只有生产工艺有特殊要求时横向跨度才采用 21m、27m、33m 等。纵向柱距（厂房长度方向）的模数取为 6m，以前纵向柱距一般采用 6m 或 12m，随着压型钢板等轻型围护材料的广泛应用，18m 甚至 24m 的纵向柱距

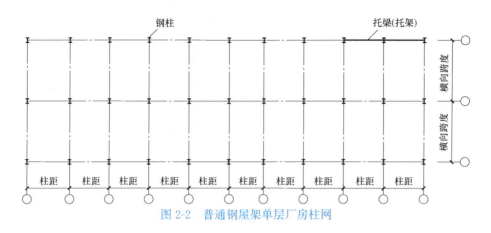

图 2-2　普通钢屋架单层厂房柱网

也较常见。

纵向柱距对结构的用钢量和造价影响很大。柱距越大，吊车梁、檩条等纵向构件的截面越大，但在房屋一定长度的情况下，所需横向框架数减少，柱及基础的数量也就减少，通常需通过方案比选来确定最经济的柱距。

因工艺要求需"抽柱"时，常设置托架来支承上方的屋架。

2.2.2　温度伸缩缝的设置

当厂房的长度或宽度较大，在温度变化时，上部结构将发生较大的伸缩变形，会使柱、墙等构件内产生很大的温度应力，可能导致屋面或墙面的破坏。影响温度应力的因素很多，要准确估算这种应力是困难的，通过设置温度伸缩缝，将厂房结构分成几个温度区段，从而避免产生过大的温度变形和温度应力。伸缩缝的净宽一般可取 30～60mm。《钢结构设计标准》GB 50017—2017 规定：当温度区段不超过表 2-1 所示数值时，可不计算温度应力。

钢结构房屋温度区段长度限值（单位：m）　　　　　　　　　　　　表 2-1

结构情况	纵向温度区段（垂直屋架或构架跨度方向）	横向温度区段（沿屋架或构架跨度方向）	
		柱顶刚接	柱顶铰接
采暖房屋和非采暖地区的房屋	220	120	150
热车间和采暖地区的非采暖房屋	180	100	125
露天结构	120	—	—
围护构件为金属压型钢板的房屋	250	150	

横向温度伸缩缝沿厂房跨度方向设置，将厂房划分为若干个互不影响的纵向温度区段。在设置横向温度伸缩缝处通常设置双柱，即该处横向定位轴线位置不变，在轴线两侧设双排柱、双排屋架，将相邻区段的上部结构构件完全分开，如图 2-3（a）所示。通常温度缝两侧柱中心线间的距离 $c=1m$，对于柱截面较大的重型厂房，c 可能要放大到 1.5m 或 2m，有的甚至要放大到 3m 才能满足伸缩缝的构造要求。

采用压型钢板作围护材料的结构，也可在温度伸缩缝两边各设一条横向定位轴线，即采用有插入距的做法，这样可以保持柱距不变，如图 2-3（b）所示。

纵向温度伸缩缝沿厂房长度方向设置，把厂房划分为若干个互不影响的横向温度区段。纵向温度缝的处理方法与横向温度缝类似，但若厂房同时设纵、横向温度缝时，在两缝交汇处则有4根柱子，构造十分复杂。对于轻型屋面板可以设置沿跨度方向滑动的装置，则可不设纵向温度缝，但需根据计算结果在需要处适当加强构件。

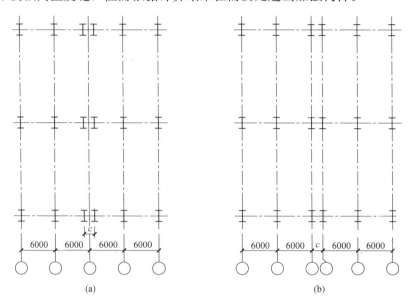

图 2-3　横向温度伸缩缝处的柱布置（单位：mm）

2.2.3　横向框架

钢屋架与柱所组成的横向框架是厂房的主要承重结构，柱与基础一般采用刚接连接，柱与屋架可用铰接连接，也可用刚接连接。柱顶铰接时框架对基础不均匀沉降及温度影响不太敏感，框架节点构造容易处理，但下柱的弯矩较大，厂房横向刚度差，不能满足大吨位吊车的使用要求。柱顶铰接一般用于多跨厂房或厂房高度不大而刚度容易满足的情况，反之则常采用刚接。柱顶采用铰接连接时，横向框架又可称为排架。

横向框架的跨度 l 通常指两相邻框架柱的上段柱截面形心间的距离，常取 3m 的倍数，如图 2-4 所示。框架的跨度 l 为：

$$l = l_k + c + c' \tag{2-1}$$

式中　l_k——桥式吊车的跨度，即吊车两端轮子之间的距离（厂房两侧吊车轨道中心之间的距离）；

　　c、c'——分别为边列柱和中列柱的上段柱轴线到吊车轨道中心的距离，通常取 $c = c'$，c 应满足式（2-2）的要求，一般当吊车起重量不大于 75t 时，c 取 0.75m，当吊车起重量不小于 100t 时，c 取 1.0m。

$$c = b_1 + b_2 + b_3/2 \tag{2-2}$$

式中　b_1——吊车桥架端部悬伸长度，由吊车生产厂提供；

　　b_2——吊车外缘与柱内边缘间的最小间隙：当吊车起重量不大于 50t 时，不宜小于 80mm；当吊车起重量不小于 75t 时，不宜小于 100mm；当在吊车和柱之间要设置安全走道时，不宜小于 400mm；

b_3——上段柱截面高度。

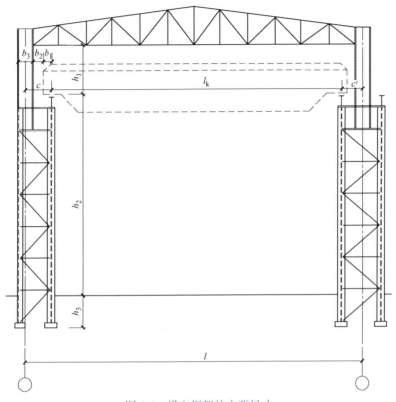

图 2-4　横向框架的主要尺寸

框架柱的高度 H 取柱脚底面到屋架下弦底面间的距离，可按下式计算：

$$H = h_1 + h_2 + h_3 \tag{2-3}$$

式中　h_1——吊车轨顶至屋架下弦底面间的距离，一般 $h_1 = a + 100\text{mm} + (150 \sim 200)\text{mm}$，其中 a 为吊车轨顶至起重小车顶面的距离，100mm 是考虑制造、安装可能存在的误差，150～200mm 是考虑屋架的挠度和下弦水平支撑角钢下伸所留的空隙；

　　　　h_2——地面到吊车轨顶的距离，由生产工艺决定；

　　　　h_3——柱脚埋深，即混凝土基础顶面到室内地面的距离，一般中型车间为 0.6～1.0m，重型车间为 1.0～1.5m。

在重型厂房中，通常把配置 20～100t 级起重吊车的车间称为中型车间，把配置了 100～350t 级起重吊车的车间称为重型车间。

2.2.4　支撑体系

在单层厂房结构中，支撑是联系屋架和柱等主要构件、保证厂房整体刚度的重要组成部分。厂房支撑体系主要包括柱间支撑和屋面支撑，本节主要介绍柱间支撑的设置及形式，屋面支撑详见第 2.3 节。

柱间支撑的作用主要是：

（1）在施工和使用阶段保证厂房结构的几何稳定性。厂房柱在框架平面外的刚度远低于框架平面内的刚度，且柱脚构造接近于铰接，吊车梁和柱的连接也是铰接，如果不设柱间支撑，纵向框架将是一个几何可变体系。因此柱间支撑的首要作用是保证厂房纵向结构的几何不变。

（2）将纵向水平荷载如风荷载、吊车梁传来的纵向制动力以及纵向水平地震作用等传递给主要承重结构。

（3）为主要结构构件提供侧向支撑点。如作为柱的侧向支撑点，可以减小横向框架柱在平面外的计算长度。

柱间支撑可分为上层柱间支撑和下层柱间支撑。在吊车梁以上范围设置的柱间支撑为上层柱间支撑，主要承受由屋盖及山墙传来的纵向风荷载。在吊车梁以下范围内设置的柱间支撑为下层柱间支撑，除承受上层柱间支撑传来的纵向风荷载外，还承受吊车梁传来的吊车纵向水平制动力或纵向地震作用，并将这些力传至基础。在同一温度区段的同一柱列设有两道或两道以上的柱间支撑时，纵向水平荷载由该柱列所有支撑共同承受。

为使厂房结构在温度变化时能较自由向两侧伸缩，减少支撑和纵向构件的温度应力，下层柱间支撑应布置在温度区段的中部。温度区段不大于90m时，可在温度区段中部设置一道支撑，当温度区段大于90m时，应在温度区段1/3附近各设一道支撑，以免传力路线太长而造成结构的纵向刚度不够，如图2-5所示。两道下层支撑之间的距离不宜大于60m。当厂房长度不大时，或采用轻型围护材料的厂房其下层采用柔性支撑时，下层柱间支撑也可设置在厂房的两端，这样不会产生很大的温度应力，同时又能提高厂房的纵向刚度。

上层柱间支撑应布置在温度区段的两端，便于传递屋架横向水平支撑传来的纵向风荷载，由于上段柱的刚度一般较小，不会产生过大的温度应力。此外，在设置下层柱间支撑的开间处也应设置上层柱间支撑。

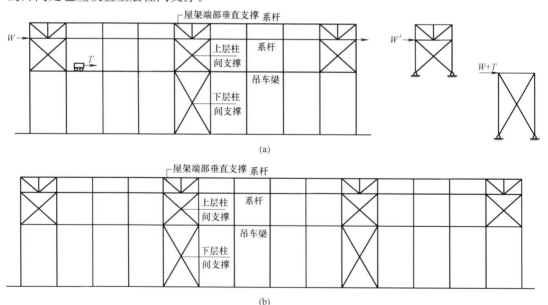

图2-5 柱间支撑的布置

（a）8度厂房单元长度不大于90m时柱间支撑的设置示例；（b）8度厂房单元长度大于90m时柱间支撑的设置示例

常见的柱间支撑形式有十字交叉支撑、八字形支撑、门形支撑、人字形支撑等，如图2-6所示。十字交叉支撑构造简单、传力直接，使用最普遍，其斜杆倾角宜为45°左右。对于上层柱间支撑，当柱间距较大时可采用八字形撑杆，当柱距与柱间支撑的高度之比大于2时，可采用人字形支撑。对于下层柱间支撑，当柱间距较大或因生产和使用要求，可采用门形支撑。

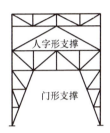

图2-6　柱间支撑形式

上层柱间支撑通常采用单角钢或双角钢截面，为避免支撑刚度过大而形成很大的温度应力，上层支撑可按拉杆设计。下层柱间支撑一般承受较大的纵向水平荷载，常采用双角钢、槽钢、工字钢、H型钢或钢管等。当厂房两端设置下层柱间支撑时，应选用刚度较小的构件，如张紧的圆钢。柱间支撑宜采用整根型钢，当热轧型钢超过材料最大长度规格时，可采用拼接等强接长。

柱间支撑的交叉杆、八字形支撑斜杆及门形支撑的主要杆件一般按柔性杆件（拉杆）设计，其他非交叉杆以及水平横杆按压杆设计。某些重型车间，对于下层柱间支撑的刚度要求较高，通常交叉杆件均按压杆设计。

2.3　钢屋盖结构及屋面支撑体系

2.3.1　钢屋盖结构形式

钢屋盖结构体系根据是否采用檩条，可分为无檩屋盖结构体系和有檩屋盖结构体系。

将屋面板直接铺放在钢屋架或天窗架上的屋盖结构称为无檩屋盖结构体系。其优点是屋面构件的种类和数量少，构造简单，屋面刚度大；缺点是屋面自重大，对抗震不利。屋面板通常为预应力钢筋混凝土大型屋面板，常见尺寸为1.5m×6m，有条件时也可采用1.5m×12m的尺寸。屋面板角点下部预埋钢板以便与屋架焊接。

有檩屋盖结构体系常用于轻型屋面材料的情况，在钢屋架上每隔一定间距放置檩条，再在檩条上放置轻型屋面板，如压型钢板、加气混凝土屋面板等。其优点是屋架间距和屋面布置较灵活，构件重量轻，运输和安装方便；缺点是屋面构件的种类和数量较多，屋盖的整体刚度较差。

2.3.2　屋面支撑

钢屋架作为屋盖的主要承重构件，其在自身平面内为几何不变体系，并具有较大的刚度，能承受屋架平面内的各种荷载，但在屋架平面外的刚度和稳定性很差，必须在屋架间设置支撑系统，为弦杆提供侧向支承，承担并传递屋架平面外方向的水平荷载，保证结构安装时的稳定及屋盖结构在桁架平面外的几何稳定。

2.3.2.1 支撑的种类及设置

钢屋架支撑一般包括上弦横向水平支撑、下弦横向水平支撑、垂直支撑、系杆、下弦纵向水平支撑（图2-7），有时还需设置屋架上弦的纵向水平支撑。

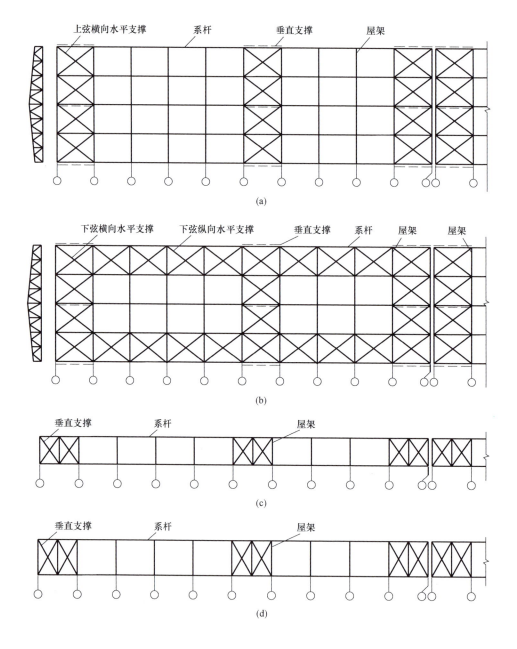

图 2-7 钢屋架支撑体系

（a）上弦平面支撑布置图；（b）下弦平面支撑布置图；（c）屋架端部垂直支撑布置图；

（d）屋架跨中垂直支撑布置图

（1）上弦横向水平支撑

有檩屋盖体系或无檩屋盖体系一般都应设置屋架上弦横向水平支撑，当有天窗架时，天窗架也应设置横向水平支撑。

上弦横向水平支撑布置在房屋或温度区段两端的第一柱间或第二柱间，间距不宜超过60m。若设在第二柱间，则必须用刚性系杆将端屋架与横向支撑的节点连接，以保证端屋架的稳定和传递风荷载。

（2）下弦横向水平支撑

一般情况下应该设置下弦横向水平支撑。当跨度较小（$l \leq 18m$）且没有悬挂式吊车时，或虽有悬挂式吊车但起重吨位不大时，厂房内没有较大的振动设备时，可不设下弦横向水平支撑。

下弦横向水平支撑应与上弦横向水平支撑设在同一柱间，以便形成稳定的空间体系。

（3）下弦纵向水平支撑

当房屋内设有重级工作制吊车或起重吨位较大的中、轻级工作制吊车时，房屋内设有锻锤等大型振动设备时，屋架下弦设有纵向或横向吊轨时，屋盖设有托架和中间屋架时，房屋较高、跨度较大、空间刚度要求高时，都应设置下弦纵向水平支撑。

下弦纵向水平支撑应设在屋架下弦端节间内，与下弦横向水平支撑组成封闭的支撑体系。

（4）上弦纵向水平支撑

一般不设上弦纵向水平支撑，当屋面采用有檩体系轻质材料且厂房内吊车吨位较大，并有较大疲劳动力作用时，为改善轻质屋面的整体性和空间刚度可以考虑设置上弦纵向水平支撑。

（5）垂直支撑

在设有上弦横向水平支撑的柱间应设置垂直支撑，使相邻两榀屋架形成空间几何不变体系，保证屋架在使用和安装时的侧向稳定。

对于梯形屋架，当跨度 $l \leq 30m$ 时，应在屋架跨中和两端的竖杆平面内各布置一道垂直支撑，当跨度 $l > 30m$ 时，应在屋架两端和跨度1/3附近（无天窗时）或天窗架侧柱处（有天窗时）的竖杆平面内各布置一道垂直支撑，如图2-8所示。

对于三角形屋架，当跨度 $l \leq 18m$ 时，应在屋架跨中竖杆平面内布置一道垂直支撑，当跨度 $l > 18m$ 时，应根据具体情况布置两道垂直支撑。

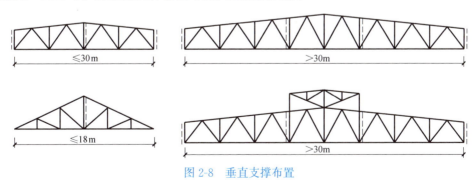

图2-8　垂直支撑布置

（6）系杆

系杆的作用是保证无横向支撑的其他屋架的侧向稳定，充当屋架上、下弦的侧向支撑

19

点。系杆分为刚性系杆和柔性系杆，能承受压力的为刚性系杆，只能承受拉力的为柔性系杆。

系杆在上、下弦平面内按下列原则布置：①一般情况下，垂直支撑平面内的屋架上、下弦节点处应设置通长的系杆；②在屋架支座节点处和上弦屋脊节点处应设置通长的刚性系杆；③当屋架横向水平支撑设在房屋两端或温度区段两端的第二柱间时，则应在横向水平支撑节点与边榀屋架之间设置刚性系杆，如图2-9所示。

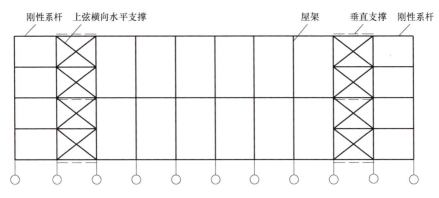

图2-9　横向水平支撑设在第二柱间时刚性系杆的设置

当房屋处于地震区时，屋盖支撑的布置要有所加强，应符合《建筑抗震设计标准》GB/T 50011—2010（2024年版）的要求。

2.3.2.2　支撑的形式和计算

纵横向水平支撑宜采用十字交叉形式，以组成正方形为宜，一般为6m×6m，但根据实际情况也可能是长方形。垂直支撑的腹杆形式可根据其宽高比例确定，当宽高接近时，可用交叉斜杆，当宽高相差较大时，可采用V式或W式等，如图2-10所示。一般尽量避免支撑中弦杆与斜杆间的交角小于30°。

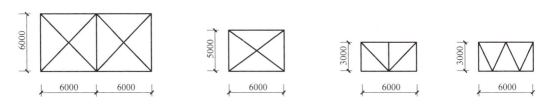

图2-10　钢屋架支撑形式（单位：mm）

屋盖支撑受力较小时，杆件截面通常可按容许长细比来选择。交叉支撑斜杆和柔性系杆按拉杆设计，可采用单角钢截面；非交叉支撑斜杆、弦杆、竖杆以及刚性系杆按压杆设计，可采用双角钢组成的十字形截面或T形截面。

当屋盖支撑受力较大时，如横向水平支撑传递较大的山墙风荷载时，支撑杆件截面应根据计算内力按轴心受力构件进行设计。

采用十字交叉的支撑桁架是超静定体系，因受力比较小，一般常采用简化方法进行受力分析和计算：假定在荷载作用下交叉斜杆中的压杆（如图2-11中虚线所示）因受压屈曲退出工作，仅由拉杆受力，则原来的超静定体系就可简化为静定体系。

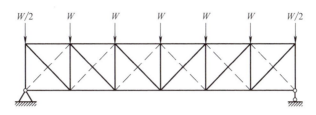

图 2-11　支撑内力计算简图

2.4　普通钢屋架设计

根据杆件截面及构造等，钢屋架可分为普通钢桁架、轻钢桁架和钢管桁架三类。

普通钢桁架构件一般采用双角钢组成的 T 形截面，有时也采用双角钢组成的十字形截面或单角钢截面，在节点处用焊缝把各杆件连接到节点板上。当屋面承受较大荷载时，构件也可采用 H 型钢或工字钢。它具有构造简单、制造安装方便、适应性强（用于工业厂房时吊车吨位一般不受限制）等优点，目前在我国工业与民用建筑中应用仍很广泛。

由 L45×4 或 L56×36×4 及以下单角钢和圆钢构件组成的桁架通常称为轻钢桁架，其用料省、自重轻，但由于杆件截面小，组成的屋盖刚度较差，使用范围受一定限制。一般仅宜用于跨度不大于 18m，吊车起重量不大于 5t 的轻、中级工作制桥式吊车的建筑中，并宜采用压型钢板或波形石棉瓦等轻型屋面材料。

钢管桁架构件一般是采用无缝钢管或焊接钢管，用钢量比普通钢屋架小，在节点处腹杆可直接焊接于弦杆上，应用广泛。

钢屋架与柱子的连接可以采用铰接或刚接。当钢屋架支承于钢筋混凝土柱或砌体柱时采用铰接，支承于钢柱时，若为三角形屋架，常采用铰接，若为梯形屋架或平行弦屋架，则常采用刚接。

本节以构件截面为角钢且与柱铰接的普通钢屋架为对象，介绍其基本设计方法、思路和步骤。

2.4.1　钢屋架形式的选择

确定屋架外形时，主要考虑以下因素：

（1）满足使用要求。屋架的外形应与屋面材料排水的要求相适应，如采用瓦类屋面时，为利于排水，屋架上弦坡度应大些，一般为 1/5～1/2；当采用大型屋面板上铺卷材防水时，屋架上弦坡度可小些，一般为 1/12～1/8。

（2）满足经济要求。屋架的外形尽量与弯矩图相近，以使弦杆的内力沿全长均匀分布，能充分发挥材料的作用。

（3）满足制造安装方便的要求。屋架的节点数目宜少些，构造简单合理，屋架形式便于工厂分段制造、运输及现场安装。

普通钢屋架的外形主要有梯形、矩形、三角形和曲拱形等，如图 2-12 所示。

三角形屋架一般用于屋面坡度较大的有檩屋盖结构或中小跨度的轻型屋面结构中，一

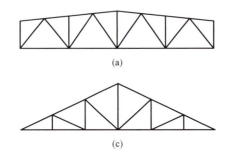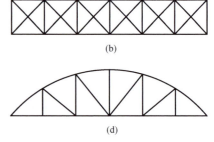

图 2-12　普通钢屋架外形

(a) 梯形屋架；(b) 矩形屋架；(c) 三角形屋架；(d) 曲拱形屋架

般与柱子铰接。三角形屋架腹杆受力较小，而弦杆的内力变化较大，一般支座处内力较大，跨中内力较小，当弦杆采用等截面时，其截面不能充分发挥作用。当荷载和跨度较大时，采用三角形屋架经济性较差。

梯形屋架一般用于坡度较为平缓的屋盖中，受力情况较三角形好，与柱子可刚接或铰接，是工业厂房屋盖结构的基本形式。

矩形屋架上、下弦平行，腹杆长度相等，杆件类型少，节点构造统一，符合标准化、工业化的要求，但弦杆内力分布不均匀，一般用于单坡屋面的屋架或托架及支撑体系中。

曲拱形屋架的外形最符合弯矩图，受力最合理，但上弦（或下弦）要弯成曲线形比较费工，一般用于有特殊要求的房屋中。

2.4.2　钢屋架的腹杆体系

三角形屋架的腹杆体系主要有单斜杆式、人字式和芬克式，如图 2-13 所示。芬克式的腹杆以等腰三角形再分，短杆受压，长杆受拉，节点构造简单，受力合理，且可分为两榀较小的桁架以便于运输。当屋架下弦有吊顶或悬挂设备时，可采用单斜杆式或人字式，此种屋架的下弦节间长度通常相等。

梯形屋架的腹杆体系主要有人字式和再分式（图 2-14）。人字式的布置可使受压上弦的自由长度比受拉下弦的小，当节间长度过长时，可采用再分式腹杆形式。支座斜腹杆与弦杆组成的支承节点在下弦时为下承式，支座斜腹杆与弦杆组成的支承节点在上弦时为上承式。

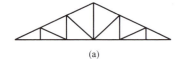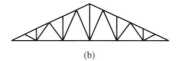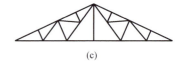

图 2-13　三角形屋架的腹杆体系

(a) 单斜杆式；(b) 人字式；(c) 芬克式

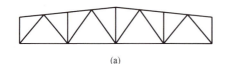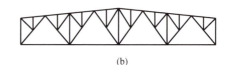

图 2-14　梯形屋架的腹杆体系

(a) 人字式；(b) 再分式

曲拱形屋架的腹杆大多采用单斜杆式，有时为了减小腹杆长度，可使下弦起拱，形成新月形式。为配合顶部采光需要，也可采用三角式上弦杆，如图 2-15 所示。

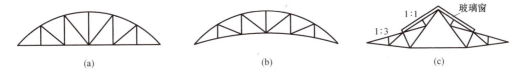

图 2-15　曲拱形屋架的腹杆体系
(a) 单斜杆式；(b) 新月形式；(c) 三角式上弦杆

矩形屋架的腹杆体系主要有单斜杆式、人字式、交叉式和 K 形，如图 2-16 所示。交叉式常用于受反复荷载作用的桁架中，当桁架高度较高时可采用 K 形腹杆体系，可减小竖杆的长度。

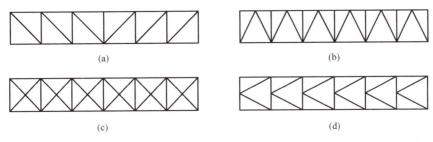

图 2-16　矩形屋架的腹杆体系
(a) 单斜杆式；(b) 人字式；(c) 交叉式；(d) K 形

2.4.3　钢屋架的主要尺寸

（1）屋架跨度：屋架的跨度即厂房横向柱距，应根据工艺和使用要求确定，同时考虑结构布置的合理性。当采用大型屋面板时，为与屋面板的宽度相配合，一般以 3m 为模数，常见的屋架跨度有 12m、15m、18m、21m、24m、27m、30m、36m 等。有檩屋盖结构中的屋架跨度可不受 3m 模数的限制。

（2）屋架高度：应考虑屋面坡度、运输条件、经济、刚度、建筑等要求综合确定。对三角形屋架，跨中高度一般取 $(1/6 \sim 1/4)l$（l 为跨度）。对梯形屋架，当上弦坡度为 $1/12 \sim 1/8$ 时，跨中高度一般取 $(1/10 \sim 1/6)l$（l 为跨度）；端部高度，当屋架与柱铰接时取 1.6～2.2m，屋架与柱刚接时取 1.8～2.4m，端弯矩大时取大值，反之取小值。

（3）上弦节间距的确定：应根据屋面材料确定，尽量使屋面荷载直接作用在屋架节点上，避免上弦杆产生局部弯矩。采用大型屋面板时，上弦节间长度应等于屋面板宽度，最常见的是 1.5m。在有檩屋盖结构中，上弦节间距则根据檩条的间距确定，一般取 1.2～2m。

2.4.4　桁架杆件计算长度

（1）弦杆和单系腹杆的计算长度
确定普通钢屋架弦杆和单系腹杆的长细比时，其计算长度 l_0 应按表 2-2 采用。

弯曲方向	弦杆	腹杆	
		支座斜杆和支座竖杆	其他腹杆
桁架平面内	l	l	$0.8l$
桁架平面外	l_1	l	l
斜平面	—	l	$0.9l$

注：1. l 为构件的几何长度（节点中心间距离）；l_1 为桁架弦杆侧向支承点之间的距离；

2. 斜平面指与桁架平面斜交的平面，适用于构件截面两主轴均不在桁架平面内的单角钢腹杆和双角钢十字形截面腹杆；

3. 无节点板的腹杆计算长度在任意平面内均取其等于几何长度（钢管结构除外）。

（2）交叉腹杆计算长度

确定在交叉点相互连接的桁架交叉腹杆的长细比时，在桁架平面内的计算长度应取节点中心到交叉点的距离。在桁架平面外的计算长度，当两交叉杆长度相等且在中点相交时，应按下列规定采用：

① 压杆：相交另一杆受压，两杆截面相同并在交叉点均不中断时，则 $l_0=l\sqrt{\dfrac{1}{2}\left(1+\dfrac{N_0}{N}\right)}$；相交另一杆受压，此另一杆在交叉点中断但以节点板搭接，则 $l_0=l\sqrt{1+\dfrac{\pi^2}{12}\dfrac{N_0}{N}}$；相交另一杆受拉，两杆截面相同并在交叉点均不中断，则 $l_0=l\sqrt{\dfrac{1}{2}\left(1-\dfrac{3}{4}\dfrac{N_0}{N}\right)}\geqslant0.5l$；相交另一杆受拉，此拉杆在交叉点中断但以节点板搭接，则 $l_0=l\sqrt{1-\dfrac{3}{4}\dfrac{N_0}{N}}\geqslant0.5l$，当此拉杆连续而压杆在交叉点中断但以节点板搭接，若 $N_0\geqslant N$ 或拉杆在桁架平面外的抗弯刚度 $EI_y\geqslant\dfrac{3N_0l^2}{4\pi^2}\left(\dfrac{N}{N_0}-1\right)$ 时，取 $l_0=0.5l$。其中：l 为桁架节点中心间距离（交叉点不作为节点考虑）；N 为所计算杆的内力；N_0 为相交另一杆的内力，均为绝对值。两杆均受压时，取 $N_0\leqslant N$，两杆截面应相同。

② 拉杆：计算长度均取 $l_0=l$。

（3）特殊情况杆件计算长度

当桁架弦杆侧向支承点之间的距离为节间长度的 2 倍且两节间的弦杆轴心压力不相同时，如图 2-17（a）所示，则该弦杆在桁架平面外的计算长度应按下式确定：

$$l_0=l_1\left(0.75+0.25\dfrac{N_2}{N_1}\right)\geqslant0.5l_1 \tag{2-4}$$

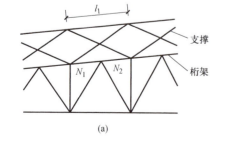
(a)

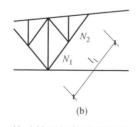
(b)

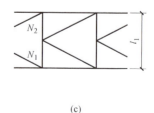
(c)

图 2-17　特殊情况杆件计算长度

式中，N_1 为较大的压力，计算时取正值；N_2 为较小的压力或拉力，计算时压力取正值，拉力取负值。

桁架再分式腹杆体系的受压主斜杆（图 2-17b）、K 形腹杆体系的竖杆（图 2-17c）等，在桁架平面外的计算长度也应按式（2-4）确定；在桁架平面内的计算长度则取节点中心的距离。

2.4.5 屋架的荷载和内力计算

（1）屋架的荷载

作用于屋架上的荷载有永久荷载和可变荷载两大类。

永久荷载主要包括屋面材料、保温材料、檩条及屋架（包括支撑）等的自重。屋架（包括支撑）的自重可按式（2-5）进行估算：

$$g_k = 0.12 + 0.011L \tag{2-5}$$

式中　g_k——按屋面水平投影面分布的均布荷载标准值（kN/m^2）；

　　　L——屋架的跨度（m）。

可变荷载主要包括屋面活荷载、雪荷载、积灰荷载、风荷载和悬挂吊车荷载等，其标准值按《建筑结构荷载规范》GB 50009—2012 相应规定进行计算。

（2）荷载组合

永久荷载和各种可变荷载的不同组合将会在杆件中产生不同的内力，设计时应考虑各种可能的荷载组合，并对各杆件分析比较考虑哪一种荷载组合引起的内力为最不利，取其作为该杆件的设计内力。为求各种不同荷载组合下屋架杆件的"最不利"内力设计值，一般应考虑以下三种荷载组合：

① 组合一：全跨永久荷载＋全跨可变荷载（图 2-18a）；

② 组合二：全跨永久荷载＋半跨可变荷载（图 2-18b）；

③ 组合三：全跨屋架、支撑、天窗架自重＋半跨屋面板自重＋半跨施工荷载（图 2-18c）。

可变荷载中的屋面均布活荷载和雪荷载不同时考虑，即积灰荷载与两者中的较大值同时考虑。对于风荷载，因屋面坡度通常小于 30°，此时屋面上的风荷载为风吸力，因此风荷载一般不参与组合，只有当屋面自重特轻而风荷载较大时，要考虑"永久荷载＋风荷载"的组合，此时，永久荷载的分项系数 $\gamma_G = 1.0$。

第三种荷载组合即"全跨屋架、支撑、天窗架自重＋半跨屋面板自重＋半跨施工荷载"，主要用于采用钢筋混凝土大型屋面板等重屋面时，当采用压型钢板等轻型屋面时可不考虑。

（3）屋架杆件内力计算

对桁架进行内力计算时通常作如下假定：所有节点均为理想铰接；所有杆件轴线都在同一平面内且相交于节点中心；所有荷载都作用在节点上，节点荷载 P 可按式（2-6）计算：

$$P = q \times l \times b \tag{2-6}$$

式中　q——作用于屋面水平投影面上的均布面荷载（kN/m^2）；

　　　l——屋架间距（m）；

　　　b——节间距（m）。

根据以上假定，桁架中的杆件只承受轴心拉力或轴心压力作用。节点荷载作用下桁架杆件的内力按结构力学中的方法进行计算。

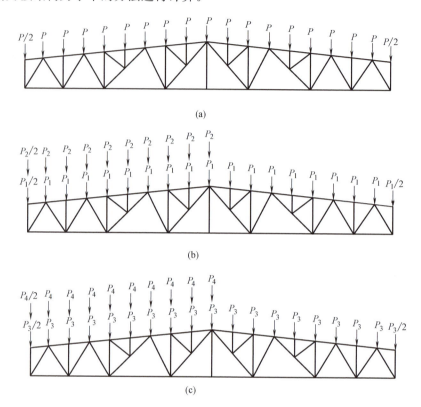

图 2-18　钢屋架荷载组合

(a) 全跨永久荷载＋全跨可变荷载；(b) 全跨永久荷载＋半跨可变荷载；
(c) 全跨屋架、支撑、天窗架自重＋半跨屋面板自重＋半跨施工荷载

2.4.6　杆件截面设计

钢屋架杆件截面设计的基本思路是：①确定杆件截面形式；②初选杆件截面规格；③对初选截面进行验算。

（1）杆件截面形式

角钢桁架杆件一般采用双角钢组成的 T 形截面或十字形截面。选择杆件截面时，应满足用料省、连接方便且具有足够的承载力和刚度等要求。对于轴心受压构件，宜使截面两主轴回转半径与杆件在屋架平面内和平面外的计算长度相配合，使长细比 λ_x、λ_y 接近以获得两主轴方向的等稳定性。

对于屋架上、下弦杆，屋架平面外的计算长度往往比平面内的计算长度大，即 $l_{0y} > l_{0x}$，宜采用两个不等边角钢短肢相并组成的 T 形截面（图 2-19b），此类截面一般 $i_y \approx (2.6 \sim 2.9)i_x$。当有节间荷载作用时，为提高弦杆在屋架平面内的抗弯能力，也可采用两不等边角钢长肢相并组成的 T 形截面（图 2-19c）。对于受拉下弦杆，也可采用两个等边角钢组成的 T 形截面（图 2-19a），此类截面一般 $i_y \approx (1.3 \sim 1.5)i_x$。

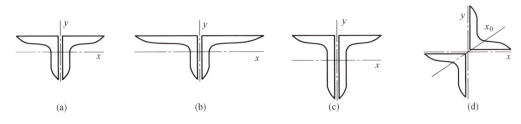

图 2-19　杆件的截面形式

对于屋架的支座斜杆及竖杆，由于其在屋架平面外和平面内的计算长度相等，宜采用两个不等边角钢长肢相并组成的 T 形截面，此类截面一般 $i_y \approx (0.75 \sim 1.0)i_x$。

屋架中的其他腹杆，因其屋架平面内的计算长度 $l_{0x} = 0.8l$，屋架平面外的计算长度 $l_{0y} = l$，故宜采用两个等边角钢组成的 T 形截面，以使两个主轴方向的长细比较接近。

对与垂直支撑相连的竖腹杆，宜采用两个等肢角钢组成的十字形截面（图 2-19d），可使垂直支撑对该竖杆的连接偏心最小。受力特别小的腹杆，也可采用单角钢截面。

（2）初选杆件截面规格

初选杆件截面规格，应注意以下几点：①优先选用肢宽壁薄的截面，角钢最小规格不宜小于└50×3；②屋架弦杆一般采用等截面，但对跨度大于 24m 且弦杆内力相差较大的屋架，可根据节间内力变化在半跨内改变弦杆截面一次，改变时宜保持角钢厚度不变而改变肢宽，以方便弦杆连接的构造处理；③为便于备料，整榀屋架角钢规格品种不宜过多，一般为 5～6 种。

（3）对初选截面进行验算

对轴心受拉构件，验算其强度、刚度；对轴心受压构件，验算其强度、刚度和稳定性。

2.4.7　节点连接设计

角钢桁架一般在节点处设置节点板，用角焊缝将交汇于该节点处的各杆件与节点板进行连接。节点设计的内容主要包括：确定各杆件与节点板的连接焊缝长度和焊脚尺寸；确定节点板的形状和尺寸。

（1）节点设计的一般要求

① 为避免杆件偏心受力，布置桁架杆件时，各杆件的形心线应尽量与屋架几何轴线重合，在节点处交于一点。

② 当弦杆沿长度改变截面时，为便于安装屋面构件，应使肢背平齐，并使两个角钢形心线的中线与屋架轴线重合（图 2-20），以减小偏心作用。

节点处弦杆与腹杆、腹杆与腹杆之间的间隙不应小于 20mm，节点板边缘与腹杆轴线之间的夹角不应小于 15°，如图 2-21 所示，相邻角焊缝焊趾间净距不应小于 5mm。

③ 节点板的外形应尽量简单规则，一般至少有两边平行，如矩形、梯形等，尺寸应尽量使连接焊缝中心受力，如图 2-21 所示。

④ 屋架杆件端部切割宜与其轴线垂直，如图 2-22（a）所示。为了减小节点板的尺寸，也可采用斜切，如图 2-22（b）（c）所示，但不宜采用图 2-22（d）所示的切割形式。

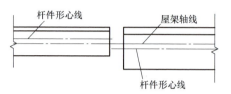

图 2-20　弦杆截面变化时的轴线位置

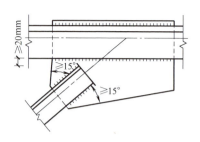

图 2-21　杆件与节点板的连接

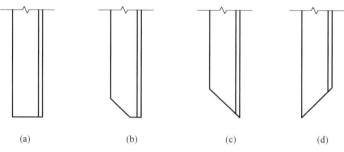

图 2-22　角钢杆件端部的切割形式

⑤ 节点板的形状和尺寸根据腹杆和节点板间的连接焊缝长度用画图的方法确定，其厚度根据所连接杆件内力的大小确定。设计时，中间节点板的厚度可根据腹杆（梯形屋架）或弦杆（三角形屋架）的最大内力参考表 2-3 取用。节点板的最小厚度为 6mm，同一榀屋架中，所有中间节点板厚度相同，支座处节点板厚度比中间节点板厚 2mm。

屋架节点板厚度选用表

表 2-3

杆件最大内力(kN)	≤170	171～290	291～510	511～680	681～910	911～1290	1291～1770	1771～3090
节点板厚度(mm)	6	8	10	12	14	16	18	20

⑥ 为了保证两个角钢组成的杆件共同工作，在两角钢相并肢之间应每隔一定距离设置填板，如图 2-23 所示。填板厚度与节点板相同，宽度一般取 $50～80mm$，长度比角钢肢宽大 $15～20mm$，以便与角钢焊接。填板的间距在受压杆件中不应大于 $40i$，在受拉杆件中不大于 $80i$，i 为构件截面的回转半径，当构件为双角钢组成的 T 形截面时，取一个角钢对与填板平行的形心轴的回转半径，当构件为双角钢组成的十字形截面时，取一个角钢的最小回转半径。受压构件的两个侧向支承点之间的填板数不得少于 2 个。

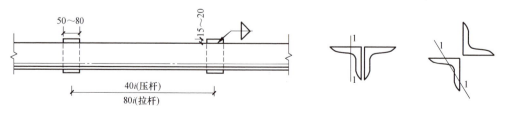

图 2-23　屋架杆件的填板（单位：mm）

（2）上弦一般节点连接设计（图 2-24）

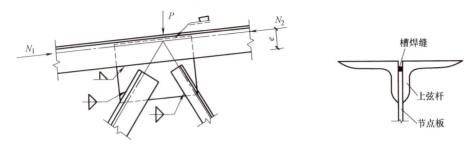

图 2-24　上弦一般节点连接设计

① 腹杆与节点板连接焊缝长度计算

肢背焊缝计算长度：
$$l_{w1} = \frac{k_1 N}{\sum h_e f_f^w} = \frac{k_1 N}{2 \times 0.7 h_f f_f^w} \qquad (2-7)$$

肢尖焊缝计算长度：
$$l_{w2} = \frac{k_2 N}{\sum h_e f_f^w} = \frac{k_2 N}{2 \times 0.7 h_f f_f^w} \qquad (2-8)$$

式中　h_f——角焊缝的焊脚尺寸；

f_f^w——角焊缝的强度设计值；

l_{w1}、l_{w2}——分别为肢背、肢尖焊缝的计算长度，等于实际长度减去 $2h_f$；

k_1、k_2——分别为角钢肢背、肢尖的角焊缝内力分配系数，按表 2-4 确定。

角钢肢背、肢尖角焊缝内力分配系数　　　　表 2-4

序　号	角钢形式	图示	分配系数	
			k_1	k_2
1	等边角钢		0.7	0.3
2	不等边角钢（短边相连）		0.75	0.25
3	不等边角钢（长边相连）		0.65	0.35

② 画图的方法确定节点板的形状和尺寸

用画图的方法确定节点板的形状和尺寸的基本步骤是：画出节点处屋架的几何轴线；按杆件形心线与屋架几何轴线重合的原则确定杆件的轮廓线位置；按各杆件边缘之间的距离不小于 20mm 的要求确定各杆端位置；按计算结果布置节点板与腹杆间的连接焊缝；根据焊缝长度定出合理的节点板轮廓，并按绘图比例量出它的尺寸。

③ 上弦杆与节点板连接焊缝强度验算

为了方便搁置屋面板或檩条，常将上弦节点板缩进（0.6～1.0）t 并在此进行槽焊（t 为节点板厚度）。计算时作如下假定：

节点荷载 P 由上弦角钢肢背槽焊缝来承受，此槽焊缝按两条焊脚尺寸 $h_f = 0.5t$（t 为节点板厚度）的角焊缝考虑，强度设计值乘以 0.8 的折减系数，则上弦杆肢背槽焊缝强度可按下式验算：

$$\sigma_f = \frac{P}{\sum h_e l_w} = \frac{P}{2 \times 0.7 h_f l_w} \leqslant 0.8 \beta_f f_f^w \tag{2-9}$$

式中，β_f 为正面角焊缝强度设计值增大系数，对承受静力荷载和间接承受动力荷载的屋架 $\beta_f = 1.22$；对直接承受动力荷载的屋架 $\beta_f = 1.0$。

弦杆内力差 $\Delta N = |N_1 - N_2|$ 由上弦角钢肢尖焊缝承受，并考虑由此内力差产生的偏心力矩 $M = \Delta N \cdot e$，e 为弦杆角钢肢尖到轴线的距离，则上弦杆肢尖焊缝强度按下式验算：

$$\tau_f^N = \frac{\Delta N}{\sum h_e l_w} = \frac{\Delta N}{2 \times 0.7 h_f l_w} \tag{2-10a}$$

$$\sigma_f^M = \frac{6M}{\sum h_e l_w^2} = \frac{6M}{2 \times 0.7 h_f l_w^2} \tag{2-10b}$$

$$\sqrt{\left(\frac{\sigma_f^M}{\beta_f}\right)^2 + (\tau_f^N)^2} \leqslant f_f^w \tag{2-10c}$$

（3）下弦一般节点连接设计（图 2-25）

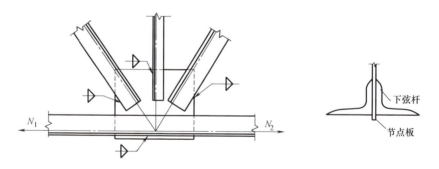

图 2-25　下弦一般节点连接设计

腹杆与节点板的连接焊缝计算同上弦一般节点。下弦杆与节点板的连接焊缝，通常假定仅传递该节点处相邻节间的内力差 $\Delta N = |N_1 - N_2|$，一般 ΔN 很小，故下弦杆与节点板间的连接焊缝可按构造要求在节点板范围内进行满焊，不需进行验算。当 ΔN 较大时，按下式对肢背焊缝和肢尖焊缝进行强度验算：

肢背焊缝强度：
$$\tau_{f1} = \frac{k_1 \Delta N}{\sum h_e l_{w1}} = \frac{k_1 \Delta N}{2 \times 0.7 h_f l_{w1}} \leqslant f_f^w \tag{2-11a}$$

肢尖焊缝强度：
$$\tau_{f2} = \frac{k_2 \Delta N}{\sum h_e l_{w2}} = \frac{k_2 \Delta N}{2 \times 0.7 h_f l_{w2}} \leqslant f_f^w \tag{2-11b}$$

（4）上弦拼接节点连接设计（图 2-26）

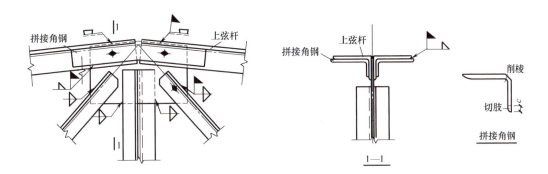

图 2-26　上弦拼接节点连接设计

屋架弦杆的拼接分为工地拼接和工厂拼接两种。工厂拼接是由于角钢供货长度不够或弦杆截面有改变，在工厂制造时所做的拼接接头，宜设在弦杆内力较小的节间。工地拼接是受运输条件限制而设的安装接头，通常设在节点处。

屋架上弦一般都在屋脊节点处用两根与上弦截面相等的拼接角钢做一个工地拼接，如图 2-26 所示。左边的上弦杆、斜腹杆和竖杆与节点板的连接为工厂连接，而右半边的上弦杆、斜腹杆与节点板的连接为工地连接，为便于现场安装设置了安装螺栓。拼接角钢需热弯成形，当屋面坡度较大且角钢肢较宽不易弯折时，可将拼接角钢的竖肢切口后再弯曲对焊。为使拼接角钢和上弦杆间能贴紧而便于施焊，需将拼接角钢削棱切肢，图 2-26 中 $c=t+h_f+5\text{mm}$（t 为拼接角钢的肢厚）。

① 腹杆与节点板连接焊缝计算及节点板形状和尺寸确定（同上弦一般节点）

② 上弦杆与节点板连接焊缝强度验算

假定节点荷载 P 由上弦角钢肢背槽焊缝承受，按式（2-9）验算肢背槽焊缝强度。上弦角钢肢尖焊缝按承受 $\Delta N=0.15N$（N 为上弦杆最大内力）计算，且考虑该力所产生的弯矩 $M=\Delta Ne$，用式（2-10）验算肢尖焊缝强度。

③ 拼接角钢长度计算

拼接角钢的长度应根据所需焊缝的长度确定。拼接角钢与上弦杆之间通过 4 条角焊缝连接，这 4 条焊缝受力按弦杆所有节间最大内力考虑，则每条焊缝所需实际长度为：

$$l_{w1}=\frac{N}{4\times0.7h_f f_f^w}+2h_f \tag{2-12}$$

拼接角钢的长度 L 应为两倍焊缝实际长度加上 10mm，即 $L=2l_{w1}+10\text{mm}$，考虑到拼接节点的刚度，一般拼接角钢的长度不小于 600mm。

（5）下弦拼接节点连接设计（图 2-27）

下弦的拼接节点采用与下弦杆规格尺寸相同的角钢来拼接，拼接方法同上弦拼接节点。

① 腹杆与节点板连接焊缝计算及节点板形状和尺寸确定同下弦一般节点。

② 下弦杆与节点板连接焊缝强度验算

下弦杆与节点板的连接焊缝所受力可按两侧下弦较大内力的 15% 和两侧节间内力差两者中的较大值来计算，即 $N'=\max\{0.15N_{max},\ \Delta N\}$，则下弦杆与节点板连接焊缝强

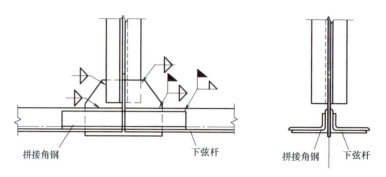

拼接角钢　　　　　　　　下弦杆　　　　　　　拼接角钢　　下弦杆

图 2-27　下弦拼接节点连接设计

度可按下式验算：

肢背焊缝：
$$\tau_{f1}=\frac{k_1 N'}{\sum h_e l_{w1}}=\frac{k_1 N'}{2\times 0.7 h_f l_{w1}}\leqslant f_f^{w} \qquad (2\text{-}13a)$$

肢尖焊缝：
$$\tau_{f2}=\frac{k_2 N'}{\sum h_e l_{w2}}=\frac{k_2 N'}{2\times 0.7 h_f l_2}\leqslant f_f^{w} \qquad (2\text{-}13b)$$

③ 拼接角钢长度计算

拼接角钢与下弦杆之间的连接焊缝按与下弦截面等强度原则计算，则每条焊缝所需实际长度为：

$$l_{w1}=\frac{Af}{4\times 0.7 h_f f_f^{w}}+2h_f \qquad (2\text{-}14)$$

式中，A 为下弦杆截面面积；f 为角钢钢材强度设计值。拼接角钢的长度 $L=2l_{w1}+10\text{mm}$。

（6）铰接支座节点连接设计

如图 2-28 所示梯形屋架铰接支座节点主要由节点板、加劲肋、支座底板和锚栓等组成，通常称为平板式支座。在支座节点板两侧、支座底板对称轴线上成对设置加劲肋，其作用是增加支座节点板平面外的刚度，并减小支座底板中的弯矩。梯形桁架端竖杆轴线与支座加劲肋位置冲突，因此通常将端竖杆偏离轴线放置在支座加劲肋的左侧，在保证正常施焊的前提下，端竖杆角钢的肢背应尽量靠近加劲肋，以减小端竖杆偏心的不利影响。为了便于桁架下弦钢肢背施焊，下弦角钢水平肢与支座底板之间的净距不应小于下弦角钢伸出肢的宽度，且不得小于 130mm。

屋架杆件的内力通过杆端连接焊缝传给节点板，经由节点板与加劲肋之间的竖向焊缝将一部分力传给加劲肋，然后再通过节点板、加劲肋与底板间的水平焊缝把力传给支座底板，最后传给钢筋混凝土柱等下部构件。铰接支座节点的设计主要包括底板、加劲肋等板件形状和尺寸的确定，以及板件间连接焊缝的计算。

① 支座底板的设计

支座底板的设计主要是确定底板面积与厚度。支座底板的面积根据支承柱混凝土或砌体的抗压强度设计值 f_c 确定：

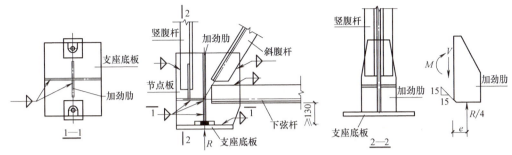

图 2-28　梯形屋架铰接支座节点（单位：mm）

$$A_n = \frac{R}{f_c} \qquad (2\text{-}15)$$

式中，R 为屋架支座反力。

支座底板所需毛面积 A 为：

$$A = A_n + 锚栓孔面积 \qquad (2\text{-}16)$$

锚栓预埋在钢筋混凝土柱顶，用于固定桁架的位置。锚栓直径一般取 $20 \sim 25$mm，底板上的锚栓孔宜为开口式，开口直径取锚栓直径的 $2 \sim 2.5$ 倍。屋架安装就位后，用垫板套在锚栓上并与底板焊牢以便固定屋架，垫板上的孔径比锚栓直径大 $1 \sim 2$mm，厚度可与底板相同。

底板的厚度主要取决于钢材的抗弯强度设计值，可按下式计算：

$$t \geqslant \sqrt{\frac{6M}{f}} \qquad (2\text{-}17)$$

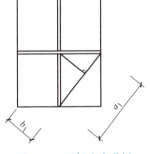

图 2-29　两邻边支承板

式中，M 为支座底板单位板宽的最大弯矩，$M = \beta q a_1^2$。其中 q 为底板单位板宽所承受的线荷载；a_1 为两相邻支承边的对角线长度，如图 2-29 所示；β 为弯矩系数，由表 2-5 确定。

三边支承板或两邻边支承板弯矩系数　　　　　　　　　　表 2-5

b_1/a_1	0.3	0.4	0.5	0.6	0.7	0.8	0.9	1.0	1.2	$\geqslant 1.2$
β	0.026	0.042	0.058	0.072	0.085	0.092	0.104	0.111	0.120	0.125

注：对于两邻边支承板，b_1 为两支承边内角顶点到对角线的垂直距离。

为了使柱顶压力均匀分布，底板不宜太薄，其最小厚度一般为 20mm。

② 加劲肋的设计

加劲肋的高度与节点板相同，其厚度可与节点板相同或略小。加劲肋与节点板和底板间通过角焊缝连接，为避免三条互相垂直的焊缝交于一点，加劲肋底端应切角，切角高度一般取 15mm。加劲肋可视为支承于节点板上的悬臂梁，假定每块加劲肋传递支座反力的 1/4，并考虑因偏心产生的力矩，则每块加劲肋与节点板连接焊缝所受剪力和弯矩为：

剪力：　　　　　　　　　　　　　　$V = R/4$ 　　　　　　　　　　(2-18)

弯矩：
$$M = \frac{R}{4}e \qquad (2\text{-}19)$$

加劲肋与节点板间竖向连接角焊缝强度按以下公式进行验算：

$$\sqrt{\left(\frac{V}{2 \times 0.7h_f l_w}\right)^2 + \left(\frac{6M}{1.22 \times 2 \times 0.7h_f l_w^2}\right)^2} \leqslant f_f^w \qquad (2\text{-}20)$$

③ 节点板、加劲肋与底板连接焊缝强度验算

节点板、加劲肋与支座底板间的水平连接焊缝承受全部支座反力 R，焊缝强度可按下式验算：

$$\sigma_f = \frac{R}{1.22 \times 0.7h_f \sum l_w} \leqslant f_f^w \qquad (2\text{-}21)$$

式中，$\sum l_w$ 为节点板、加劲肋与支座底板间连接焊缝总长度。

（7）刚接支座节点连接设计

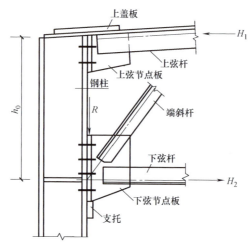

图 2-30 屋架与柱刚接

如图 2-30 所示为屋架与柱刚接构造示例。屋架与柱刚性连接时，支座节点不仅承受屋架的竖向支座反力 R，还要承受屋架作为框架横梁的端弯矩 M 产生的上、下弦水平力 $H = M/h_0$。

上弦杆与柱采用盖板连接，上弦节点处的水平力 $H_1 = H = M/h_0$（M 为屋架端弯矩），H_1 通过盖板及其连接焊缝传递给柱子。连接盖板的截面尺寸及其与柱顶板和屋架上弦杆的连接角焊缝，通常可近似按承受上弦节点处最大水平力（不考虑偏心）计算。连接盖板的厚度一般为 8～14mm，连接角焊缝的焊脚尺寸为 6～10mm。上弦节点处的端板与柱翼缘的连接螺栓只起安装定位作用，满足构造要求即可。

支座处下弦节点，假设支座竖向反力 R 由支托承受，支托常用 25～40mm 厚的钢板，验算支托与柱的连接焊缝强度时，通常取 $V = (1.2～1.3)R$。下弦节点的螺栓连接承受水平偏心拉力 $H_2 = N + H = N + M/h_0$ 作用，N 和 M 分别为横向框架计算时的横梁轴力和支座弯矩，按偏心受拉验算连接螺栓的承载力。桁架下弦节点板与端板的连接焊缝共同承受支座反力 R、最大水平力 $H = M/h_0$ 及偏心弯矩 He 的作用（e 为力 H 到焊缝形心的距

离），其焊缝强度按下式进行验算：

$$\sqrt{\left(\frac{R}{2\times0.7h_f l_w}\right)^2+\frac{1}{1.22^2}\left(\frac{H}{2\times0.7h_f l_w}+\frac{6He}{2\times0.7h_f l_w^2}\right)^2}\leqslant f_f^w \qquad (2-22)$$

上弦和下弦节点中的端板应具有一定的刚度，通常上弦节点端板厚度 $t\geqslant12\sim20\mathrm{mm}$，下弦节点端板厚度 $t\geqslant20\mathrm{mm}$，并应计算下弦节点最大受拉螺栓处端板的抗弯强度。下弦节点端板在水平拉力 H_2 作用下受弯，考虑端板两侧边缘部分有较大的嵌固作用，可近似按嵌固于两列螺栓间的单跨固接板计算弯矩，则端板厚度 t 应满足下式要求：

$$t\geqslant\sqrt{\frac{6M_{max}}{l_1 f}}=\sqrt{\frac{6\times\frac{1}{8}\times2N_{max}b}{l_1 f}}=\sqrt{\frac{3N_{max}b}{2l_1 f}} \qquad (2-23)$$

式中，N_{max} 为螺栓所受最大拉力；b 为两竖列螺栓的距离；l_1 为受力最大螺栓的端距加上螺栓竖向间距的一半。

2.4.8　屋架施工图

结构施工图是结构设计的最终成果之一，它是指导钢结构构件制造和安装的技术文件，应做到清晰、准确、表达详尽。钢屋架施工图主要内容和绘制要点为：

（1）屋架正面图、上弦杆俯视图、下弦杆俯视图、左右端视图及必要的剖面图和零件图

施工图一般按运输单元绘制，当屋架对称时，可仅绘制半榀桁架。施工图上应注明各零部件的主要几何尺寸，如节点中心至各杆件端部的距离、节点中心至节点板边缘（上、下、左、右）的距离、轴线至角钢构件肢背的距离、孔洞的位置等。图中所有零部件需依次进行编号，编号顺序一般遵循先主要后次要，从上到下、从左到右的原则。不同零部件应有不同的编号，凡截面尺寸、长度、开孔位置等完全相同的零部件可编为同一号。当组成杆件的两角钢型号尺寸、长度等完全相同，但因开孔位置或切斜角等原因而成镜像对称时，也可编为同一号，但须注明"正"和"反"以示区别，如图 2-31 所示。

由于屋架的跨度、高度与杆件的截面尺寸相差较大，为了不使图纸太大而又能表明节点细部，屋架施工图常采用两种比例绘制，即屋架杆件轴线可按 1:30～1:20 的比例绘制，而节点和杆件截面尺寸按较大比例如 1:15～1:10 绘制。

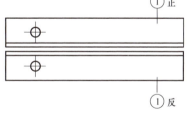

图 2-31　镜像对称零部件的"正"与"反"

（2）屋架简图

通常以单线绘制屋架简图，常选用 1:100 的比例。当屋架为对称结构时，通常左半跨上注明屋架杆件的几何轴线尺寸，右半跨上注明杆件的内力设计值。当屋架跨度较大时，如梯形屋架 $L\geqslant24\mathrm{m}$，三角形屋架 $L\geqslant15\mathrm{m}$，为避免挠度过大影响使用和外观，制造时应予起拱，起拱度一般为 $f=L/500$，并应在屋架简图中注明屋架中央的起拱高度。

（3）材料表

材料表中通常要列出各个杆件或零件的规格、数量、自重及总重量，以备配料和计算

用钢量，并可供配备起重和运输设备时参考。

（4）必要的文字说明

一般应包括所用钢材牌号、焊条型号、焊缝质量等级、质量要求、图中未注明的焊缝和螺栓孔尺寸、防锈处理方法等。

2.5 横向框架设计

柱和屋架组成横向框架，通过屋面板或檩条、支撑等构件连成一个空间整体，运用软件设计可以将结构作为空间整体进行分析，但重型厂房的荷载种类多且复杂，格构式构件占很大比重，完全用杆系结构模拟实际进行建模，也会产生另一类的近似问题，所以通常简化为单个的平面框架进行分析计算。

2.5.1 横向框架计算模型

如图 2-32（a）所示为由屋架和阶形柱组成的横向框架，较合理的计算模型如图 2-32（b）所示，该模型适合用计算机进行分析。

如图 2-32（c）（d）所示为一种更为简化的计算模型，分别表示柱顶刚接和铰接两种情况，将柱的轴线取直，且将屋架和格构式柱简化为实腹式横梁和实腹式柱，此计算模型适合手算。由于缀材或腹杆变形的影响，格构式柱和桁架式横梁的变形比具有相同截面惯

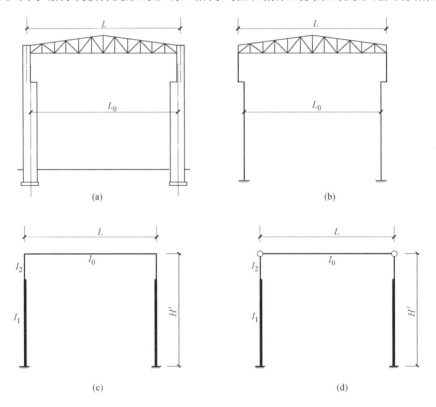

图 2-32　横向框架计算模型

性矩的实腹式构件大，因此模型中格构式柱和桁架式横梁的惯性矩应乘以折减系数0.9。

简化后框架的计算跨度 L 取上柱轴线间的距离，框架的计算高度 H′ 取值为：①柱顶刚接时，横梁刚度无限大时，可取 H′ 为柱脚底面至横梁（屋架）下弦轴线的距离，如图2-33（a）所示；②柱顶刚接时，横梁为有限刚性时，可取 H′ 为柱脚底面至横梁（屋架）端部形心的距离，如图2-33（b）所示；③柱顶铰接时，可取 H′ 为柱脚底面至横梁（屋架）主要支承点间的距离，如图2-33（c）（d）所示。

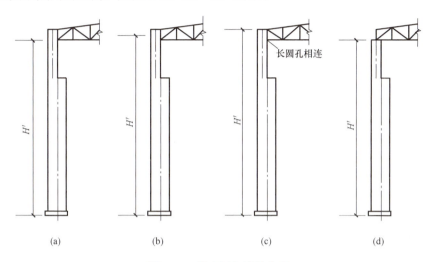

图 2-33　横向框架计算高度

（a）柱顶刚接，横梁假定为无限刚性；（b）柱顶刚接，横梁假定为有限刚性；

（c）柱顶铰接，横梁为上承式；（d）柱顶铰接，横梁为下承式

当横梁（屋架）与下柱截面惯性矩比值满足下列条件时，可以假定横梁的刚度为无限大：

$$\frac{I_0}{I_1} \geqslant 4.3 - 3.5 \frac{H'}{L} \qquad (2\text{-}24)$$

式中　I_0、I_1——分别为横梁（屋架）和阶形下柱的惯性矩；

　　　H'、L——分别为框架的计算高度和跨度，当 $H'/L>1$ 时 H'/L 取1。

2.5.2　横向框架的荷载和内力

（1）横向框架的荷载

作用在横向框架上的荷载主要有：①永久荷载：主要有屋盖、柱、墙面及吊车梁等结构自重；②可变荷载：主要有屋面均布活荷载、屋面积灰荷载、风荷载、雪荷载、吊车荷载和地震作用等。荷载取值原则上按《建筑结构荷载规范》GB 50009—2012 相关规定确定。

作用于屋面和天窗上的风荷载，通常只计算水平分力的作用，并把屋顶范围内的风荷载视为作用在框架横梁（屋架）轴线处的集中荷载 W 来考虑。计算雪荷载和积灰荷载时应考虑其在屋面上的不均匀分布情况。雪荷载一般不与屋面均布活荷载同时考虑，积灰荷载与雪荷载和屋面均布活荷载中的较大值同时考虑。横向框架在各种荷载作用下的计算简图如图2-34所示。

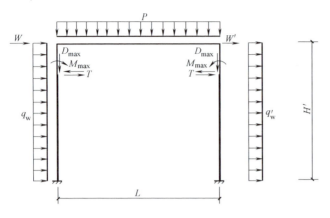

图 2-34　横向框架计算简图

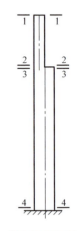

图 2-35　横向框架柱的控制截面

（2）内力计算及内力组合

横向框架在各种荷载作用下的内力可按结构力学方法或利用现成的图表或计算机程序进行计算，然后通过内力组合确定柱控制截面的最不利内力，作为柱截面设计及基础设计的依据。

对于框架柱，控制截面通常取上段柱的上、下端截面，如图 2-35 中的 1—1 截面和 2—2 截面，以及下段柱的上、下端截面，如图 2-35 中 3—3 截面和 4—4 截面。

柱的截面设计主要取决于弯矩值和轴力值，因此，通常选择以下四种内力组合作为可能的最不利内力组合：

① 最大正弯矩 $+M_{max}$ 及相应的轴向力 N、剪力 V

② 最大负弯矩 $-M_{max}$ 及相应的轴向力 N、剪力 V

③ 最大轴向力 N_{max} 及相应的弯矩 M、剪力 V

④ 最小轴向力 N_{min} 及相应的弯矩 M、剪力 V

计算柱脚锚栓的最不利组合为：最小轴向力 N_{min} 及相应的最大正弯矩 M_{max}（或最大的负弯矩 $-M_{max}$）。

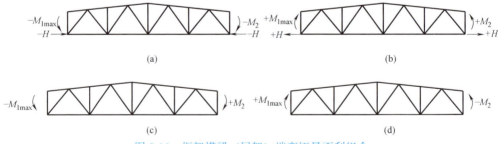

图 2-36　框架横梁（屋架）端弯矩最不利组合

横梁（屋架）与柱刚接时，可先按简支桁架计算屋架各杆件内力，然后再根据框架内力分析得到的屋架端弯矩和水平力进行组合，从而计算屋架杆件的控制内力。屋架端弯矩和水平力的最不利组合可分为以下四种情况：

① 使屋架下弦杆可能受压的组合，即左端为 $-M_{1max}$ 和 $-H$，右端为 $-M_2$ 和 $-H$，

如图 2-36（a）所示；

② 使屋架上、下弦内力增加的组合，即左端为 $+M_{1max}$ 和 $+H$，右端为 $+M_2$ 和 $+H$，如图 2-36（b）所示；

③ 使屋架腹杆内力最不利的组合，分两种情况：一是左端为 $-M_{1max}$，右端为 $+M_2$，如图 2-36（c）所示；二是左端为 $+M_{1max}$，右端为 $-M_2$，如图 2-36（d）所示。

组合时，应使左端弯矩为最大值，水平力和右端弯矩是同时产生的。

分析屋架杆件内力时，将弯矩 M 用如图 2-37 所示的一对水平力 $H'=M/h_0$ 代替，水平力则直接由下弦杆传递。将端弯矩和水平力产生的内力与按铰接屋架的内力组合后，即得到刚接屋架各杆件的最不利内力。

图 2-37　屋架支座弯矩转化成一对水平力

2.5.3　横向框架柱

横向框架柱按其形式可分为等截面柱、阶形柱和分离式柱，如图 2-38 所示。

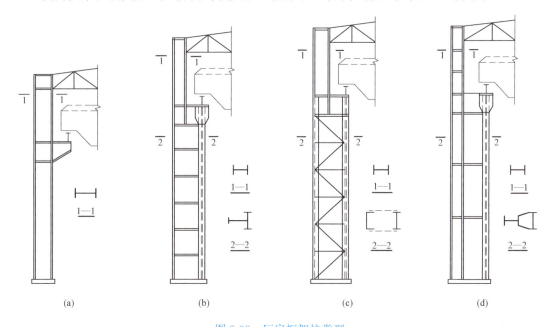

(a)　　　　　　　　(b)　　　　　　　　(c)　　　　　　　　(d)

图 2-38　厂房框架柱类型

（a）等截面柱；（b）实腹式单阶柱；（c）格构式单阶柱；（d）分离式柱

沿整个柱高度截面不变的等截面柱通常适用于吊车起重量小于 20t 且柱距不大于 12m 的车间，柱截面一般采用工字形截面，吊车梁直接支承在柱身的牛腿上。

吊车起重量较大的厂房，上段柱内力较下段柱内力小，常采用沿柱高度截面变化的阶形柱。常见的阶形柱有单阶和双阶，某些特重型车间甚至为三阶，吊车梁支承在柱的截面改变处。阶形柱中上段柱既可采用实腹式又可采用格构式，下段柱常采用格构式。

分离式柱是由两根独立柱肢分别承受屋盖结构和吊车梁传来的荷载作用，并由水平联系板沿两柱肢高将两者连接成整体的柱。水平联系板厚度一般取 8～12mm，其竖向刚度较小，故可认为吊车竖向荷载仅传给吊车肢而不传给屋盖肢。因为屋盖肢在框架平面内的刚度较大，水平联系板的间距可根据吊车肢在框架平面内和框架平面外长细比相等的条件来确定，常为 1.5m 左右。屋盖肢常做成宽翼缘 H 型钢和焊接工字型钢，吊车肢一般采用工字钢。分离式柱构造比较简单，制作安装方便，但用钢量较阶形柱大，厂房排架刚度比阶形柱小，一般在厂房预留扩建时或厂房边列柱外侧设有露天吊车柱时采用。

阶形柱上柱和下柱交接处的吊车梁支承平台称为肩梁，由上盖板、下盖板、腹板及垫板组成。其作用是将上下段柱连成整体以实现上下段柱内力的传递，并兼作吊车梁的支座，它是上、下段柱连接和支承吊车梁的重要部位，必须具有足够的强度和刚度。

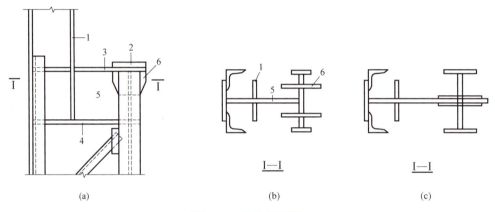

图 2-39　单壁式肩梁

1—上柱翼缘；2—垫板；3—肩梁上盖板；4—肩梁下盖板；5—肩梁腹板；6—加劲肋

肩梁可分为单壁式和双壁式两种。如图 2-39（a）所示为单壁式肩梁，只有一块腹板，主要用于上、下段柱都是实腹柱的情况，也可用于下段柱为截面较小的格构式柱中。当吊车梁为平板式支座时，宜在吊车肢腹板上和吊车梁端加劲肋的相应位置上设置加劲肋，如图 2-39（b）所示。当吊车梁为突缘支座时，通常将肩梁腹板嵌入吊车肢的槽口，为了加强腹板，可在吊车梁突缘宽度范围内，在肩梁腹板两侧局部各贴焊一小板，如图 2-39（c）所示，以承受吊车梁的最大支座反力。

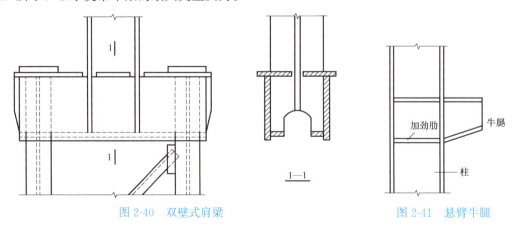

图 2-40　双壁式肩梁　　　　　　　　图 2-41　悬臂牛腿

如图 2-40 所示为双壁式肩梁，由上、下盖板和两块腹板形成一个箱形结构。其刚度和整体性较好，但制造、施焊复杂，主要用于下段柱为格构柱，以及拼接刚度要求较高的重型柱中。为便于在箱形体内施焊，需考虑有必要的施焊空间和开设通风洞口。

吊车起重量较小的轻型厂房，可直接在等截面柱上设置悬臂牛腿来支承吊车梁，如图 2-41 所示。

框架柱的截面高度 h 通常由柱的高度和荷载决定。等截面柱和阶形柱下段的截面高度 $h=(1/20\sim1/15)H$，H 为车间高度；当吊车为 A6～A8 级工作制时，若车间高度较小，可取 $h=(1/17\sim1/15)H$，若车间高度较大，可取 $h=(1/14\sim1/11)H$。阶形柱上段柱的截面高度可取 $h=(1/12\sim1/10)H_1$，H_1 为上段柱高（吊车梁底至屋架下弦的高度）；当吊车为重级工作制时，则取 $h=(1/10\sim1/8)H_1$。如果上段柱的腹板中设人孔，则其截面高度至少为 800mm。对于分离式柱中的屋盖肢，其截面高度可取 $h=(1/20\sim1/15)H$，吊车肢的截面高度（沿厂房纵向）约为其自身高度的 1/15。柱下段的截面宽度约为其截面高度的 1/5～1/3，并不宜小于 0.3～0.4m。

横向框架柱承受轴向力、弯矩和剪力作用，属压弯构件。对于等截面柱及阶形柱的上下段，应选取最不利内力组合，按压弯构件进行强度、刚度和稳定性验算。分离式柱的屋盖肢承受屋面荷载、风荷载和吊车水平荷载，按压弯构件计算。当计算屋盖肢在排架平面内的稳定性时，不考虑独立吊车肢的作用。当计算其在排架平面外的稳定性时，对于下段柱可考虑独立吊车肢的共同作用，即计算排架平面外的截面特性时，可将吊车肢截面计入。分离式柱的独立吊车肢仅承受吊车的竖向荷载，当其顶部支承的吊车梁为平板式支座时，则应考虑相邻两吊车梁反力差的偏心影响，按压弯构件计算其强度和稳定性。

2.6　吊　车　梁

吊车梁主要承受吊车在起重、运行时产生的各种移动荷载，同时它又是厂房的纵向构件，对传递纵向水平荷载、加强厂房纵向刚度起重要作用，是厂房的主要承重构件之一。本节简要介绍钢吊车梁的类型、构造和设计要点。

2.6.1　吊车梁的类型

按支承情况，吊车梁可分为简支梁和连续梁。简支吊车梁传力明确、构造简单、施工方便，且对支座沉陷不敏感。连续吊车梁比简支吊车梁用料经济，但由于它受柱不均匀沉降影响较明显，较少采用。

按结构体系，吊车梁可分为实腹式、下撑式和桁架式（图 2-42），其中实腹式吊车梁应用较广泛，最常见的为焊接工字形截面。下撑式吊车梁和桁架式吊车梁虽用钢量少，但制造费工，在动力和反复荷载作用下的工作性能不如实腹式吊车梁可靠，且刚度较差，因此一般只有在跨度较大而吊车起重量较小时才采用。桁架式吊车梁为带有组合型钢或焊接工字形劲性上弦的空腹式结构，一般适用于跨度大于等于 18m，以及起重量 $Q\leqslant75t$ 的轻、中级工作制或小吨位软钩重级工作制吊车结构。下撑式吊车梁一般用于手动梁式吊车，起重量 $Q\leqslant5t$，跨度不大于 6m 的情况。

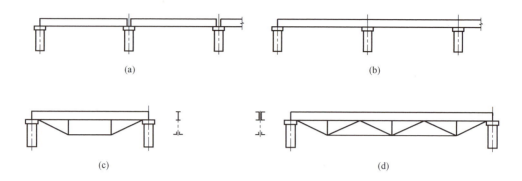

图 2-42　吊车梁类型

（a）实腹式简支吊车梁；（b）实腹式连续吊车梁；（c）下撑式吊车梁；
（d）桁架式吊车梁

2.6.2　吊车梁设计

（1）吊车梁及制动系统

吊车梁系统通常由吊车梁（或吊车桁架）、制动结构、辅助桁架（视吊车吨位、跨度大小确定）及支撑（水平支撑和垂直支撑）等构件组成。制动结构的主要作用是承受吊车横向水平荷载，保证吊车梁的侧向稳定性，增加吊车梁的侧向刚度，作为检修吊车及轨道的操作平台及人行走道。当吊车起重量不大（≤30t）且柱距较小（≤6m）时，也可不设制动结构，仅对吊车梁上翼缘进行加强（图 2-43a），使其在水平面内具有足够的强度和刚度。

如图 2-43（b）所示为一边列柱的吊车梁，设置了由吊车梁上翼缘、制动板和边梁组成的制动梁（图中阴影部分）。吊车梁的上翼缘为制动梁的内翼缘，槽钢边梁为制动梁的外翼缘。制动梁除承受吊车横向水平荷载外，还可用作人行过道和检修平台。制动梁的水平腹板（即制动板）可视为支承于吊车梁上翼缘板和外侧槽钢上的单向板，承受人行过道上的竖向荷载。一般采用花纹钢板，或采用普通平板而采取防滑措施，其厚度通常为 6～8mm，如不能满足局部稳定性要求其下面可设加劲肋，加劲肋截面一般采用板条或角钢，以间断角焊缝焊于板下。因制动梁可作为吊车梁的侧向支承，避免吊车梁发生侧扭屈曲，因此对这种形式的吊车梁可不验算其整体稳定性。

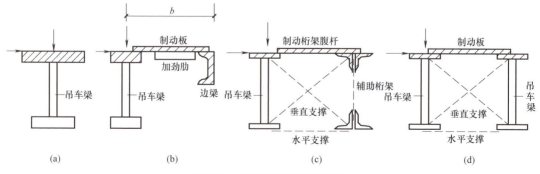

图 2-43　吊车梁系统结构组成

当吊车梁跨度较大，如重级工作制的吊车梁跨度大于等于12m或轻、中级工作制的吊车梁跨度大于等于18m时，边列柱宜采用如图2-43（c）所示由吊车梁上翼缘、腹杆系统和边梁（辅助桁架上弦杆）组成的制动桁架（图中阴影部分）。为了增加吊车梁和制动结构的整体刚度和抗扭性能，通常设置与吊车梁等高的辅助桁架。辅助桁架的上、下弦杆可采用如图2-43（c）所示的双角钢截面，与厂房柱上段外翼缘相连。在吊车梁的下翼缘和辅助桁架的下弦平面内需设置水平支撑，使整个吊车梁和制动梁系统构成一箱形截面。同时在吊车梁跨度 $l/4 \sim l/3$ 处设置垂直支撑，以增加此箱形截面的刚度。

设置在中列柱的吊车梁的制动结构是由相邻跨的两吊车梁上翼缘和制动板组成的制动梁，如图2-43（d）所示。

制动梁和制动桁架统称为制动结构。制动结构的宽度 b 应根据吊车起重量、柱截面高度和刚度要求来确定，一般不得小于0.75m。当宽度小于等于1.2m时常采用制动梁，超过1.2m宜采用制动桁架。

（2）吊车梁的设计

吊车梁所承受荷载主要有吊车产生的竖向荷载、横向水平荷载和纵向水平荷载。竖向荷载包括吊车系统、起重物的自重以及吊车梁系统的自重，横向水平荷载和纵向水平荷载分别是由小车和大车启动或刹车时所引起的横向和纵向水平惯性力。纵向水平荷载沿吊车轨道方向，通过吊车梁传给柱间支撑，只使吊车梁纵向受压，影响不大，因此在设计吊车梁时一般不考虑。

由于吊车荷载是移动荷载，在计算吊车梁内力时，首先应按结构力学影响线的方法确定使吊车梁产生最大内力的最不利轮压位置，然后求出在竖向荷载作用下吊车梁的最大弯矩及相应剪力和最大剪力及相应弯矩，以及横向水平荷载作用下吊车梁的最大弯矩，按受弯构件进行吊车梁和制动梁的截面设计。

竖向荷载全部由吊车梁承受，横向水平制动力由制动结构承受，但吊车梁的上翼缘同时也是制动梁的内翼缘或制动桁架的弦杆，因此，吊车梁上翼缘需考虑竖向荷载和横向水平荷载共同作用产生的应力。当采用制动桁架时，可以用一般桁架内力分析方法求出各杆（包括吊车梁上翼缘）的轴向力 N_i，但对作为制动桁架弦杆的吊车梁上翼缘，还应考虑横向水平荷载对弦杆产生的局部弯矩，可近似取 $M_{y1} = (1/5 \sim 1/3)Td$，其中 T 为横向水平荷载，d 为制动桁架的节间距。

计算吊车梁的强度及稳定时，按作用在跨间荷载效应最大的两台吊车或按实际情况考虑，采用荷载设计值。计算吊车梁的疲劳及挠度时，按作用在跨间荷载效应最大的一台吊车确定，采用荷载标准值。

码2-1　第2章相关三维模型图及照片

复习思考题

2-1　普通钢屋架单层厂房主要由哪些子结构组成？各子结构的作用分别是什么？

2-2 简述普通钢屋架单层厂房结构承受的荷载类型及其传递路径。

2-3 布置柱网时应考虑哪些因素?

2-4 为什么要设置温度伸缩缝?简述在设置横向温度伸缩缝处结构上常见的两种做法。

2-5 横向框架有哪些类型?如何确定横向框架跨度和高度?

2-6 简述厂房柱间支撑的作用及其布置原则。

2-7 简述厂房屋盖支撑的种类及其布置原则。

2-8 某普通钢屋架单层厂房,纵向柱距 6m,跨度 18m,长度 60m,钢屋架几何尺寸如图 2-44 所示,试布置该厂房屋盖支撑体系,并绘制屋架上弦平面支撑布置图、下弦平面支撑布置图、屋架端部垂直支撑布置图、屋架跨中垂直支撑布置图。

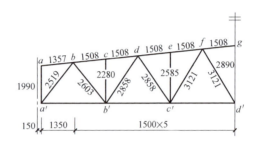

图 2-44 复习思考题 2-8 图(单位:mm)

2-9 某普通钢屋架单层厂房,跨度 24m,屋架上下弦平面支撑布置图及屋架几何尺寸如图 2-45 所示,试确定屋架上弦杆、下弦杆以及各腹杆的计算长度。

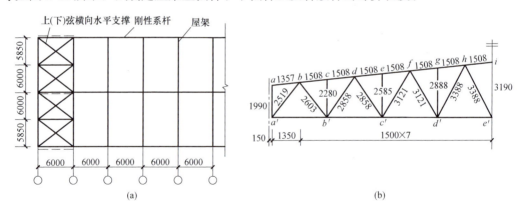

(a)

(b)

图 2-45 复习思考题 2-9 图(单位:mm)

(a)屋架上下弦平面支撑布置图;(b)屋架几何尺寸

2-10 在选择角钢屋架杆件截面形式时,为何上、下弦杆宜采用不等边角钢短肢相并组成的 T 形截面,而腹杆宜采用等边角钢组成的 T 形截面?

2-11 某角钢屋架下弦节点 b' 如图 2-46 所示。已知各杆件截面规格分别为:斜腹杆 $b'b$ 杆、$b'd$ 杆均为 2L90×5(肢背向上);竖腹杆 $b'c$ 杆为 2L50×5(肢背向右);下弦杆为 2L125×80×7(短肢相并、肢背向下)。经计算,各腹杆与节点板所需连接焊缝实际长度分别为：$b'b$ 杆肢背焊缝长度 100mm、肢尖焊缝长度 70mm；$b'd$ 杆肢背焊缝长度 90mm、肢尖焊缝长度 60mm；$b'c$ 杆肢背、肢尖焊缝长度均为 60mm。请用画图的方法确定 b' 节点的节点板形状和尺寸。

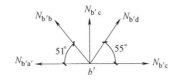

图 2-46　复习思考题 2-11 图

2-12　如何确定横向框架的控制截面及最不利内力？

2-13　简述吊车梁的类型及其应用范围。

2-14　简述吊车梁所受荷载类型及其构造特点。

第3章 门式刚架轻型房屋结构

3.1 概　　述

门式刚架轻型房屋结构在我国的应用大约始于 20 世纪 80 年代初期，近年来得到迅速的发展，主要用于轻型的厂房、仓库、大型超市、展览厅、体育馆、加层建筑等。门式刚架轻型房屋结构适用于房屋高度不大于 18m，房屋高宽比小于 1、无桥式吊车或有起重量不大于 20t 的中、轻级工作制（A1～A5）吊车或不大于 3t 的悬挂式起重机的单层钢结构房屋。

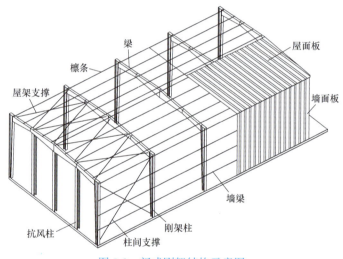

图 3-1　门式刚架结构示意图

门式刚架结构房屋主要由梁、柱、檩条、墙梁、支撑、屋面板及墙面板等构件组成，如图 3-1 所示，有起重设备时还需设吊车梁。刚架梁和刚架柱所组成的门式刚架作为主要承重骨架，檩条和墙梁一般采用冷弯薄壁型钢（C 型钢或 Z 型钢），屋面和墙面常采用压型钢板，需隔热和保温时可铺设岩棉、玻璃丝棉等保温隔热材料，也可直接采用带保温隔热层的板材。

根据跨度、高度和荷载的不同，门式刚架的梁、柱可采用变截面或等截面的焊接工字形截面或轧制 H 形截面。当设有桥式吊车时，柱宜采用等截面构件。变截面构件可以适应弯矩变化，节约材料，但在构造连接及加工制作等方面不如等截面方便。变截面构件通常改变腹板的高度做成楔形，必要时也可改变腹板厚度。结构构件在制作单元内不宜改变翼缘截面，当必要时，仅可改变翼缘厚度。邻接的制作单元可采用不同的翼缘截面，两单元相邻截面高度宜相等。

刚架梁与刚架柱刚接，柱脚与基础的连接宜采用铰接。当用于工业厂房且有 5t 以上桥式吊车时，为了提高结构的整体侧移刚度，宜将柱脚设计成刚接，此时，因柱脚要传递弯矩，柱宜采用等截面构件。刚架柱一般为独立安装单元，刚架斜梁可根据运输条件划分为若干个单元，单元之间通过端板以高强度螺栓刚性连接。

3.1.1 门式刚架结构形式

门式刚架可分为单跨、双跨、单坡、多跨刚架以及带挑檐和带毗屋的刚架等形式，如图 3-2 所示。根据通风、采光的需要，屋面可设置通风口、采光带和天窗架等。

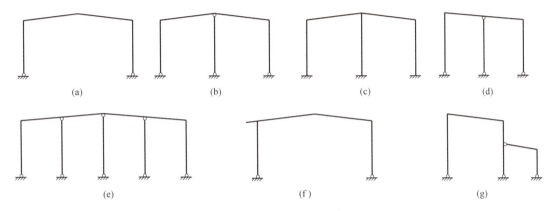

图 3-2 门式刚架形式示例

(a) 单跨刚架；(b) 双跨刚架（带摇摆柱）；(c) 双跨刚架；(d) 单坡刚架；
(e) 多跨刚架（带摇摆柱）；(f) 带挑檐刚架；(g) 带毗屋刚架

多跨刚架宜采用双坡或单坡屋盖，必要时也可采用由多个双坡屋盖组成的多跨刚架形式。实践表明，多跨刚架采用双坡或单坡有利于屋面排水，在多雨地区宜采用这些形式。屋面坡度主要考虑排水要求，常取 $1/20 \sim 1/8$，在雨水较多的地区宜取较大值。当屋面坡度小于 $1/20$ 时，应考虑结构变形后雨水顺利排泄的能力。对于多跨刚架，中间柱与斜梁的连接可采用铰接或刚接。对无桥式吊车的双坡多跨刚架房屋，当刚架柱高不大且风荷载较小时，中柱宜采用两端铰接的摇摆柱，如图 3-2（b）（e）所示。中间摇摆柱只承受轴向力且不参与抵抗侧力，与梁的连接构造简单。对于设桥式吊车的房屋，中柱宜为两端刚接，以增加整个刚架的侧向刚度。

3.1.2 门式刚架结构的建筑尺寸

门式刚架的跨度 L 是指横向刚架柱轴线间的距离，其单跨跨度宜为 $12 \sim 48m$，有根据时也可取更大跨度。跨度宜以 3m 为模数，但也可不受模数的限制。

门式刚架的高度 H 是指室外地面至柱轴线与斜梁轴线交点的距离，檐口高度是指室外地面至房屋外侧檩条上缘的高度。门式刚架的高度应根据使用要求的室内净高确定，无吊车的房屋门式刚架高度宜取 $4.5 \sim 9m$，有吊车的厂房应根据轨顶标高和吊车净空的要求确定，一般宜为 $9 \sim 12m$。

对于变截面刚架梁、柱，柱的轴线可取通过柱下端（截面较小端）截面中心的竖向轴线，工业建筑边柱的定位轴线宜取柱外皮，斜梁的轴线可取通过变截面梁段最小端中心与斜梁上表面平行的轴线，如图 3-3 所示。

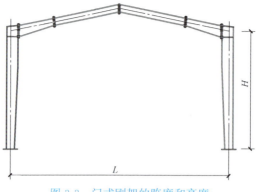

图 3-3 门式刚架的跨度和高度

3.2 结 构 布 置

3.2.1 柱网布置

门式刚架的柱距（即刚架间距）应根据工艺、使用要求、受荷情况、经济性等要求综合确定。仅从结构设计的角度而言，刚架的用钢量一般随其间距的增大而减少，但吊车梁、檩条、墙梁等的用钢量则随刚架间距的增大而增加。门式刚架的纵向柱距通常为 6～9m，对于无桥式吊车的单层门式刚架轻型房屋，柱距以 7.5～9m 为宜，对于有桥式吊车或较大悬挂荷载的单层门式刚架轻型房屋，柱距以 6～7.5m 为宜。当没有悬挂荷载或悬挂荷载不挂在檩条上，或采用高频焊接薄壁 H 型钢、高频焊接轻型 H 型钢、格构式檩条时，刚架间距可达到 12m，甚至 15m，此时侧墙宜设墙架柱。通常，大跨度刚架宜采用大间距，刚架跨度与间距的比一般以 3.5～5 为宜。由于使用要求需局部抽柱时，可在相邻柱间设置托梁或托架支承，如图 3-4 所示。

当门式刚架房屋长度和宽度较大时，为了防止在温度变化时结构构件的热胀冷缩产生

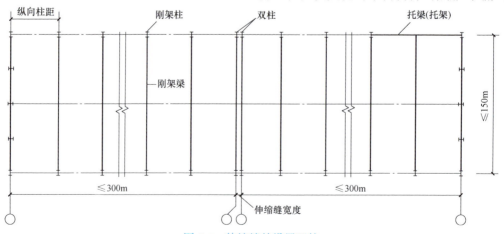

图 3-4 伸缩缝处设置双柱

过大的温度应力，应设置温度伸缩缝将结构分成若干独立工作的温度区段。门式刚架结构的构件、围护结构的刚度不大，温度应力相对较小，温度区段长度与传统结构形式相比可适当放宽，纵向温度区段长度不宜大于300m，横向温度区段长度不宜大于150m。

在设置伸缩缝处可采用两种做法：（1）设置双柱，如图3-4所示；（2）在檩条、墙梁及吊车梁端部的螺栓连接处采用纵向长圆孔，如图3-5所示，使构件在构造上可以自由伸缩，以释放温度应力。

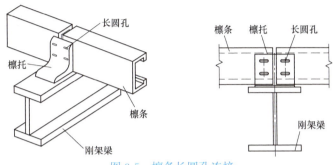

图3-5　檩条长圆孔连接

3.2.2　支撑体系布置

门式刚架轻型房屋结构支撑体系主要包括柱间支撑和屋盖支撑，支撑的主要作用是：①提高结构的纵向刚度，保证主刚架在安装和使用中的整体稳定性；②传递纵向水平荷载（风荷载、纵向吊车水平荷载、地震作用等）。在每个温度区段或分期建设的区段中，应分别设置独立的支撑体系，与刚架结构一同构成独立的空间稳定体系。

（1）柱间支撑

柱间支撑的设置应根据房屋纵向柱距、受力情况和温度区段等条件确定，如图3-6所

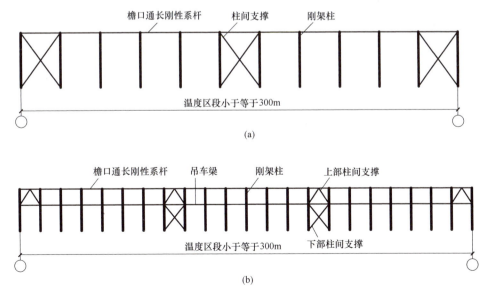

图3-6　柱间支撑布置示意图

（a）无吊车时柱间支撑布置示意图；（b）有吊车时柱间支撑布置示意图

示。柱间支撑应设在侧墙柱列，当房屋宽度大于 60m 时，在内柱列也宜设置柱间支撑。当有吊车时，每个吊车跨两侧柱列均应设置吊车柱间支撑。当房屋高度大于柱间距 2 倍时，柱间支撑宜分层设置。

柱间支撑的间距：当无吊车时，柱间支撑间距宜取 30～45m，宜设置在房屋温度区段端部的第一或第二开间。当有吊车时，吊车牛腿下部支撑宜设置在温度区段中部；当温度区段较长时，宜设置在三分点处，且支撑间距不应大于 50m，以防下部支撑间距过长时，约束吊车梁因温度变化所产生的伸缩变形，从而在支撑内产生温度附加内力。牛腿上部支撑设置原则与无吊车时的柱间支撑设置相同。

柱间支撑常采用的形式有交叉支撑、人字支撑等，支撑杆件的截面可采用圆钢或角钢、钢管等型钢截面。一般情况下常采用带张紧装置的十字交叉圆钢支撑，圆钢与构件的夹角应在 30°～60°范围内，宜接近 45°。当设有起重量不小于 5t 的桥式吊车时，因吊车的纵向水平力较大，吊车牛腿以下的支撑宜采用型钢支撑，但在温度区段端部吊车梁以下不宜设置柱间刚性支撑。

（2）屋盖支撑

门式刚架结构的屋盖支撑主要包括屋盖横向水平支撑、纵向水平支撑和刚性系杆，如图 3-7 所示。

屋盖横向水平支撑应布置在房屋端部或温度区段的第一或第二个开间。在设置柱间支

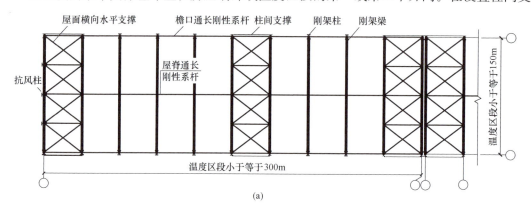

(a)

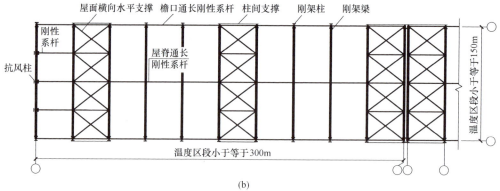

(b)

图 3-7　屋盖支撑布置示意图

（a）横向水平支撑设在房屋温度区段端部第一开间；（b）横向水平支撑设在房屋温度区段端部第二开间

撑的开间，宜同时设置屋盖横向水平支撑，以确保能形成几何不变体系，提高房屋的整体刚度。屋面横向水平支撑主要承受由山墙抗风柱传递来的风荷载，故横向交叉支撑节点位置应与抗风柱相对应，并在屋面梁转折处布置节点。当横向水平支撑设置在第二开间时，应在房屋端部第一开间抗风柱顶部对应位置布置刚性系杆，以利于山墙风荷载的传递。

在刚架转折处（单跨房屋边柱柱顶和屋脊，以及多跨房屋某些中间柱柱顶和屋脊）应沿房屋全长设置刚性系杆，如图 3-8 所示。

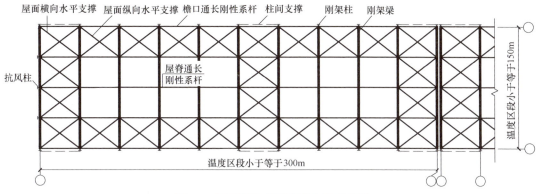

图 3-8　屋面纵向水平支撑布置示意图

在设有带驾驶室且起重量大于 15t 桥式吊车的跨间，应在屋盖边缘设置纵向支撑，如图 3-8 所示。有桥式吊车的门式刚架轻型房屋，在吊车运行中常出现晃动的情况，从结构设计的角度而言，可能是由于吊车梁的侧向刚度偏小，也可能是房屋整体刚度不足。当桥式吊车的吊车吨位较大时，大部分情况是房屋整体刚度不足产生的问题。此时，在屋盖边缘设置纵向水平支撑可将各个平面刚架连在一起共同承担吊车在局部作用的摇晃力，同时屋盖纵向水平支撑和横向水平支撑形成封闭体系，加强了屋盖整体刚度，从而减小甚至避免吊车运行中出现的晃动。在有抽柱的柱列，沿托架长度应设置纵向水平支撑。

屋盖横向和纵向水平支撑常采用带张紧装置的十字交叉圆钢支撑，也可以采用单角钢截面。刚性系杆可采用圆钢管、H 型钢或双角钢等。

3.2.3　屋面布置

门式刚架轻型屋面系统采用有檩体系，由屋面板、檩条、拉条、撑杆、隅撑及屋面支撑等构件组成。

（1）檩条

屋面檩条的跨度由刚架柱距决定，其间距一般应综合考虑屋面材料、天窗、采光带、檩条供货规格等因素，通常等间距布置。但在屋脊和檐口处，为便于屋脊盖板和天沟收边，檩条间距应做局部调整，如图 3-9 所示。屋脊处采用双檩条，为避免屋面板的外伸宽度太长，两檩条间距宜不大于 500mm，两檩条之间可用槽钢、角钢和圆钢相连。檐口处在天沟附近布置一道檩条，以便于天沟的固定。对于 C 形和 Z 形截面檩条，为减小由于屋面荷载偏心而产生的扭矩，宜将檩条上翼缘肢尖（或卷边）朝向屋脊方向。

（2）拉条和撑杆

为给檩条提供侧向支承以提高其侧向稳定性，减小檩条沿屋面坡度方向的跨度，减小

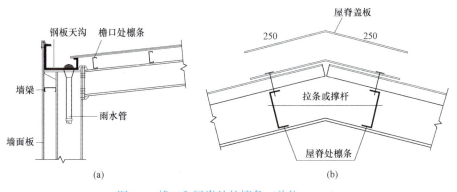

图 3-9　檐口和屋脊处的檩条（单位：mm）

(a) 檐口处檩条；(b) 屋脊处檩条

檩条在施工和使用阶段的侧向变形和扭转，在实腹式檩条之间需设置拉条或撑杆，拉条和撑杆一般设置在离檩条翼缘 1/3 腹板高度处。拉条和撑杆应设置在檩条的受压部位，通常恒载、屋面均布活荷载组合作用下檩条上部受压，而恒载、风荷载组合作用下檩条下部受压，所以拉条和撑杆一般设置在靠近上翼缘、下翼缘处或采用双层拉条体系，应根据实际情况考虑。

当檩条跨度大于 4m 小于等于 6m 时，宜在檩条间跨中位置设置拉条；当檩条跨度大于 6m 小于等于 9m 时，应在檩条跨度三分点处各设一道拉条；当檩条跨度大于 9m 时，宜在檩条跨度四分点处各设一道拉条，如图 3-10、图 3-11 所示。拉条仅传递拉力，按轴心受拉构件计算，一般采用圆钢截面，直径不宜小于 10mm。

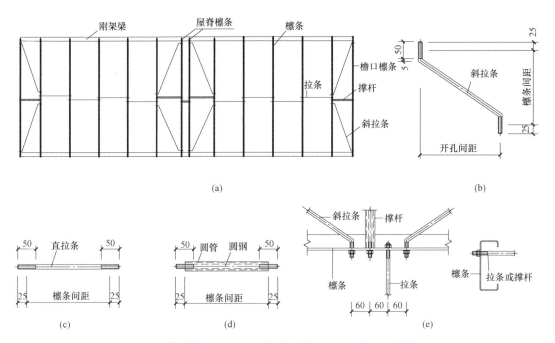

图 3-10　4m＜檩条跨度 l≤6m 时拉条和撑杆布置示意图（单位：mm）

(a) 拉条和撑杆的布置示意；(b) 斜拉条大样；(c) 直拉条大样；(d) 撑杆大样；(e) 拉条、撑杆与檩条连接大样

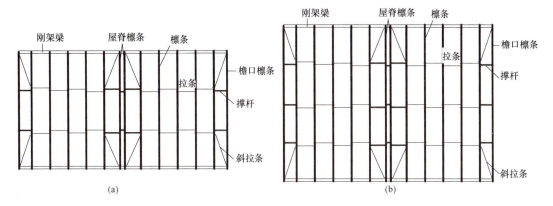

图 3-11　檩条跨度 $l>6m$ 时拉条和撑杆布置示意图

(a) 6m＜檩条跨度 $l\leqslant9m$ 时拉条和撑杆布置；(b) 檩条跨度 $l>9m$ 时拉条和撑杆布置

在屋脊、檐口和天窗两侧边檩处设置撑杆，布置原则同拉条。撑杆的作用主要是限制屋脊、檐口处的檩条向上和向下两个方向的侧向弯曲，主要承受压力，按轴心受压构件计算，常采用钢管、方钢或角钢截面，撑杆长细比不应大于 220。在设置撑杆处应同时设置斜拉条，将檩条沿屋面坡度方向的分力传递到刚架上。斜拉条可弯折，也可不弯折，后一种方法需通过斜垫板或角钢与檩条连接。

（3）隔撑

在荷载作用下刚架梁下翼缘或刚架柱内翼缘受压，为了保证刚架梁下翼缘或刚架柱内翼缘的平面外稳定性，可在刚架梁与檩条或刚架柱与墙梁间设置隔撑，如图 3-12 所示。

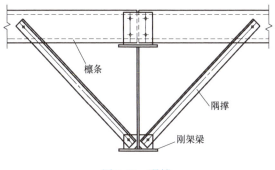

图 3-12　隔撑

在门式刚架结构中，刚架柱和刚架梁都较细长，此类构件在刚架平面外的整体稳定是必须考虑的。构件在刚架平面外的稳定计算取决于受压翼缘的侧向刚度，因此，对受压翼缘设置侧向支撑是提高其整体稳定性的有效措施。在重力荷载和风吸力作用下，刚架梁的上、下翼缘都可能受压，在左、右风荷载作用下，刚架柱的内、外翼缘都可能受压，利用墙梁和檩条对刚架柱外翼缘和刚架梁的上翼缘构成侧向约束，利用隔撑对刚架柱内翼缘和刚架梁下翼缘构成侧向约束，是提高刚架梁、柱在平面外稳定性的一种较为经济合理的措施。但对于端部刚架，因为只能单面设置隔撑，隔撑会对刚架梁产生侧向推力，有潜在的危害，因此在端部刚架梁与檩条之间不宜设置隔撑。为了减小端部刚架梁平面外的计算长度、提高其平面外的整体稳定性，可在端开间两刚架梁间抗风柱对应位置处设置刚性系杆。

隅撑常采用单角钢截面，按轴心受压构件设计，轴力设计值 N 可按下式计算：

$$N = \frac{Af}{60\cos\theta} \tag{3-1}$$

式中　A——被支撑翼缘的截面面积；

　　　f——被支撑翼缘钢材的抗压强度设计值；

　　　θ——隅撑与檩条轴线间的夹角。

隅撑成对布置时，每根隅撑的计算轴力可取上式计算值的 1/2。

3.2.4　墙面布置

（1）纵墙面布置（图 3-13）

当刚架柱距不超过 9m 时，门式刚架轻型房屋结构的纵墙面一般只设墙梁，墙梁间设置拉条或撑杆和斜拉条，并根据门窗洞口的布置设置门、窗侧立柱以固定门窗。墙面重量和作用于纵墙面的风荷载通过墙面板传递给墙梁，再由墙梁传递给刚架柱。

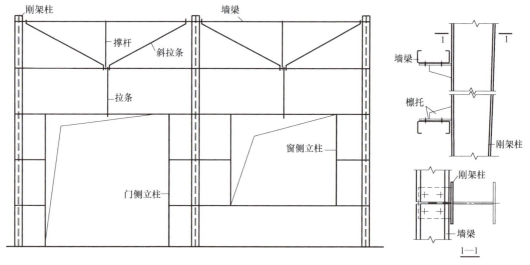

图 3-13　纵墙面布置

支承轻型墙体的墙梁宜采用 C 形和 Z 形冷弯薄壁型钢，对于兼作窗框、门框的墙梁，为了得到一个平整的框洞，常采用 C 形截面。C 形截面墙梁开口向上便于施工，但易积灰、积水，因此一般除窗顶处墙梁外，其余位置的 C 形墙梁均开口向下。

当采用压型钢板墙面时，墙梁宜布置在刚架柱的外侧。墙梁的跨度就等于刚架柱距，墙梁间距主要由墙板板型和规格确定，并考虑设置门窗洞口、雨篷等构件的要求，尽量等间距设置。墙梁与刚架柱通常采用檩托连接，檩托与柱焊接，墙梁与檩托用普通螺栓连接。

为了减小竖向荷载产生的效应，实腹式墙梁之间也需要设置拉条或撑杆，设置原则同屋面檩条。在最上层墙梁处宜设斜拉条将拉力传递给刚架，当墙板的竖向荷载有可靠途径直接传递至地面或托梁时，可不设拉条。为了减小墙面板自重对墙梁的偏心影响，当墙梁单侧挂墙板时，拉条应连接在离墙梁挂墙板一侧翼缘 1/3 高度处，当墙梁两侧均挂有墙板时，拉条宜连接在梁截面重心处。

当刚架纵向柱距在 9m 以上时，为了减小墙梁的跨度可考虑设置墙架柱，墙架柱只承受墙梁传来的墙面自重及作用于纵墙面的横向水平风荷载。作用于纵墙面的风荷载通过墙梁传递给墙架柱和刚架柱；传递到墙架柱上的风荷载：柱下端的直接传至基础，柱上端的通过纵向水平支撑传递给刚架柱，最终至基础，如图 3-14 所示。

（2）山墙墙面布置

山墙墙面一般有两种布置方案：刚架体系和构架体系。

当山墙墙面采用刚架体系时，其布置与纵墙墙面类似，如图 3-15 所示。当门式刚架跨度超过 9m 时，需设置抗风柱以减小山墙面墙梁的跨度，抗风柱的间距应考虑墙梁的跨度、屋盖支撑布置等因素综合确定。山墙刚架承受房屋端部柱距一半范围内的竖向荷载和横向水平荷载作用，抗风柱不作为刚架梁的支点，只承受墙梁传来的山墙面自重及作用于山墙面的纵向水平风荷载作用。即不考虑抗风柱作为刚架梁的支点，所以在连接构造上应采取措

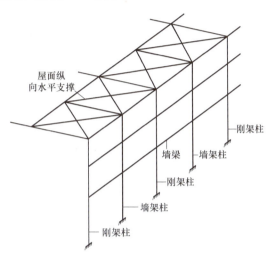

图 3-14　纵墙面设置墙架柱示意

施。在纵向柱距相等的情况下，山墙面刚架受荷宽度虽然只是中间榀刚架的一半，但实际设计时常采用与中间榀刚架相同的截面，虽然有点浪费，但此做法有如下优点：①传力路径明确，屋面荷载、横向水平荷载由刚架承担，山墙面自重和作用于山墙面的纵向风荷载由抗风柱承担；②由于山墙刚架与相邻刚架的截面相同，屋盖支撑和吊车梁的连接构造一致，无需另行设计；③便于改扩建，在扩建时只需拆除抗风柱、墙梁、拉条等构件，不影响刚架和屋盖系统。

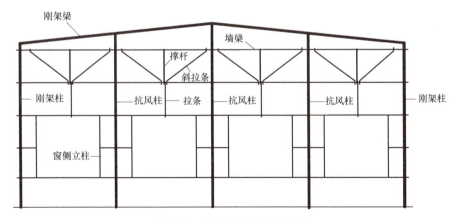

图 3-15　山墙面刚架体系示意

如图 3-16 所示山墙面构架体系是由构架柱、斜梁、墙梁及墙面支撑组成的一个独立的系统，屋面荷载通过檩条传递至斜梁，通过斜梁传递至构架柱，最后传递到基础。构架柱同时还承受山墙面的自重和风荷载，作用于纵墙面端开间一半的风荷载由构架柱和柱间支撑传递，作用于山墙面的风荷载则由构架柱承受。该种体系构件种类多、系统受力和传力途径多样而复杂，主要的优点是可以节省材料，但节省量极其有限。

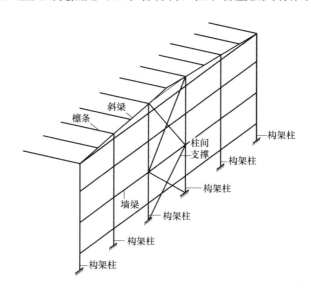

图 3-16　山墙面构架体系示意

3.3　门式刚架结构的荷载

门式刚架结构所受的荷载主要可分为两类：一是竖向荷载，主要包括结构自重、屋面均布活荷载（仅指施工及检修时的人员荷载）、屋面雪荷载、积灰荷载、吊车竖向荷载等；二是水平荷载，主要包括风荷载、地震作用、吊车水平荷载等。

其中结构自重为永久荷载，主要包括屋面材料、墙面材料、檩条、刚架、墙架、支撑等结构自重，按实际情况计算。当结构有吊挂的管道、屋顶风机等附加荷载时，若其作用的位置或作用时间具有不确定性时，宜按可变荷载考虑，若其作用位置固定不变，也可按永久荷载考虑。

门式刚架结构所承受的积灰荷载、吊车荷载，按现行国家标准《建筑结构荷载规范》GB 50009—2012 的规定取值。建造在抗震设防区的门式刚架结构应考虑地震作用，地震作用按现行国家标准《建筑抗震设计标准》GB/T 50011—2010（2024 年版）的规定计算。但该结构通常自重较轻，地震引起的惯性力较小，在抗震设防烈度 7 度及以下地区，地震作用往往不是控制因素，本章暂不涉及门式刚架结构的抗震设计。设计屋面板和檩条时，尚应考虑施工及检修集中荷载，其标准值可取 1.0kN 并按作用在结构最不利位置上考虑，当施工荷载有可能超过时，按实际情况采用。

按照《门式刚架轻型房屋钢结构技术规范》GB 51022—2015 的规定，对于不上人的压型钢板轻型屋面，屋面均布活荷载标准值（按水平投影面积计算）应取 $0.5kN/m^2$。

门式刚架结构一般采用压型钢板屋面和墙面，自重较轻，对风荷载和雪荷载较敏感，故《门式刚架轻型房屋钢结构技术规范》GB 51022—2015 对风荷载和雪荷载的计算作了专门的规定。

3.3.1 风荷载

门式刚架结构房屋高度一般较低，屋面坡度也较小，属低层房屋体系，其风载体型系数不能完全按照《建筑结构荷载规范》GB 50009—2012 取值，否则在有些情况下会偏于不安全。因此，《门式刚架轻型房屋钢结构技术规范》GB 51022—2015 对风荷载标准值的计算作了专门的规定。垂直于门式刚架结构建筑表面的风荷载标准值 w_k，应按以下公式计算：

$$w_k = \beta \mu_w \mu_z w_0 \tag{3-2}$$

式中　w_k——风荷载标准值（kN/m^2）；

　　　　w_0——基本风压（kN/m^2），按现行国家标准《建筑结构荷载规范》GB 50009—2012 的规定值采用；

　　　　μ_z——风荷载高度变化系数，按现行国家标准《建筑结构荷载规范》GB 50009—2012 规定取值，当高度小于 10m 时，应按 10m 高度处的数值采用；

　　　　β——系数，计算主刚架时取 $\beta=1.1$；计算檩条、墙梁、屋面板和墙面板及其连接时，取 $\beta=1.5$；

　　　　μ_w——风荷载系数。对于门式刚架轻型房屋，当房屋高度不大于 18m、房屋高宽比小于 1 时，风荷载系数 μ_w 按表 3-1～表 3-6 采用。

主刚架横向风荷载系数　　　　　　　　　　　　　　表 3-1

| 房屋类型 | 屋面坡角 θ | 荷载工况 | 端区系数 | | | | 中间区系数 | | | | 山墙 |
			1E	2E	3E	4E	1	2	3	4	5 和 6
封闭式	$0°\leq\theta\leq5°$	$(+i)$	$+0.43$	-1.25	-0.71	-0.60	$+0.22$	-0.87	-0.55	-0.47	-0.63
		$(-i)$	$+0.79$	-0.89	-0.35	-0.25	$+0.58$	-0.51	-0.19	-0.11	-0.27
	$\theta=10.5°$	$(+i)$	$+0.49$	-1.25	-0.76	-0.67	$+0.26$	-0.87	-0.58	-0.51	-0.63
		$(-i)$	$+0.85$	-0.89	-0.40	-0.31	$+0.62$	-0.51	-0.22	-0.15	-0.27
	$\theta=15.6°$	$(+i)$	$+0.54$	-1.25	-0.81	-0.74	$+0.30$	-0.87	-0.62	-0.55	-0.63
		$(-i)$	$+0.90$	-0.89	-0.45	-0.38	$+0.66$	-0.51	-0.26	-0.19	-0.27

注：1. 上表仅给出封闭式房屋当其屋面坡角小于等于 15.6° 的横向风荷载体型系数，其他情况详见《门式刚架轻型房屋钢结构技术规范》GB 51022—2015；

　　2. 荷载工况中的（$+i$）表示内压为压力，（$-i$）表示内压为吸力。结构设计时，两种工况均应考虑，并取用最不利工况下的荷载；

　　3. 表中正号和负号分别表示风力朝向板面和离开板面；

　　4. 未给出的 θ 值系数可用线性插值；

　　5. 当 2 区的屋面压力系数为负值时，该值适用于 2 区从屋面边缘算起垂直于檐口方向延伸宽度为房屋最小水平尺寸的 0.5 倍或 2.5h 的范围，取两者的较小值。2 区的其余面积，直到屋脊线，应采用 3 区的系数。

房屋类型	荷载工况	端区系数				中间区系数				侧墙
		1E	2E	3E	4E	1	2	3	4	5 和 6
封闭式	(+i)	+0.43	−1.25	−0.71	−0.60	+0.22	−0.87	−0.55	−0.47	−0.63
	(−i)	+0.79	−0.89	−0.35	−0.25	+0.58	−0.51	−0.19	−0.11	−0.27

注：表中仅给出封闭式房屋的纵向风荷载系数，其他情况详见《门式刚架轻型房屋钢结构技术规范》GB 51022—2015。

外墙风荷载系数（风吸力）　表 3-3

分区	有效风荷载面积 $A(\mathrm{m}^2)$	封闭式房屋	部分封闭式房屋
角部(5)	$A \leqslant 1$	−1.58	−1.95
	$1 < A < 50$	$+0.353\log A − 1.58$	$+0.353\log A − 1.95$
	$A \geqslant 50$	−0.98	−1.35
中间区(4)	$A \leqslant 1$	−1.28	−1.65
	$1 < A < 50$	$+0.176\log A − 1.28$	$+0.176\log A − 1.65$
	$A \geqslant 50$	−0.98	−1.35

注：1. 外墙风吸力系数 μ_w，用于围护构件和外墙板；
　　2. 外墙风荷载系数分区如图 3-19（a）所示。

外墙风荷载系数（风压力）　表 3-4

分区	有效风荷载面积 $A(\mathrm{m}^2)$	封闭式房屋	部分封闭式房屋
各区	$A \leqslant 1$	+1.18	+1.55
	$1 < A < 50$	$−0.176\log A + 1.18$	$−0.176\log A + 1.55$
	$A \geqslant 50$	+0.88	+1.25

注：1. 外墙风压力系数 μ_w，用于围护构件和外墙板；
　　2. 外墙风荷载系数分区如图 3-19（a）所示。

双坡屋面风荷载系数（风吸力）（0°≤θ≤10°）　表 3-5

分区	有效风荷载面积 $A(\mathrm{m}^2)$	封闭式房屋	部分封闭式房屋
角部(3)	$A \leqslant 1$	−2.98	−3.35
	$1 < A < 10$	$+1.70\log A − 2.98$	$+1.70\log A − 3.35$
	$A \geqslant 10$	−1.28	−1.65
边区(2)	$A \leqslant 1$	−1.98	−2.35
	$1 < A < 10$	$+0.70\log A − 1.98$	$+0.70\log A − 2.35$
	$A \geqslant 10$	−1.28	−1.65
中间区(1)	$A \leqslant 1$	−1.18	−1.55
	$1 < A < 10$	$+0.10\log A − 1.18$	$+0.10\log A − 1.55$
	$A \geqslant 10$	−1.08	−1.45

注：1. 屋面风吸力系数 μ_w，用于围护构件和屋面板；
　　2. 双坡屋面风荷载系数分区如图 3-19（b）所示。

分区	有效风荷载面积 $A(\mathrm{m}^2)$	封闭式房屋	部分封闭式房屋
各区	$A\leqslant 1$	$+0.48$	$+0.85$
	$1<A<10$	$-0.10\log A+0.48$	$-0.10\log A+0.85$
	$A\geqslant 10$	$+0.38$	$+0.75$

注：1. 屋面风压力系数 μ_{w}，用于围护构件和屋面板；

　　2. 双坡屋面风荷载系数分区如图 3-19（b）所示。

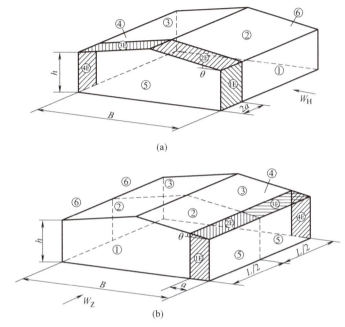

(a)

(b)

图 3-17　双坡屋面主刚架风荷载系数分区

（a）双坡屋面主刚架横向风荷载系数分区；（b）双坡屋面主刚架纵向风荷载系数分区

　　图 3-17 中，θ 为屋面与水平面的夹角；B 为房屋宽度；h 为屋顶至室外地面的平均高度，双坡屋面可近似取檐口高度；a 为计算围护结构构件时的房屋边缘带宽度，取房屋最小水平尺寸的 10% 或 $0.4h$ 中的较小值，但不得小于房屋最小水平尺寸的 4% 或 1m。

　　由于风可以从任意方向吹来，表 3-1、表 3-2 给出的不同封闭程度建筑、不同分区的风荷载系数，是综合考虑了内、外风压的一个组合，其中内风压又考虑了"鼓风效应"和"吸风效应"两种情况，所以同一风向时 μ_{w} 也分为 $+i$（鼓风效应）和 $-i$（吸风效应）两种情况。在进行结构设计时，两种工况均应考虑，并取用最不利工况下的荷载。

　　外风压是指在风荷载的作用下，建筑物表面上所产生的风压力或风吸力。内风压是指在风荷载作用下，气流在建筑物内部所产生的风压力与风吸力。内风压的大小与建筑物的封闭程度有关，也与风向和洞口的位置有关。敞开式建筑的内风压最小，封闭式建筑次之，部分封闭式建筑最大。当风从洞口吹进时，内风压为压力，形成鼓风效应；当风从其他洞口吹过时，室内空气被带出形成负压，内风压为吸力，形成吸风效应，如图 3-18 所示。

　　本书中仅给出屋面坡角 $0°\leqslant\theta\leqslant10°$ 时的双坡屋面风荷载系数，其他屋面风荷载系数详见《门式刚架轻型房屋钢结构技术规范》GB 51022—2015。表中的构件（墙架柱、墙梁、

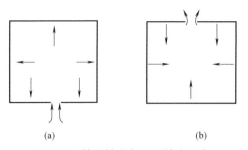

图 3-18　鼓风效应与吸风效应示意

（a）鼓风效应；（b）吸风效应

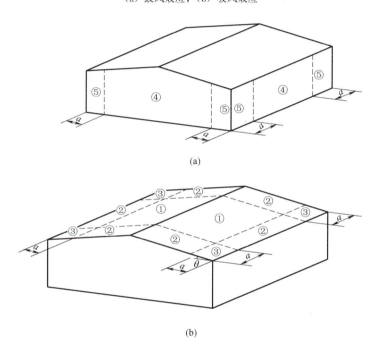

图 3-19　外墙和屋面风荷载系数分区

（a）外墙风荷载系数分区；（b）双坡屋面风荷载系数分区（$0° \leqslant \theta \leqslant 10°$）

檩条等）的有效风荷载面积 $A = lc$，l 为构件的跨度，c 为构件的受风宽度，应大于（$a +$ b）/2 或 $l/3$。a、b 分别为构件左、右侧或上、下侧与相邻构件间的距离。无确定宽度的外墙和其他板式构件取 $c = l/3$。

3.3.2　雪荷载

门式刚架轻型房屋钢结构屋盖较轻，属于对雪荷载敏感的结构，在极端雪荷载作用下容易造成结构整体破坏，后果特别严重。门式刚架轻型房屋钢结构屋面水平投影面上的雪荷载标准值，应按下式计算：

$$S_k = \mu_r S_0 \tag{3-3}$$

式中　S_k——雪荷载标准值（kN/m²）；

　　　　S_0——基本雪压（kN/m²），按现行国家标准《建筑结构荷载规范》GB 50009—2012 规定的 100 年重现期的雪压采用；

μ_r——屋面积雪分布系数。单坡、双坡、多坡房屋的屋面积雪分布系数按表 3-7 取用,其他类型的屋面形式可参照现行国家标准《建筑结构荷载规范》GB 50009—2012 的规定采用。

屋面积雪分布系数 表 3-7

项次	类别	屋面形式及积雪分布系数 μ_r							
1	单跨单坡屋面								
		θ	$\leqslant25°$	$30°$	$35°$	$40°$	$45°$	$50°$	$55°$	$\geqslant60°$
		μ_r	1.00	0.85	0.7	0.55	0.40	0.25	0.10	0
2	单跨双坡屋面	均匀分布的情况 不均匀分布的情况 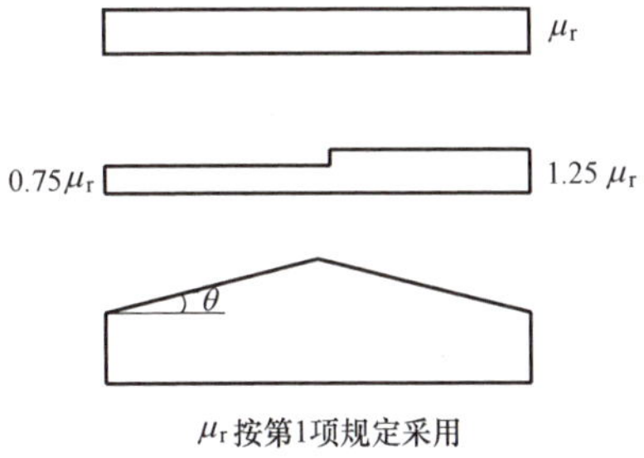 $0.75\mu_r$ $1.25\mu_r$ μ_r 按第1项规定采用							
3	双跨双坡屋面	均匀分布的情况 1.0 不均匀分布情况1 1.4 不均匀分布情况2 μ_r 2.0 μ_r μ_r 按第1项规定采用 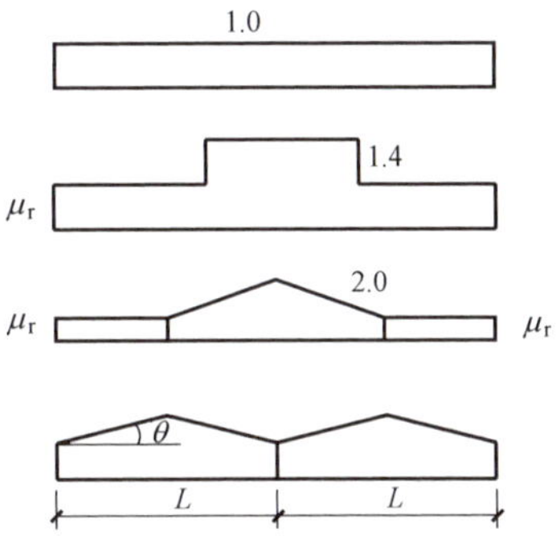							

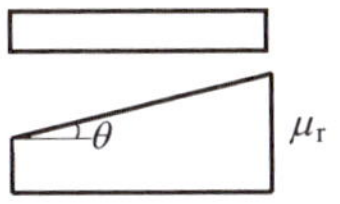

注:1. 对于双跨双坡屋面,当屋面坡度不大于 1/20 时,内屋面可不考虑表中第 3 项规定的不均匀分布的情况,即表中积雪分布系数 1.4 及 2.0 均按 1.0 考虑;
    2. 多跨屋面的积雪分布系数,可按第 3 项的规定采用。

为减小雪灾事故,轻型钢结构房屋宜采用单坡或双坡屋面的形式。对高低跨屋面,宜采用较小的屋面坡度。尽量减少女儿墙、屋面突出物等,以减小积雪危害。

3.4 构件设计

3.4.1 围护结构

门式刚架结构的屋面板和墙板材料常采用建筑外用压型钢板和夹芯板等轻质材料,如图 3-20 所示。

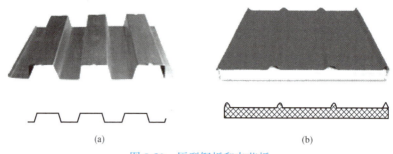

图 3-20 压型钢板和夹芯板

(a) 压型钢板；(b) 夹芯板

压型钢板是指以彩色涂层钢板或镀锌钢板为原材，经辊压冷弯成各种波形的压型材，是目前门式刚架结构中采用最广泛的围护结构材料。单层压型钢板常用板厚一般为 $0.5\sim1.0mm$，自重约为 $0.05\sim0.15kN/m^2$。波高大于 70mm 的压型钢板为高波板，波高小于或等于 70mm 的压型钢板为低波板。最大允许檩距可根据板型、支承条件和受荷情况综合考虑，一般情况下为 1.5m 左右。当有保温隔热要求时，可采用双层钢板中间夹保温层（超细玻璃纤维棉或岩棉等）的做法，或直接采用夹芯板。

夹芯板也称复合板，是一种将保温、隔热材料与面板一次成形的双层压型钢板，根据其芯材的不同分为硬质聚氨酯夹芯板、聚苯乙烯夹芯板、岩棉夹芯板等，夹芯板的重量一般为 $0.12\sim0.25kN/m^2$。一般建筑围护用夹芯板厚度为 $50\sim100mm$，夹芯板面板厚度一般为 0.5mm、0.6mm，如条件允许，经过计算屋面板底板和墙板内侧板也可采用 0.4mm 厚彩色钢板。

压型钢板编号由压型钢板代号（YX）及规格尺寸组成，编号示例如下：

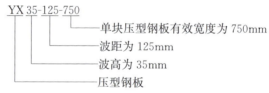

夹芯板屋面板由产品代号（JYJB：硬质聚氨酯夹芯板；JJB：聚苯乙烯夹芯板；JYB：岩棉夹芯板）及规格尺寸组成，编号示例如下：

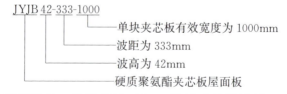

夹芯板墙面板由产品代号、连接代号（Qa：插接式挂件连接；Qb：插接式紧固件连接；Qc：拼接式紧固件连接）及规格尺寸组成，编号示例如下：

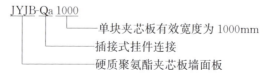

在施工现场轧制的压型钢板，根据吊装条件，应尽量采用较长尺寸的板材，以减少纵向接缝，防止渗漏。在工厂轧制的压型钢板，受运输条件限制，一般板长宜在 12m 之内。

屋面板与檩条的连接方式有直立缝锁边连接型、扣合式连接型、自攻螺钉连接型。

直立缝锁边连接型是指压制时预先将屋面板与屋面板的横向连接处弯折一定的角度，现场再用专用卷边机弯卷一定的角度，并且在板与板之间预涂密封胶，屋面板与檩条间通过嵌入板缝的连接片连接，有较高的防水性能和释放温度变形的能力。扣合式连接型是指将叠合后的屋面板通过卡座与檩条连接。

屋面板与檩条间采用自攻螺钉连接，这是常见的一种连接形式。压型钢板的搭接分为纵向搭接和横向搭接，如图 3-21 所示。纵向搭接应位于檩条或墙梁处，两块板均应伸至支承构件上，搭接长度：高波屋面板为 350mm，屋面坡度小于等于 10%的低波屋面板为 250mm，屋面坡度大于 10%的低波屋面板为 200mm，墙板均为 120mm。压型钢板的横向搭接方向宜与主导风向一致，搭接不小于一个波，自攻螺钉应设置在波峰上，间距一般为 300~400mm。

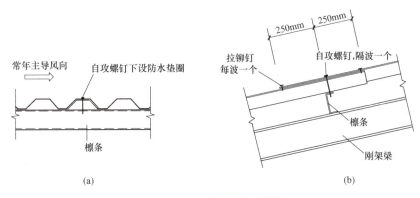

图 3-21 压型钢板屋面搭接

（a）横向搭接；（b）纵向搭接

压型钢板为薄壁受弯板件，需进行计算时，应遵照现行国家标准《冷弯型钢结构技术标准》GB/T 50018—2025 相关规定。目前许多常用的压型钢板生产厂家已给出了按强度和刚度条件进行选用的表格，设计时可根据檩距、压型钢板是悬臂、简支还是连续（跨越多道檩条）和荷载情况等直接选用合适的型号。

3.4.2 檩条设计

（1）檩条的截面

檩条的截面有实腹式、桁架式等形式。门式刚架结构中一般采用实腹式檩条，常用于跨度为 3~6m 的情况，其构造简单，制造安装方便。当檩条跨度大于 9m 宜采用桁架式构件，可减少用钢量。实腹式檩条常用截面形式有热轧工字钢、槽钢、H 型钢以及冷弯薄壁型钢中的 C 型钢和 Z 型钢，如图 3-22 所示。

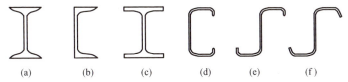

图 3-22 实腹式檩条截面形式

热轧型钢檩条因板件较厚，用钢量较大，因此与之相比冷弯薄壁型钢檩条应用更为普遍。C 型钢檩条适用于屋面坡度 $i \leqslant 1/3$ 的情况，直卷边和斜卷边 Z 型檩条适用于屋面坡度 $i > 1/3$ 的情况。

本节重点介绍实腹式檩条中冷弯薄壁 C 型钢檩条的设计和连接构造。

（2）檩条的连接

檩条一般设计成单跨简支构件，实腹式檩条也可设计成连续构件。简支檩条和连续檩条一般通过不同搭接方式来实现，连续 C 型檩条可通过采用尺寸稍大且足够长的 C 型钢套在檩条外后用螺栓拧紧来实现，Z 型连续檩条可采用叠置搭接来实现。

檩条一般通过檩托与刚架梁连接，以防止檩条的支座处的倾覆或扭转，如图 3-23 所示。檩托可用钢板或角钢，高度约为檩条截面高度的 3/4。檩条与檩托间采用普通螺栓连接，连接螺栓沿檩条高度方向布置。为便于安装，除兼作刚性系杆的双檩条外，其他檩条可开长圆孔。

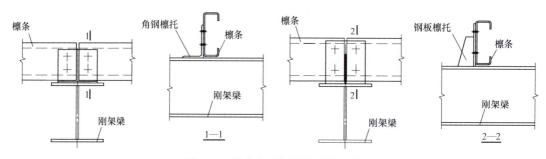

图 3-23　檩条与刚架梁的连接示意

（3）檩条的荷载

檩条所承受的荷载主要有：①永久荷载：主要有屋面材料重量（包括防水、保温、隔热层等）、拉条、撑杆和檩条自重；②可变荷载：主要有屋面均布活荷载、雪荷载、积灰荷载、风荷载、施工及检修荷载等。其中，风荷载、雪荷载按《门式刚架轻型房屋钢结构技术规范》GB 51022—2015 取值，详见第 3.3.1、3.3.2 节，其余可变荷载均按现行《建筑结构荷载规范》GB 50009—2012 取值。

对檩条进行设计时，其荷载组合应遵循以下基本原则：①屋面均布活荷载不与雪荷载同时考虑，应取两者中较大值；②积灰荷载应与雪荷载或屋面均布活荷载中的较大值同时考虑；③施工或检修集中荷载不与屋面材料或檩条自重以外的其他荷载同时考虑。

图 3-24　檩条荷载分解

（4）檩条的内力计算

实腹式檩条按双向受弯构件进行截面设计。将均布荷载 p 分解成垂直于、平行于檩条腹板平面作用的荷载分量 p_x 和 p_y（图 3-24）：

$$p_x = p \sin\alpha \tag{3-4}$$

$$p_y = p \cos\alpha \tag{3-5}$$

式中　p——檩条竖向荷载设计值；

　　　α——屋面坡度角。

单跨简支檩条在 p_y 作用下的计算简图、弯矩 M_x、剪力 V_y 如图 3-25 所示。

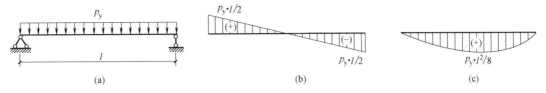

图 3-25　单跨简支檩条在 p_y 作用下的计算简图及内力图

(a) 计算简图；(b) 剪力图；(c) 弯矩图

单跨简支檩条在 p_x 作用下计算简图、弯矩 M_y 如图 3-26 所示（设有拉条时，视拉条为檩条的侧向支承点）。

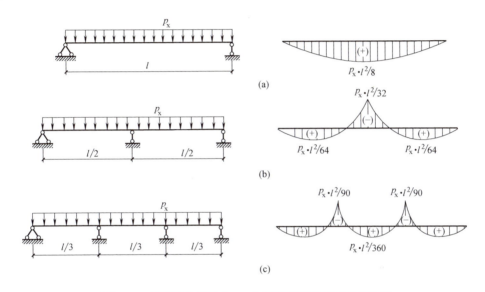

图 3-26　单跨简支檩条在 p_x 作用下的计算简图及弯矩图

(a) 檩条间未设置拉条；(b) 檩条间设置一道拉条；(c) 檩条间设置二道拉条

（5）檩条的截面验算

实腹式檩条的截面高度一般取跨度的 $1/50 \sim 1/35$，宽度取高度的 $1/3 \sim 1/2$，冷弯薄壁型钢檩条的厚度应考虑腐蚀的作用，厚度一般不宜小于 2mm。

① 抗弯强度验算

门式刚架结构的屋面坡度通常不大于 $1/10$，且屋面板的蒙皮效应对于檩条有显著的侧向支撑效果，故在验算抗弯强度时，可不考虑垂直于腹板的荷载分量 q_x 的作用以简化计算。

$$\frac{M_x}{W_{enx}} \leqslant f \tag{3-6}$$

式中　M_x——檩条腹板平面内的弯矩设计值；

　　　W_{enx}——截面对 x 轴的有效净截面模量。

65

② 抗剪强度验算

$$\frac{3V_{ymax}}{2h_0 t} \leqslant f_v \tag{3-7}$$

式中　V_{ymax}——檩条腹板平面内的剪力设计值；

　　　h_0——檩条腹板扣除冷弯半径后的平直段高度；

　　　t——檩条厚度。

③ 整体稳定性验算

当屋面板与檩条有可靠连接，能阻止檩条侧向失稳和扭转时，可不验算檩条的整体稳定性，否则按下列各式验算檩条的整体稳定性：

$$\frac{M_x}{\varphi_{bx} W_{ex}} + \frac{M_y}{W_{ey}} \leqslant f \tag{3-8a}$$

$$\varphi_{bx} = \frac{4320Ah}{\lambda_y^2 W_x} \xi_1 \left(\sqrt{\eta^2 + \zeta} + \eta\right)\left(\frac{235}{f_y}\right) \tag{3-8b}$$

$$\eta = 2\xi_2 e_a / h \tag{3-8c}$$

$$\zeta = \frac{4I_\omega}{h^2 I_y} + \frac{0.156I_t}{I_y}\left(\frac{l_0}{h}\right)^2 \tag{3-8d}$$

若按式（3-8b）计算得 $\varphi_{bx} > 0.7$，则应以 φ'_{bx} 值代替 φ_{bx}，φ'_{bx} 值按下式计算：

$$\varphi'_{bx} = 1.091 - \frac{0.274}{\varphi_{bx}} \tag{3-8e}$$

在风吸力作用下，当屋面能阻止檩条上翼缘侧移和扭转时，可不计算 M_y 作用，檩条下翼缘的稳定性应符合下式规定：

$$\frac{M_x}{0.9\varphi_{bx} W_x} \leqslant f \tag{3-8f}$$

若在风吸力作用下，屋面不能阻止檩条上翼缘侧移和扭转时，C 形檩条下翼缘的稳定性仍宜符合式（3-8f）的规定。

以上式中　W_{ex}、W_{ey}——分别为截面对 x 轴和 y 轴的有效截面模量；

　　　　　φ_{bx}——檩条截面绕强轴弯曲所确定的整体稳定系数；

　　　　　λ_y——檩条腹板平面外的长细比，$\lambda_y = l_0 / i_y$；

　　　　　W_x——对 x 轴最大受压纤维的毛截面模量；

　　　　　A、h——分别为檩条毛截面面积和截面高度；

　　　　　ξ_1、ξ_2——系数，对于均布荷载作用下的简支檩条：未设置拉条时，$\xi_1 = 1.13$、$\xi_2 = 0.46$；跨中设置一道拉条时，$\xi_1 = 1.35$、$\xi_2 = 0.14$；跨间有不少于两道等距离布置的拉条时，$\xi_1 = 1.37$、$\xi_2 = 0.06$；

　　　　　e_a——横向荷载 p_y 作用点到弯心的距离：当横向荷载作用在弯心时 $e_a = 0$；当荷载不作用在弯心且荷载方向指向弯心时 e_a 为负，

离开弯心时 e_a 为正；

I_y——对 y 轴的毛截面惯性矩；

I_ω——毛截面扇形惯性矩；

I_t——扭转惯性矩；

l_0——檩条的侧向计算长度，$l_0=\mu_b l$，其中 l 为檩条的跨度，μ_b 为侧向计算长度系数，未设置拉条时，$\mu_b=1.0$；跨中设置一道拉条时，$\mu_b=0.5$；跨间有不少于两道等距离布置的拉条时，$\mu_b=0.33$。

当压型钢板屋面板厚度不小于 0.5mm，下列情况均可视为屋面板与檩条有可靠连接，能阻止檩条侧向失稳和扭转：屋面板与檩条间采用自攻螺钉连接，自攻螺钉间距不超过 300mm，且屋面板与屋面板侧向板缝有拉铆钉连接；屋面板采用暗扣式连接固定于檩条；屋面板采用 180°以上直立锁缝连接，固定支座只能滑动不能相对转动，且固定支座与檩条采用 2 颗以上自攻螺钉连接，滑动片厚度大于 1.2mm。

④ 变形验算

为使屋面平整，实腹式檩条应验算垂直于屋面方向的挠度：

$$\nu_y \leqslant [\nu] \tag{3-9}$$

式中 $[\nu]$——檩条的容许挠度，对于瓦楞块屋面，$[\nu]=l/150$，对于压型钢板、钢丝网水泥瓦和其他水泥制品瓦材屋面，$[\nu]=l/200$；

ν_y——檩条垂直于屋面方向的挠度，用荷载标准值计算。

对于两端简支的檩条，ν_y 的计算式如下：

均布荷载作用下：
$$\nu_y = \frac{5p_{ky}l^4}{384EI_x} \tag{3-10a}$$

跨中集中荷载作用下：
$$\nu_y = \frac{P_{ky}l^3}{48EI_x} \tag{3-10b}$$

（6）冷弯薄壁型钢的有效截面

冷弯薄壁型钢的有效截面，按现行《冷弯型钢结构技术标准》GB/T 50018—2025 相关规定进行计算。在计算过程中涉及多个系数，为方便使用，现将计算基本步骤叙述如下：

① 计算压应力分布不均匀系数 ψ

$$\psi = \frac{\sigma_{min}}{\sigma_{max}} \tag{3-11}$$

式中，σ_{max} 为用构件毛截面模量计算的受压板件边缘最大压应力；σ_{min} 为受压板件另一边缘的应力，以压应力为正，拉应力为负，单位为"N/mm^2"。

② 计算系数 α_e

$$\alpha_e = 1.15 - 0.15\psi \tag{3-12}$$

当 $\psi < 0$ 时，取 $\alpha_e = 1.15$。

③ 计算受压板件的稳定系数 k

对加劲板件：

当 $0<\psi\leqslant1$ 时： $\qquad k=7.8-8.15\psi+4.35\psi^2$ (3-13a)

当 $-1\leqslant\psi\leqslant0$ 时： $\qquad k=7.8-6.29\psi+9.78\psi^2$ (3-13b)

对部分加劲板件：

当最大压应力作用于支承边（图3-27a）：

当 $-\dfrac{1}{3+12a/b}<\psi\leqslant1$ 时：

$$k=\frac{(b/\lambda_n)^2/3+0.142+10.92Ib/(\lambda_n^2t^3)}{0.083+(0.25+a/b)\psi}$$ (3-13c)

$$I=\frac{a^3t(1+4b/a)}{12(1+b/a)}$$ (3-13d)

$$\lambda_d=\pi\sqrt[4]{\frac{b^2h}{3(3-\psi)}\Big(b+\frac{32.8I}{t^3}\Big)}$$ (3-13e)

当 $-1\leqslant\psi\leqslant-\dfrac{1}{3+12a/b}$ 时，仍按式（3-13b）计算。

当最大压应力作用于部分加劲边（图3-27b）：

当 $\psi\geqslant-1$ 时： $\qquad k=\dfrac{(b/\lambda_n)^2/3+0.142+10.92Ib/(\lambda_n^2t^3)}{\psi/12+a/b+0.25}$ (3-13f)

以上式中，b 为带卷边板件的宽度（mm）；a 为卷边高度（mm）；t 为板件厚度（mm）；I 为卷边对卷边板件形心轴的惯性矩（mm^4）；λ_d 为畸变屈曲半波长（mm）；λ_n 为畸变屈曲半波长和构件计算长度中的较小值。

按式（3-13c）、式（3-13f）计算所得的 k 值不得大于按式（3-13a）和式（3-13b）计算所得的 k 值。

对非加劲板件：

当最大压应力作用于支承边（图3-27c）：

当 $0<\psi\leqslant1$ 时： $\qquad k=1.7-3.025\psi+1.75\psi^2$ (3-13g)

当 $0.4<\psi\leqslant0$ 时： $\qquad k=1.7-1.75\psi+5.5\psi^2$ (3-13h)

当 $-1\leqslant\psi\leqslant0.4$ 时： $\qquad k=6.07-9.51\psi+8.33\psi^2$ (3-13i)

当最大压应力作用于自由边（图3-27d）：

当 $\psi\geqslant-1$ 时： $\qquad k=0.567-0.213\psi+0.071\psi^2$ (3-13j)

需注意的是，当 $\psi<-1$ 时，以上各式中的 k 值按 $\psi=-1$ 计算取值。

④ 计算系数 ξ

$$\xi=\frac{c}{b}\sqrt{\frac{k}{k_c}}$$ (3-14)

式中，系数 k_c 为邻接板件的受压稳定系数；b 为计算板件宽度；c 为与计算板件邻接的板件宽度，当计算板件为加劲板件时，取压应力较大一边的邻接板件宽度。

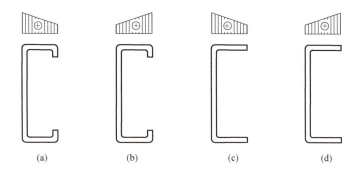

(a)　　　　　(b)　　　　　(c)　　　　　(d)

图 3-27　部分加劲板件和非加劲板件的应力分布示意图

⑤ 计算受压板件的板组约束系数 k_1

当 $\xi \leqslant 1.1$ 时：
$$k_1 = \frac{1}{\sqrt{\xi}}$$
(3-15a)

当 $\xi > 1.1$ 时：
$$k_1 = 0.11 + \frac{0.93}{(\xi - 0.05)^2}$$
(3-15b)

当 $k_1 > k_1'$ 时，取 $k_1 = k_1'$，k_1' 为 k_1 的上限值：对于加劲板件，$k_1' = 1.7$；对于部分加劲板件，$k_1' = 2.4$；对于非加劲板件，$k_1' = 3.0$。

当计算板件为非加劲板件或部分加劲板件，且邻接板件受拉时，取 $k_1 = k_1'$。

⑥ 计算系数 ρ_e
$$\rho_e = \sqrt{\frac{205 k_1 k}{\sigma_1}}$$
(3-16)

式中，σ_1 为板件能承受的最大压应力。对于轴心受压构件，$\sigma_1 = \varphi f$，φ 是由构件最大长细比所确定的轴心受压构件稳定系数，f 是钢材强度设计值；对于压弯构件，最大压应力板件的 σ_1 取钢材的强度设计值，即 $\sigma_1 = f$，其余板件的最大压应力按 ψ 推算；对于受弯及拉弯构件，最大压应力由构件毛截面按强度计算。

⑦ 计算板件的有效宽厚比

当 $\dfrac{b}{t} \leqslant 18 \alpha_e \rho_e$ 时：
$$\frac{b_e}{t} = \frac{b_c}{t}$$
(3-17a)

当 $18 \alpha_e \rho_e < \dfrac{b}{t} < 38 \alpha_e \rho_e$ 时：
$$\frac{b_e}{t} = \left(\sqrt{\frac{21.8 \alpha_e \rho_e}{b/t}} - 0.1 \right) \frac{b_c}{t}$$
(3-17b)

当 $\dfrac{b}{t} \geqslant 38 \alpha_e \rho_e$ 时：
$$\frac{b_e}{t} = \frac{25 \alpha_e \rho_e}{b/t} \cdot \frac{b_c}{t}$$
(3-17c)

式中，b 为板件宽度；b_e 为板件有效宽度；b_c 为板件受压区宽度，当 $\psi \geqslant 0$ 时，$b_c = b$，当 $\psi < 0$ 时，$b_c = \dfrac{b}{1 - \psi}$；$t$ 为板件厚度。

⑧ 确定受压板件有效截面宽度的分布

当受压板件的宽厚比大于有效宽厚比时，即受压板件截面局部失效，有效截面应自截面受压部分按图 3-28 所示位置扣除其超出部分（即图中不带斜线部分）来确定，截面的受拉部分全部有效。

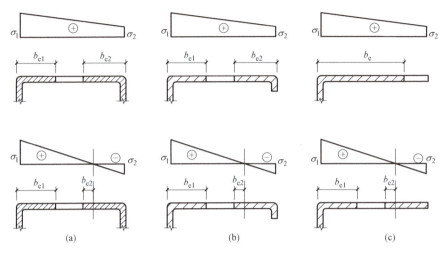

图 3-28 受压板件的有效截面图

（a）加劲板件；（b）部分加劲板件；（c）非加劲板件

对于加劲板件：

当 $\psi \geqslant 0$ 时：

$$b_{e1} = \frac{2b_e}{5-\psi}, b_{e2} = b_e - b_{e1} \tag{3-18a}$$

当 $\psi < 0$ 时：

$$b_{e1} = 0.4b_e, b_{e2} = 0.6b_e \tag{3-18b}$$

对于部分加劲板件及非加劲板件，b_{e1} 和 b_{e2} 仍按式（3-18b）计算。

部分加劲板件中卷边的高厚比不宜大于 12，卷边的最小高厚比应根据部分加劲板的宽厚比按表 3-8 采用。

卷边的最小高厚比　　　　　　　　　　　　　　　表 3-8

b/t	15	20	25	30	35	40	45	50	55	60
a/t	5.4	6.3	7.2	8.0	8.5	9.0	9.5	10.0	10.5	11.0

注：表中 a 为卷边的高度；b 为带卷边板件的宽度；t 为板厚。

3.4.3　墙梁设计

门式刚架结构中的墙梁宜采用卷边 C 形或斜卷边 Z 形的冷弯薄壁型钢，两端支承在刚架柱上，可根据柱距的大小设计成简支或连续构件，前者节点构造相对简单，后者节省材料。当墙梁跨度为 4～6m 时，宜在跨中设一道拉条；当墙梁跨度大于 6m 时，宜在跨度三分点处各设一道拉条；在最上层墙梁处宜设斜拉条将拉力传至刚架柱或墙架柱。

墙梁的设计方法与檩条相似，但也有不同点。

（1）荷载

墙梁主要承受墙面板传来的风压力、风吸力和竖向自重荷载（包括墙面板重和墙梁重），通常忽视墙板自重对墙梁的偏心作用，按双向受弯构件对墙梁进行截面设计。当与墙梁连接的墙面板做成落地式并与基础相连时，墙面板的重量直接传递至基础，则墙梁主要承受其自重和风荷载的作用，当开有门窗时，门窗以上的墙面板荷载也由墙梁承受。

墙梁的荷载效应组合主要考虑两种：①$1.3\times$竖向永久荷载$+1.5\times$水平风压力荷载；②$1.3\times$竖向永久荷载$+1.5\times$水平风吸力荷载。

（2）墙梁的计算

① 强度

单侧挂墙板的墙梁，在承受朝向面板的风压时，可按下列公式验算其强度：

$$\frac{M_{x'}}{W_{enx'}}+\frac{M_{y'}}{W_{eny'}}\leqslant f \tag{3-19}$$

$$\frac{3V_{y',\max}}{2h_0 t}\leqslant f_v \tag{3-20}$$

$$\frac{3V_{x',\max}}{4b_0 t}\leqslant f_v \tag{3-21}$$

式中 $M_{x'}$、$M_{y'}$——分别为水平荷载和竖向荷载产生的弯矩（下标 x'、y' 分别表示墙梁的竖向轴和水平轴），当墙板底部端头自承重时，$M_{y'}=0$；

$V_{x',\max}$、$V_{y',\max}$——分别为竖向荷载和水平荷载产生的剪力，当墙板底部端头自承重时，$V_{x',\max}=0$；

b_0、h_0——分别为墙梁在竖向和水平方向的计算高度，取型钢板件连接处两圆弧起点之间的距离；

t——墙梁壁厚。

双侧挂墙板的墙梁，应分别按式（3-19）～式（3-21）验算朝向面板的风压力和风吸力作用下的强度。

② 稳定性

外侧设有压型钢板的墙梁在风吸力作用下的稳定性，可按《冷弯型钢结构技术标准》GB/T 50018—2025 的相关规定计算。当墙梁的双侧都有墙面板连接时，墙梁的侧向稳定可由墙面板来保证，此时只需进行强度验算。

另外，也需对墙梁进行变形验算，基本方法同檩条。

3.4.4 抗风柱设计

抗风柱下端与基础连接、上端与刚架梁连接，可铰接也可刚接。一般情况下将抗风柱上下端均设计成铰接，此时抗风柱除承受自身和墙体的重量外，主要承受并传递作用于山墙面的纵向水平风荷载，计算简图如图 3-29 所示。抗风柱可采用等截面，按压弯构件根据现行《钢结构设计标准》GB 50017—2017 进行截面设计。

抗风柱顶部与刚架梁的连接主要有两种形式：①如图 3-30（a）所示，在刚架梁下翼缘上紧贴抗风柱腹板一侧垂直焊一块连接板，在该连接板上开竖向长圆孔并用 C 级普通螺栓将其与抗风柱相连。由于采用了竖向长圆孔，刚架梁在荷载作用下产生向下的竖向变形时不会对抗风柱产生竖向压力，所以采用此连接构造，抗风柱柱顶视为铰接，且抗风柱不作为刚架梁的支点。②在屋面材料能够适应较大变形时，抗风柱柱顶也可采用固定连接，如图 3-30（b）所示，此时，抗风柱应视为刚架梁的竖向支座。

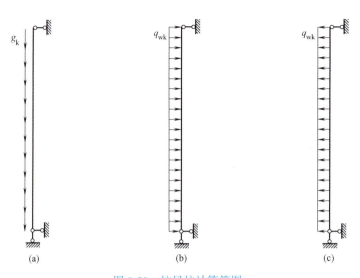

图 3-29 抗风柱计算简图

（a）恒载作用；（b）风压力作用；（c）风吸力作用

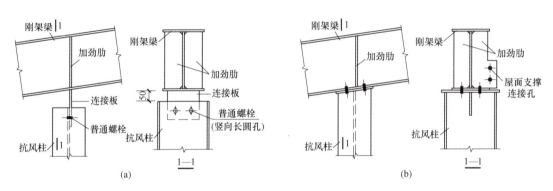

图 3-30 抗风柱与刚架梁的连接（单位：mm）

（a）抗风柱顶铰接示意；（b）抗风柱顶刚接示意

3.4.5 支撑设计

作用在山墙上的风荷载，其传力路径一般为：山墙墙板→墙梁→抗风柱→屋盖横向水平支撑→刚性系杆→柱间支撑→基础。

屋盖横向水平支撑的内力，应根据纵向风荷载按支承于柱顶的水平桁架计算，计算简图如图 3-31 所示。交叉支撑可设计成柔性支撑（按轴心受拉构件设计）或刚性支撑（按轴心受压构件设计）。对于柔性支撑，在计算支撑杆件内力时，可假定在水平荷载作用下，交叉斜杆中的压杆退出工作，仅由拉杆受力，这样可使原来的超静定结构简化为静定结构。

柱间支撑的内力，应根据该柱列所承受的纵向风荷载（如有吊车，还应计入吊车纵向水平荷载），按支承于柱脚基础上的竖向悬臂桁架计算，计算简图如图 3-32 所示。对于圆钢交叉支撑应按拉杆设计，型钢支撑可按拉杆设计也可按压杆设计，支撑中的刚性系杆应按压杆设计。

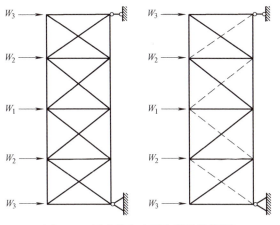

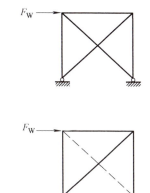

图 3-31 屋盖横向水平支撑计算简图   图 3-32 柱间支撑计算简图

当同一柱列设有多道柱间支撑时,该柱列的水平荷载按各支撑的刚度进行分配。同一柱列不宜混用刚度差异较大的支撑形式,否则将导致各支撑不能协同工作、支撑内力分配不均衡,并引起支撑开间的相邻开间内纵向杆件产生附加内力。当同一柱列上为单一支撑形式时,则各支撑分得的水平力均相同。当各道支撑间间距较大,且其间用柔性系杆连接时,各道支撑间的纵向变形较大,多道支撑很难协同受力,此时也可考虑山墙风力由最靠近山墙的一道支撑承受。

当采用十字交叉圆钢支撑时,圆钢与相连构件的夹角应在 $30°\sim60°$,宜接近 $45°$,校正定位后用花篮螺栓张紧。圆钢支撑可以通过连接板与刚架梁、柱腹板相连,也可直接与梁、柱腹板连接,如图 3-33~图 3-35 所示。

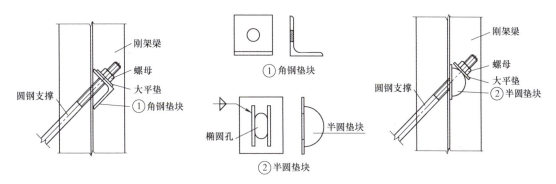

图 3-33 圆钢交叉支撑与刚架梁的连接示例

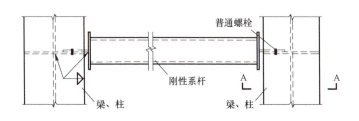

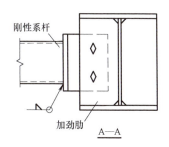

图 3-34 刚性系杆与刚架梁、柱的连接示例

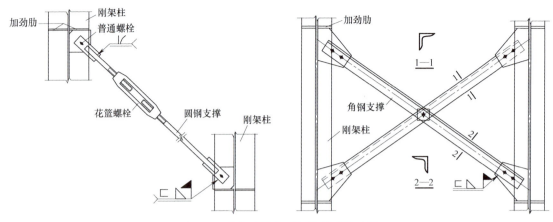

图 3-35　柱间支撑与刚架柱的连接示例

3.4.6　刚架设计

3.4.6.1　刚架荷载

刚架承受的永久荷载主要包括屋面板、檩条、支撑、刚架等结构自重,可根据屋面材料的不同按 $0.25\sim0.35kN/m^2$ 取值,屋面悬挂荷载(包括吊顶、管线等)按实际取值。

刚架承受的可变荷载如屋面均布活荷载、积灰荷载、吊车荷载等按现行《建筑结构荷载规范》GB 50009—2012 的相关规定取值;风荷载、雪荷载按现行《门式刚架轻型房屋钢结构技术规范》GB 51022—2015 规定取值;地震作用按现行《建筑抗震设计标准》GB/T 50011—2010(2024 年版)规定进行计算。

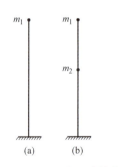

图 3-36　刚架地震作用计算简图
(a)单质点简图;(b)两质点简图

一般门式刚架结构符合高度不大于 40m、以剪切变形为主和近似于单质点结构等条件,计算地震作用时一般可以采用底部剪力法,对于阻尼比,封闭式房屋可取 0.05,敞开式房屋可取 0.035,其余房屋应按外墙面积开孔率插值计算。对无吊车且高度不大的刚架,可采用单质点简图,假定柱上半部及以上的各种竖向荷载质量均集中于质点 m_1;当有吊车荷载时,可采用两质点简图,此时 m_1 质点集中屋盖质量及上阶柱上半区段内竖向荷载,m_2 质点集中吊车桥架、吊车梁及上阶柱下区段与下阶柱上半段(包括墙体)的相应竖向荷载,如图 3-36 所示。由于单层门式刚架结构自重较小,设计经验和振动台试验表明,当抗震设防烈度为 7 度($0.1g$)及以下时,一般不需做抗震验算。

3.4.6.2　刚架内力计算及荷载效应组合

刚架的内力按弹性分析法进行计算。一般取单榀刚架按平面结构用结构力学的方法进行计算;也可采用有限元法(直接刚度法),计算时将构件分为若干段,每段的几何特性可近似当作常量;也可借助专门软件,采用楔形单元用计算机进行分析计算。

刚架荷载效应组合应符合下列原则:①屋面均布活荷载不与雪荷载同时考虑,应取两者中的较大值;②积灰荷载与雪荷载或屋面均布活荷载中的较大值同时考虑;③多台吊车的组合应符合现行国家标准《建筑结构荷载规范》GB 50009—2012 的规定；④当需要考虑地震作用时，风荷载不与地震作用同时考虑。

只考虑永久荷载（恒载）、屋面均布活荷载（活载）、横向风荷载时的刚架荷载效应组合如下：

组合 1：$1.3×$恒载$+1.5×$活载；

组合 2：$1.0×$恒载$+1.5×$左风；

组合 3：$1.0×$恒载$+1.5×$右风；

组合 4：$1.3×$恒载$+1.5×$活载$+1.5×0.6×$左风；

组合 5：$1.3×$恒载$+1.5×0.7×$活载$+1.5×$左风；

组合 6：$1.3×$恒载$+1.5×$活载$+1.5×0.6×$右风；

组合 7：$1.3×$恒载$+1.5×0.7×$活载$+1.5×$右风。

上述组合中，有风荷载参与的组合，还应分别考虑鼓风效应（$+i$）和吸风效应（$-i$）两种工况。最不利荷载效应组合应按刚架梁、柱各控制截面分别进行计算，刚架柱控制截面一般为柱底、柱顶、柱牛腿连接处，刚架梁控制截面一般为梁端。确定控制截面最不利内力时，若刚架梁、柱截面为双轴对称时，可考虑以下两种情况：①最大轴压力 N_{max} 及相应的 M、V；②最大弯矩 M_{max} 及相应的 N、V。若刚架梁、柱截面为单轴对称时，则需区分正、负弯矩。对于柱脚截面，考虑到柱脚锚栓在强风作用下有可能受到较大的上拔力，因此还需考虑最小轴压力 N_{min} 及相应的 M、V，此内力组合一般出现在永久荷载和风荷载共同作用下，N_{min} 通常为拉力。对于铰接柱脚，弯矩 $M=0$，柱脚锚栓不受力，可按构造配置。

3.4.6.3 刚架梁、柱有效截面

刚架构件截面设计时，一般不允许翼缘发生局部失稳，可以容许腹板局部失稳并利用屈曲后强度。刚架构件腹板受弯及受压板幅利用屈曲后强度时，应按腹板有效高度计算截面特性。腹板有效高度的确定基本步骤如下：

① 计算构件腹板边缘正应力比值 β

$$\beta=\frac{\sigma_2}{\sigma_1} \tag{3-22}$$

式中，σ_1 为构件腹板受压边缘最大压应力；σ_2 为腹板另一边缘应力，压应力为正，拉应力为负。

② 计算系数 k_σ

$$k_\sigma=\frac{16}{\sqrt{(1+\beta)^2+0.112×(1-\beta)^2}+(1+\beta)} \tag{3-23}$$

③ 计算系数 λ_p

$$\lambda_p=\frac{h_w/t_w}{28.1×\sqrt{k_\sigma}×\sqrt{235/f_y}} \tag{3-24}$$

式中，h_w、t_w 分别为腹板的高度和厚度，对于楔形腹板，h_w 取板幅的平均高度。当腹板边缘最大压应力 $\sigma_1<f$ 时，计算 λ_p 时可用 $\gamma_R\sigma_1$ 代替式（3-24）中的 f_y，γ_R 为抗力分项系数，对 Q235 和 Q345 钢，$\gamma_R=1.1$。

④ 计算有效高度系数 ρ

$$\rho = \frac{1}{(0.243 + \lambda_p^{1.25})^{0.9}} \tag{3-25}$$

当 $\rho > 1.0$ 时，取 $\rho = 1.0$。

⑤ 确定腹板有效高度 h_e

当腹板全部受压（即 $\beta \geqslant 0$）时： $\qquad h_e = \rho h_w \tag{3-26a}$

当腹板部分受压部分受拉（即 $\beta < 0$）时，受拉区全部有效，受压区有效高度为：

$$h_e = \rho h_c \tag{3-26b}$$

式中，h_c 为腹板受压区高度。

⑥ 腹板有效高度的分布

腹板有效高度 h_e 按下列规则分布，如图 3-37 所示。

当腹板全部受压时： $\qquad h_{e1} = 2h_e/(5-\beta) \qquad h_{e2} = h_e - h_{e1} \tag{3-27a}$

当腹板部分受压时： $\qquad h_{e1} = 0.4h_e \qquad h_{e2} = 0.6h_e \tag{3-27b}$

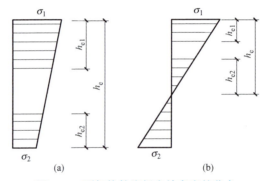

图 3-37　刚架构件腹板有效高度的分布

（a）腹板全部受压（$\beta \geqslant 0$）；（b）腹板部分受压（$\beta < 0$）

3.4.6.4　刚架柱截面设计

（1）刚架柱强度验算

刚架柱在剪力 V、弯矩 M 和轴压力 N 共同作用下的强度，应符合下列要求：

当 $V \leqslant 0.5V_d$ 时： $\qquad \dfrac{N}{A_e} + \dfrac{M}{W_e} \leqslant f \tag{3-28a}$

当 $0.5V_d < V \leqslant V_d$ 时： $\quad M \leqslant M_f^N + (M_e^N - M_f^N)\left[1 - \left(\dfrac{V}{0.5V_d} - 1\right)^2\right] \tag{3-28b}$

$$M_f^N = M_e - NW_e/A_e \tag{3-28c}$$

式中　W_e——构件有效截面最大受压纤维的截面模量；

$\qquad A_e$——构件有效截面面积；

$\qquad M_f^N$——兼承压力 N 时构件截面两翼缘能承受的弯矩，当截面为双轴对称时，$M_f^N = A_f(h_w + t)(f - N/A_e)$，其中 A_f、h_w、t 分别为构件一个翼缘的面积、腹板高度、翼缘厚度；

$\qquad M_e$——构件有效截面所承担的弯矩，$M_e = W_e f$（f 为钢材的抗弯强度设计值）；

$\qquad V_d$——构件腹板受剪承载力设计值。

构件腹板受剪承载力 V_d 可按如下基本步骤进行计算：

1）计算腹板区格的楔率 γ_p

$$\gamma_p = \frac{h_{w1}}{h_{w0}} - 1 \tag{3-29}$$

式中，h_{w1}、h_{w0} 分别为楔形腹板大端和小端腹板高度。

2）计算腹板屈曲后抗剪强度的楔率折减系数 χ_{tap}

$$\chi_{tap} = 1 - 0.35\alpha^{0.2}\gamma_p^{2/3} \tag{3-30a}$$

$$\alpha = \frac{a_1}{h_{w1}} \tag{3-30b}$$

式中，a_1 为构件腹板横向加劲肋的间距。

3）计算受剪板件的屈曲系数 k_τ（当不设腹板横向加劲肋时，$k_\tau = 5.34\eta_s$）

当 $\alpha < 1$ 时： $$k_\tau = 4 + 5.34/\alpha^2 \tag{3-31a}$$

当 $\alpha \geqslant 1$ 时： $$k_\tau = \eta_s(5.34 + 4/\alpha^2) \tag{3-31b}$$

$$\eta_s = 1 - \omega_1\sqrt{\gamma_p} \tag{3-31c}$$

$$\omega_1 = 0.41 - 0.897\alpha + 0.363\alpha^2 - 0.041\alpha^3 \tag{3-31d}$$

4）计算参数 λ_s

$$\lambda_s = \frac{h_{w1}/t_w}{37\sqrt{k_\tau}\sqrt{235/f_y}} \tag{3-32}$$

5）计算系数 φ_{ps}

$$\varphi_{ps} = \frac{1}{(0.51 + \lambda_s^{3.2})^{1/2.6}} \leqslant 1.0 \tag{3-33}$$

6）计算构件抗剪承载力设计值 V_d

$$V_d = \chi_{tap}\varphi_{ps}h_{w1}t_w f_v \leqslant h_{w0}t_w f_v \tag{3-34}$$

（2）变截面刚架柱在刚架平面内的稳定性验算

柱在刚架平面内的稳定性按下列公式验算：

$$\frac{N_1}{\eta_t\varphi_x A_{e1}} + \frac{\beta_{mx}M_1}{(1 - N_1/N_{cr})W_{e1}} \leqslant f \tag{3-35a}$$

$$N_{cr} = \pi^2 EA_{e1}/\lambda_1^2 \tag{3-35b}$$

当 $\overline{\lambda}_1 \geqslant 1.2$ 时： $$\eta_t = 1 \tag{3-35c}$$

当 $\overline{\lambda}_1 < 1.2$ 时： $$\eta_t = \frac{A_0}{A_1} + \left(1 - \frac{A_0}{A_1}\right)\frac{\overline{\lambda}_1^2}{1.44} \tag{3-35d}$$

$$\overline{\lambda}_1 = \frac{\lambda_1}{\pi}\sqrt{\frac{f_y}{E}} \tag{3-35e}$$

$$\lambda_1 = \frac{\mu H}{i_{x1}} \tag{3-35f}$$

式中　N_1、M_1——分别为大端的轴向压力设计值和弯矩设计值；

A_{e1}、W_{e1}——分别为大端有效截面面积、大端有效截面最大受压纤维的截面模量；

φ_x——杆件轴心受压稳定系数，根据长细比 λ_1 和构件对强轴（x 轴）的截面分类由《钢结构设计标准》GB 50017—2017 确定；

H——柱高；

μ——刚架平面内柱的计算长度系数，按《门式刚架轻型房屋钢结构技术规范》GB 51022—2015 附录 A 确定；

i_{x1}——大端截面对 x 轴（强轴）的回转半径；

β_{mx}——等效弯矩系数，有侧移刚架柱的等效弯矩系数 $\beta_{mx}=1.0$；

N_{cr}——欧拉临界力参数；

A_0、A_1——分别为小端和大端截面的毛截面面积。

当柱的最大弯矩不出现在大端时，M_1 和 W_{e1} 分别取最大弯矩和该弯矩所在截面的有效截面模量。

（3）变截面刚架柱在刚架平面外的稳定性验算

刚架柱在刚架平面外的稳定性应根据其平面外侧向支撑的设置情况分段按下列公式验算：

$$\frac{N_1}{\eta_{ty}\varphi_y A_{e1}f}+\left(\frac{M_1}{\varphi_b \gamma_x W_{e1}f}\right)^{1.3-0.3k_\sigma}\leqslant 1 \quad (3\text{-}36a)$$

当 $\bar{\lambda}_{1y}\geqslant 1.3$ 时：

$$\eta_{ty}=1 \quad (3\text{-}36b)$$

当 $\bar{\lambda}_{1y}<1.3$ 时：

$$\eta_{ty}=\frac{A_0}{A_1}+\left(1-\frac{A_0}{A_1}\right)\frac{\bar{\lambda}_{1y}^2}{1.69} \quad (3\text{-}36c)$$

$$\bar{\lambda}_{1y}=\frac{\lambda_{1y}}{\pi}\sqrt{\frac{f_y}{E}} \quad (3\text{-}36d)$$

$$\lambda_{1y}=\frac{L}{i_{y1}} \quad (3\text{-}36e)$$

式中 N_1、M_1——分别为所计算构件段大端截面的轴向压力设计值、弯矩设计值；

φ_y——杆件弯矩作用平面外的轴心受压稳定系数，根据长细比 λ_{1y} 和构件对弱轴（y 轴）的截面分类由《钢结构设计标准》GB 50017—2017 确定；

$\bar{\lambda}_{1y}$——绕 y 轴（弱轴）的通用长细比；

λ_{1y}——绕 y 轴（弱轴）的长细比；

i_{y1}——大端截面对 y 轴（弱轴）的回转半径；

L——刚架柱平面外计算长度，取侧向支撑点间的距离；

φ_b——变截面柱整体稳定系数，按式（3-37a）计算，且 $\varphi_b\leqslant 1$；

γ_x——截面塑性发展系数，对工字截面和 H 形截面，$\gamma_x=1.05$。

① 变截面柱整体稳定系数 φ_b 的计算

$$\varphi_b=\frac{1}{(1-\lambda_{b0}^{2n}+\lambda_b^{2n})^{1/n}} \quad (3\text{-}37a)$$

$$\lambda_{b0}=\frac{0.55-0.25k_\sigma}{(1+\gamma)^{0.2}} \quad (3\text{-}37b)$$

$$n=\frac{1.51}{\lambda_b^{0.1}}\sqrt[3]{b_1/h_1} \quad (3\text{-}37c)$$

$$\lambda_b=\sqrt{\frac{\gamma_x W_{x1}f_y}{M_{cr}}} \quad (3\text{-}37d)$$

$$k_\sigma = k_M \frac{W_{x1}}{W_{x0}} \qquad (3\text{-}37e)$$

$$k_M = \frac{M_0}{M_1} \qquad (3\text{-}37f)$$

$$\gamma = (h_1 - h_0)/h_0 \qquad (3\text{-}37g)$$

式中 γ——变截面柱的楔率，计算公式中 h_0、h_1 分别表示小端截面、大端截面的上、下翼缘中面之间的距离；

       M_0——小端截面弯矩设计值；

       k_σ——小端截面压应力与大端截面压应力的比值；

W_{x0}、W_{x1}——分别为小端截面、大端截面最大受压纤维的截面模量；

       λ_b——通用长细比；

       b_1——弯矩较大截面的受压翼缘宽度；

       M_{cr}——变截面柱弹性屈曲临界弯矩，按式（3-38a）计算。

② 变截面柱弹性屈曲临界弯矩 M_{cr} 的计算

$$M_{cr} = C_1 \frac{\pi^2 EI_y}{L^2} \left[\beta_{x\eta} + \sqrt{\beta_{x\eta}^2 + \frac{I_{\omega\eta}}{I_y}\left(1 + \frac{GJ_\eta L^2}{\pi^2 EI_{\omega\eta}}\right)} \right] \qquad (3\text{-}38a)$$

$$C_1 = 0.46k_M^2 \eta_i^{0.346} - 1.32k_M \eta_i^{0.132} + 1.86\eta_i^{0.023} \qquad (3\text{-}38b)$$

$$\beta_{x\eta} = 0.45(1+\gamma\eta)h_0 \frac{I_{yT} - I_{yB}}{I_y} \qquad (3\text{-}38c)$$

$$I_{\omega\eta} = I_{\omega0}(1+\gamma\eta)^2 \qquad (3\text{-}38d)$$

$$I_{\omega0} = I_{yT}h_{sT0}^2 + I_{yB}h_{sB0}^2 \qquad (3\text{-}38e)$$

$$J_\eta = J_0 + \frac{1}{3}\gamma\eta(h_0 - t_f)t_w^3 \qquad (3\text{-}38f)$$

$$\eta = 0.55 + 0.04(1-k_\sigma)\sqrt[3]{\eta_i} \qquad (3\text{-}38g)$$

$$\eta_i = \frac{I_{yB}}{I_{yT}} \qquad (3\text{-}38h)$$

式中 C_1——等效弯矩系数，$C_1 \leqslant 2.75$；

       $\beta_{x\eta}$——截面不对称系数；

       η_i——惯性矩比；

I_{yB}、I_{yT}——分别为弯矩最大截面受压翼缘和受拉翼缘绕弱轴（y 轴）的惯性矩；

       I_y——变截面柱对 y 轴（弱轴）的惯性矩；

       $I_{\omega\eta}$——变截面柱的等效翘曲惯性矩；

       $I_{\omega0}$——小端截面的翘曲惯性矩；

h_{sT0}、h_{sB0}——分别是小端截面上、下翼缘的中面到剪切中心的距离；

       J_η——变截面柱等效圣维南扭转常数；

       J_0——小端截面自由扭转常数；

     t_f、t_w——分别是柱翼缘、腹板的厚度。

当刚架柱在平面外的稳定性验算不满足要求时，应设置侧向支撑，或在柱受压内翼缘与墙梁间设置隔撑，以减小构件平面外的计算长度。

3.4.6.5 刚架梁截面设计

刚架梁一般有弯矩 M、剪力 V 和轴压力 N 共同作用，可按压弯构件验算其强度和弯矩作用平面外的稳定性，公式同刚架柱。刚架梁在刚架平面外的计算长度，应取侧向支撑点间的距离，当斜梁两翼缘侧向支撑点间距离不相等时，取较大距离。

3.4.6.6 刚架侧移验算

（1）刚架柱顶侧移限值

门式刚架结构侧向刚度较差，为保证在荷载作用下产生的侧移不会影响正常使用，规范对刚架柱顶侧移限值进行了规定，如表 3-9 所示。

刚架柱顶侧移限值　　　　　　　　　　　　　　　　　表 3-9

吊车情况	其他情况	柱顶侧移限值
无吊车	当采用轻型钢墙板时 当采用砌体墙时	$h/60$ $h/240$
有桥式吊车	当吊车有驾驶室时 当吊车由地面操作时	$h/400$ $h/180$

注：表中 h 为刚架柱高度。

（2）柱顶侧移的计算

计算门式刚架柱顶侧移时荷载取标准值，不考虑荷载分项系数。对于梁、柱均为等截面的刚架，柱顶侧移可按结构力学的方法计算。对于变截面刚架，当单跨刚架斜梁上缘坡度不大于 1：5 时，在柱顶水平力作用下的柱顶侧移 u 可按下列公式估算：

柱脚铰接刚架
$$u = \frac{Hh^3}{12EI_c}(2 + \xi_t) \tag{3-39}$$

柱脚刚接刚架
$$u = \frac{Hh^3}{12EI_c}\frac{3 + 2\xi_t}{6 + 2\xi_t} \tag{3-40}$$

$$\xi_t = I_c L / h I_b \tag{3-41}$$

式中　h、L——分别为刚架柱高度和刚架跨度。当坡度大于 1：10 时，L 应取横梁沿坡折线的总长度 $2S$（图 3-38）；

I_c、I_b——分别为柱和横梁的平均惯性矩；

H——刚架柱顶等效水平力；

ξ_t——刚架柱与刚架梁的线刚度比值。

变截面柱和横梁的平均惯性矩 I_c 和 I_b，可按下列公式计算：

变截面柱　　　　　　　　$I_c = (I_{c0} + I_{c1})/2 \tag{3-42}$

双楔形横梁　　　　　　　$I_b = [I_{b0} + \beta I_{b1} + (1 - \beta)I_{b2}]/2 \tag{3-43}$

式中　I_{c0}、I_{c1}——分别为柱小端和大端截面对强轴（x 轴）的惯性矩；

I_{b0}、I_{b1}、I_{b2}——分别为楔形横梁最小截面、檐口和跨中截面对强轴（x 轴）的惯性矩；

β——楔形横梁长度比值。

当估算刚架在沿柱高度均布水平风荷载作用下的柱顶侧移 u 时，柱顶等效水平力 H 可按下式估算：

柱脚铰接刚架　　　　　　　　　　$H = 0.67W \tag{3-44}$

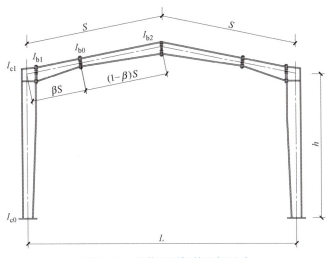

图 3-38 变截面刚架的几何尺寸

柱脚刚接刚架
$$H=0.45W \tag{3-45}$$
$$W=(W_1+W_4)h \tag{3-46}$$

式中 W——均布风荷载总值；

W_1、W_4——分别为刚架两侧承受的沿柱高度均布的水平风荷载，按第 3.3.1 节相关规定计算，如图 3-39 所示。

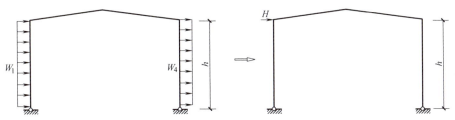

图 3-39 刚架在均布风荷载作用下柱顶的等效水平力

3.4.6.7 构件的长细比

轻型房屋钢结构受压构件的长细比的要求，可比普通钢结构适当放宽。受压构件的长细比，不宜大于表 3-10 规定的限值，受拉构件的长细比，不宜大于表 3-11 规定的限值。

受压构件的长细比限值　　　　　　表 3-10

构件类别	长细比限值	构件类别	长细比限值
主要构件	180	其他构件及支撑	220

受拉构件的长细比限值　　　　　　表 3-11

构件类别	承受静力荷载或间接承受动力荷载的结构	直接承受动力荷载的结构
桁架杆件	350	250
吊车梁或吊车桁架以下的柱间支撑	300	—
张紧的圆钢或钢索支撑除外的其他支撑	400	—

3.5 节 点 设 计

门式刚架节点主要包括梁柱连接节点、梁梁拼接节点、柱脚节点以及次结构与刚架的连接节点等，当设有桥式吊车时，刚架柱上还有牛腿节点。

3.5.1 梁柱连接节点

门式刚架梁与柱的连接，可采用高强度螺栓端板连接，常见的有端板竖放（图 3-40a）、端板横放（图 3-40b）、端板斜放（图 3-40c）三种形式。一般采用端板横放和竖放的形式，当节点设计时螺栓较多而不能布置时，可采用端板斜放的连接形式。端板螺栓宜成对布置，与刚架梁端板连接的柱翼缘部分应与端板等厚度。一般采用将端板外伸式连接，如图 3-41 （a）所示，当受力较小时，也可采用将螺栓全部设在构件截面高度范围内的端板平齐的方式连接，如图 3-41 （b）所示。刚架构件的翼缘与端板的连接，当翼缘厚度大于 12mm 时宜采用全熔透对接焊缝，其他情况宜采用等强连接的角焊缝或角对接组合焊缝，腹板与端板的连接也宜采用与腹板等强的角焊缝或角对接组合焊缝。为了保证连接刚度，柱腹板应在对应梁翼缘处设置加劲肋，加劲肋的截面面积宜与梁翼缘面积相等。

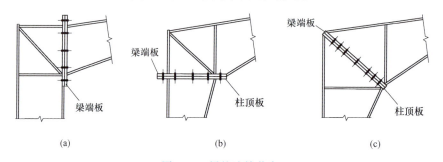

(a)　　　　　　　　　　　(b)　　　　　　　　　　　(c)

图 3-40　梁柱连接节点

（a）端板竖放；（b）端板横放；（c）端板斜放

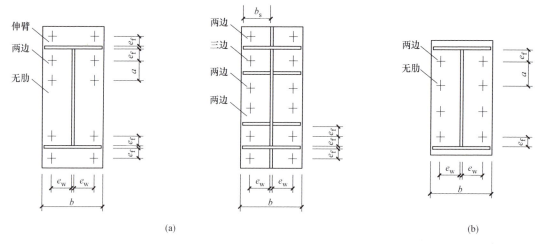

(a)　　　　　　　　　　　　　　　　　　　　　　(b)

图 3-41　端板的支承条件

（a）端板外伸；（b）端板平齐

门式刚架梁柱连接应采用高强度螺栓，直径应根据受力确定，可采用 M16～M24 螺栓。对于承受静力荷载或间接承受动力荷载的结构，可采用高强度螺栓承压型连接；对于重要结构或承受动力荷载的结构，应采用高强度螺栓摩擦型连接。目前实际工程中以摩擦型连接居多。

梁柱端板连接节点应按所受最大内力设计，当内力较小时，端板连接应按能承受不小于较小被连接截面承载力的一半设计。梁柱连接节点承载力的计算内容主要包括螺栓承载力计算、端板螺栓处构件腹板强度验算、端板厚度确定、节点域剪应力验算、端板连接刚度验算。

（1）螺栓承载力计算

在弯矩和剪力的作用下，螺栓一般同时承受拉力和剪力的作用。当采用高强度螺栓摩擦型连接时，螺栓承载力应符合式（3-47）的要求，当采用高强度螺栓承压型连接时，螺栓承载力应符合式（3-48）、式（3-49）的要求。

$$\frac{N_v}{N_v^b}+\frac{N_t}{N_t^b}\leqslant 1 \tag{3-47}$$

$$\sqrt{\left(\frac{N_v}{N_v^b}\right)^2+\left(\frac{N_t}{N_t^b}\right)^2}\leqslant 1 \tag{3-48}$$

$$N_v\leqslant \frac{N_c^b}{1.2} \tag{3-49}$$

上式中各参数的含义及计算方法详见《钢结构设计标准》GB 50017—2017。

端板处连接螺栓还应符合下列要求：①螺栓中心至翼缘板表面的距离，应满足拧紧螺栓时的施工要求，不宜小于 45mm；②螺栓端距不应小于 2 倍螺栓孔径；③螺栓中距不应小于 3 倍螺栓孔径；④当端板上两对螺栓间的最大距离大于 400mm 时，应在端板的中部增设一对螺栓。

（2）端板设置螺栓处构件腹板强度的验算

在端板设置螺栓处，应按式（3-50）或式（3-51）验算构件腹板的强度。

当 $N_{t2}\leqslant 0.4P$ 时：
$$\frac{0.4P}{e_w t_w}\leqslant f \tag{3-50}$$

当 $N_{t2}> 0.4P$ 时：
$$\frac{N_{t2}}{e_w t_w}\leqslant f \tag{3-51}$$

式中　N_{t2}——翼缘内第 2 排 1 个螺栓的轴向拉力设计值；

　　　P——1 个高强度螺栓的预拉力值；

　　　e_w——螺栓中心至腹板表面的距离；

　　　t_w——腹板厚度；

　　　f——腹板钢材的抗拉强度设计值。

当不满足式（3-50）或式（3-51）的要求时，可局部加厚腹板或设置腹板斜向加劲肋。

（3）端板厚度的确定

端板主要承受弯矩和轴向力作用，其厚度应根据支承条件确定。根据支承条件将端板划分为伸臂类区格、无加劲肋类区格、两邻边支承类区格和三边支承类区格，根据式（3-52）～式（3-55）分别计算各区格所需的板厚，端板厚度取各区格板厚的最大值，但不应小于 16mm 及 0.8 倍的高强度螺栓直径。

① 伸臂类区格

$$t \geqslant \sqrt{\frac{6e_f N_t}{bf}} \qquad (3\text{-}52)$$

② 无加劲肋类区格

$$t \geqslant \sqrt{\frac{3e_w N_t}{(0.5a + e_w)f}} \qquad (3\text{-}53)$$

③ 两边支承类区格

当端板外伸时：

$$t \geqslant \sqrt{\frac{6e_f e_w N_t}{[e_w b + 2e_f(e_f + e_w)]f}} \qquad (3\text{-}54a)$$

当端板平齐时：

$$t \geqslant \sqrt{\frac{12e_f e_w N_t}{[e_w b + 4e_f(e_f + e_w)]f}} \qquad (3\text{-}54b)$$

④ 三边支承类区格

$$t \geqslant \sqrt{\frac{6e_f e_w N_t}{[e_w(b + 2b_s) + 4e_f{}^2]f}} \qquad (3\text{-}55)$$

式中　N_t——1 个高强度螺栓的受拉承载力设计值；

e_w、e_f——分别为螺栓中心至腹板和翼缘板表面的距离；

b、b_s——分别为端板和加劲肋的宽度；

a——螺栓的间距；

f——端板钢材的抗拉强度设计值。

（4）节点域剪应力验算（图 3-42）

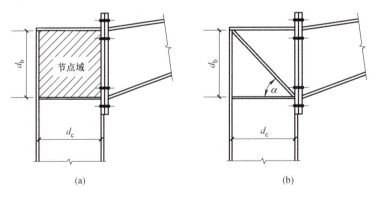

图 3-42　节点域

(a) 节点域；(b) 设斜加劲肋补强的节点域

门式刚架梁与柱相交的节点区域，在弯矩和剪力共同作用下应力情况比较复杂，节点域板件的过度变形会影响节点刚度，在复杂应力作用下甚至会发生破坏，所以，应按下式验算节点域腹板的剪应力：

$$\tau = \frac{M}{d_b d_c t_c} \leqslant f_v \qquad (3\text{-}56)$$

式中　M——节点承受的弯矩，对多跨刚架中间柱处，应取两侧斜梁端弯矩的代数和或柱端弯矩；

d_c、t_c——分别为节点域的宽度和厚度；

d_b——刚架梁端部高度或节点域高度；

f_v——节点域钢材的抗剪强度设计值。

当不满足式（3-56）的要求时，应加厚腹板或设置斜加劲肋。

（5）端板连接节点的刚度验算

门式刚架梁与柱的端板连接节点，是按理想刚接进行设计的。若节点处的转动刚度与理想刚接相差太大时，仍按理想刚接计算内力、确定计算长度，将导致结构可靠度不足，成为安全隐患。所以，应对刚架梁柱连接节点的转动刚度 R 进行验算。

$$R \geqslant 25EI_b/l_b \tag{3-57}$$

式中 R——刚架横梁与柱连接节点的转动刚度；

I_b——刚架横梁跨间的平均截面惯性矩；

l_b——刚架横梁的跨度，中柱为摇摆柱时，取摇摆柱与刚架柱距离的 2 倍；

E——钢材的弹性模量。

转动刚度 $R = M/\theta$，θ 为梁与柱的相对转角，由节点域的剪切变形和节点连接的弯曲变形两大部分组成。R 可按下列各式计算：

$$R = \frac{1}{1/R_1 + 1/R_2} = \frac{R_1 R_2}{R_1 + R_2} \tag{3-58a}$$

$$R_1 = Gh_1 d_c t_p \tag{3-58b}$$

$$R_2 = \frac{6EI_e h_1^2}{1.1 e_f^3} \tag{3-58c}$$

式中 R_1——节点域剪切变形对应的刚度；

R_2——连接的弯曲刚度，包括端板弯曲、螺栓拉伸和柱翼缘弯曲所对应的刚度；

h_1——梁端翼缘板中心间的距离；

t_p——柱节点域腹板厚度；

I_e——端板惯性矩；

G——钢材的剪变模量；

e_f——端板外伸部分的螺栓中心到其加劲肋外边缘的距离。

当节点刚度不满足要求时，一般有两种加强方案：一是增大节点域腹板厚度，二是设置斜向加劲肋，如图 3-42（b）所示。试验表明，节点域设置斜加劲肋可使梁柱连接节点刚度明显提高，因此设置斜加劲肋可作为提高节点刚度的首选措施。对于设置了斜加劲肋的梁柱连接节点，R_1 可按下式计算：

$$R_1 = Gh_1 d_c t_p + Ed_b A_{st} \cos^2\alpha \sin\alpha \tag{3-59}$$

式中 A_{st}——两条斜加劲肋的总截面积；

α——斜加劲肋倾角。

3.5.2 梁梁拼接节点

在门式刚架屋脊处、斜梁改变截面处或因运输需要分段处通常需设置梁梁拼接节点，如图 3-43 所示。

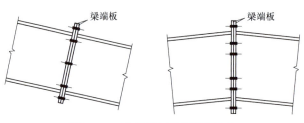

图 3-43　门式刚架梁梁拼接节点

在梁梁的拼接处，应采用将端板两端伸出截面高度范围以外的外伸式连接，且宜使端板与构件外边缘垂直，尽量使翼缘内外的螺栓群中心与翼缘的中心重合或接近。

采用端板连接的梁梁拼接节点，其端板厚度与螺栓承载力等的计算可参照梁柱连接节点。

3.5.3　柱脚节点

门式刚架轻型房屋钢结构的柱脚宜采用平板式铰接柱脚，也可采用刚接柱脚。常见平板式铰接柱脚如图 3-44（a）（b）所示。图 3-44（a）中 2 个锚栓布置在 x 轴线上，当柱绕该轴有微小转动时，锚栓不承受拉力，是一种比较理想的铰接构造；图 3-44（b）中采用了 4 个锚栓，锚栓布置在 x 轴线附近，这种柱脚构造近似于铰接，常用于对横向刚度要求较大的门式刚架。常见刚接柱脚如图 3-44（c）（d）所示。刚接柱脚要能承受弯矩，因此锚栓对称布置在 x 轴两侧且远离 x 轴，为保证柱脚有足够的刚度，必要时可设加劲肋和靴梁等。当混凝土基础顶面平整度较差时，柱脚底板与基础混凝土间可填充比基础混凝土强度等级高一级的细石混凝土或膨胀水泥砂浆找平，对于二次浇筑的预留空间，铰接柱脚不宜大于 50mm，刚接柱脚不宜大于 100mm。

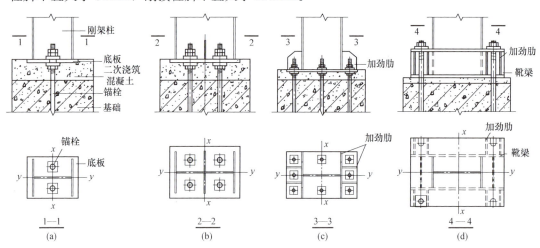

图 3-44　门式刚架轻型房屋钢结构柱脚

（a）2 锚栓铰接柱脚；（b）4 锚栓铰接柱脚；（c）带加劲肋的刚接柱脚；（d）带靴梁的刚接柱脚

对于铰接柱脚，锚栓的直径按构造要求确定。对于刚接柱脚，受拉锚栓直径除满足强度要求外，埋设深度还应满足抗拔要求。锚栓的直径不宜小于 24mm，一般可在 24～42mm 的范围内选用。柱脚锚栓应采用 Q235 钢或 Q345 钢制作，锚栓端部应设置弯钩或锚件，最小锚固长度应符合表 3-12 的规定。埋设锚栓时，一般宜采用锚栓固定支架，以保证锚栓位置的准确。

为方便安装刚架柱时调整位置，柱底板上锚栓孔直径一般为锚栓直径的 1.5 倍。底板上需设置垫板，垫板尺寸常为 100mm×100mm，厚度与底板相同，垫板上开孔直径一般比锚栓直径大 1～2mm。柱脚锚栓应采用双螺母紧固，柱校正、安装完毕后，应将垫板焊于底板上。

锚栓的最小锚固长度　　　　　　　　　　　　　　　　　　表 3-12

锚栓钢材	混凝土强度等级					
	C25	C30	C35	C40	C45	≥C50
Q235	$20d$	$18d$	$16d$	$15d$	$14d$	$14d$
Q345	$25d$	$23d$	$21d$	$19d$	$18d$	$17d$

注：d 为锚栓直径。

下面主要介绍铰接柱脚的计算，主要内容包括柱脚底板尺寸的确定、柱脚连接焊缝强度验算和抗剪键的计算等。

（1）底板尺寸的确定

① 底板面积 A

底板面积取决于基础材料的抗压能力。假设基础对底板的反力均匀分布，则所需底板面积 A 为：

$$A = \frac{N}{f_c} + A_0 \tag{3-60}$$

式中，A_0 为锚栓孔的面积。

② 底板厚度 t

底板的厚度取决于板的抗弯强度。将底板视为一个支承在靴梁、隔板、加劲肋和柱端的平板，它承受基础传来的均匀反力作用，如图 3-45 所示。靴梁、隔板、加劲肋和柱视为底板的支承边，将底板分隔成不同的区格，其中有四边支承、三边支承、两相邻边支承和一边支承等区格。在均匀分布的基础反力作用下，各区格板单位宽度上的最大弯矩如下：

四边支承区格：　　　　　　　　　　$M = \beta q a^2$ 　　　　　　　　　(3-61)

三边支承区格和两邻边支承区格：　　$M = \beta q a_1^2$ 　　　　　　　　(3-62)

一边支承区格（即悬臂板）：　　　　$M = 0.5 q c^2$ 　　　　　　　　(3-63)

式中　q——基底反力产生的作用于底板单位面积上的压应力，$q = N/(LB - A_0)$；

　　　a——四边支承区格的短边长度；

　　　a_1——对三边支承区格为自由边长度，对两邻边支承区格为对角线长度；

　　　β——弯矩系数，对于四边支承区格，根据 b/a 按表 3-13 取值，b 为四边支承区格的长边长度；对于三边和两邻边支承区格，根据 b_1/a_1 按表 3-14 取值，对于三边支承区格 b_1 为垂直于自由边的宽度，对两邻边支承区格 b_1 为内角顶点至对角线的垂直距离；

　　　c——悬臂长度。

四边支承板弯矩系数 β　　　　　　　　　　　　　　　　　表 3-13

b/a	1.0	1.1	1.2	1.3	1.4	1.5	1.6	1.7	1.8	1.9	2.0	3.0	≥4.0
β	0.048	0.055	0.063	0.069	0.075	0.081	0.086	0.091	0.095	0.099	0.101	0.119	0.125

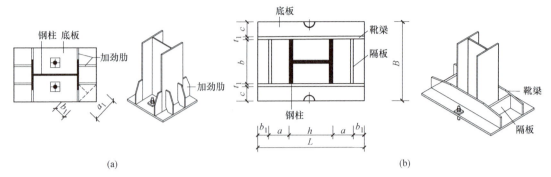

（a）

（b）

图 3-45　铰接柱脚底板厚度的计算

三边支承板及两邻边支承板弯矩系数 β 表 3-14

b_1/a_1	0.3	0.4	0.5	0.6	0.7	0.8	0.9	1.0	1.1	$\geqslant 4.0$
β	0.026	0.042	0.056	0.072	0.085	0.092	0.104	0.111	0.120	0.125

注：当 $b_1/a_1 < 0.3$ 时，可按悬臂长为 b_1 的悬臂板计算。

取各区格中最大弯矩计算底板所需厚度：

$$t \geqslant \sqrt{\frac{6M_{\max}}{f}} \tag{3-64}$$

设计时应使各区格的弯矩相差不要太大，否则应调整底板尺寸或调整靴梁、隔板、肋板等的布置，以重新划分区格，底板的厚度一般不宜小于 20mm。

（2）柱与底板连接焊缝强度验算

当柱翼缘与底板采用全焊透对接焊缝连接、腹板与底板采用角焊缝连接时，假设轴力 N 由所有焊缝共同承担，而剪力 V 仅由腹板焊缝承担，则在 N 和 V 作用下焊缝截面上的应力可按下式计算：

$$\sigma_N = \frac{N}{2A_f + A_{ww}} \tag{3-65}$$

$$\tau_V = \frac{V}{A_{ww}} \tag{3-66}$$

式中　A_f——柱单侧翼缘截面面积；

　　　A_{ww}——柱腹板处角焊缝的有效截面面积。

柱与底板间的连接焊缝强度按下式验算：

翼缘连接焊缝：　　　　　　　　　　$\sigma_f = \sigma_N \leqslant f_c^w$ \hfill (3-67)

腹板连接焊缝：　　$\sqrt{\left(\dfrac{\sigma_N}{\beta_f}\right)^2 + (\tau_v)^2} \leqslant f_f^w$ \hfill (3-68)

式中　f_c^w——对接焊缝抗压强度设计值；

　　　f_f^w——角焊缝强度设计值；

　　　β_f——正面角焊缝的强度设计值增大系数：对承受静力荷载和间接承受动力荷载的结构，$\beta_f = 1.22$；对直接承受动力荷载的结构，$\beta_f = 1.0$。

当钢柱的翼缘、腹板与底板间均采用全焊透对接焊缝连接时，可视为焊缝与柱截面是等强度的，不必进行焊缝强度的验算。

88

当柱与底板采用周边角焊缝连接时，假设轴力 N 由所有角焊缝共同承担，而剪力 V 仅由腹板角焊缝承受，则焊缝强度按下式计算：

$$\sqrt{\left(\frac{\sigma_N}{\beta_f}\right)^2 + (\tau_v)^2} = \sqrt{\left(\frac{N}{\beta_f A_w}\right)^2 + \left(\frac{V}{A_{ww}}\right)^2} \leqslant f_f^w \tag{3-69}$$

式中　A_w——柱截面四周角焊缝的有效截面面积。

（3）柱脚抗剪键

带靴梁的柱脚，锚栓不宜受剪，柱脚底部的水平剪力 V 由底板与混凝土基础表面的摩擦力 F（摩擦系数 μ 可取 0.4）承受，计算摩擦力时应考虑屋面风吸力产生的上拔力的影响。当此摩擦力不足以承受水平剪力时，即当 $V > F = \mu N = 0.4N$ 时（N 为柱底轴心压力），可在柱脚底板下设置抗剪键承受剪力的作用，如图 3-46 所示。

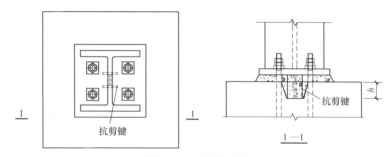

图 3-46　柱脚抗剪键

对于不带靴梁的柱脚，柱脚底部的水平剪力 V 可以考虑由锚栓承受，但此时要采取必要的措施如减小小底板与锚栓的间隙、将螺母和垫板与底板焊接等，以防止底板移动。柱底的受剪承载力可按 0.6 倍的锚栓受剪承载力取用，当柱底水平剪力 V 大于受剪承载力时，应设置抗剪键。

抗剪键一般可采用钢板、角钢或工字钢等垂直焊于柱底板的底面，并应对其截面和连接焊缝的受剪承载力进行计算。

码 3-1　第 3 章相关三维模型图及照片

复习思考题

3-1　简述轻型门式刚架结构的特点及适用范围。

3-2　确定门式刚架结构房屋的跨度和高度时应考虑哪些因素？

3-3　什么是摇摆柱？简述其受力特点。

3-4　简述门式刚架结构支撑类型及布置原则。

3-5　简述屋面檩条、拉条和撑杆的布置原则。

3-6　如图 3-47 所示某门式刚架结构封闭式房屋，柱脚铰接，跨度 24m，长度 60m，柱顶标高 8m，柱底标高 −0.15m，屋面坡度 $i = 10\%$，纵向柱距 6m，试确定中间榀刚架 GJ-2 在横向风荷载作用下的计算简图（已知地面粗糙度类别为 B 类，查《建筑结构荷载规范》GB 50009—2012 得基本风压 $w_0 = 0.35\text{kN/m}^2$）。

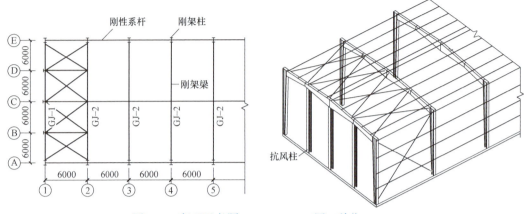

图 3-47　复习思考题 3-6、3-8、3-9 图（单位：mm）

3-7　某轻型门式刚架结构房屋，采用带有保温层的夹芯板屋面，自重荷载标准值为 0.3kN/m^2，雪荷载标准值为 0.25kN/m^2，查《建筑结构荷载规范》得基本风压 $w_0 = 0.35\text{kN/m}^2$，檩条采用冷弯薄壁 C 型钢截面，檩条跨度 $l = 6\text{m}$，檩条间距 1.5m，屋面坡度 $\alpha = 5.71°$，檩条跨中设置一道拉条，试设计该檩条截面（注：檩条处于中间区）。

3-8　试确定如图 3-47 所示门式刚架结构中 ⓒ 轴线抗风柱在荷载标准值作用下的计算简图（已知墙面恒载 0.2kN/m^2，其余条件同复习思考题 3-6）。

3-9　试计算如图 3-47 所示门式刚架结构中的屋盖横向水平支撑内力，交叉支撑按柔性支撑设计，其余条件同复习思考题 3-6。

3-10　某门式刚架柱截面如图 3-48 所示，经计算，其腹板受压区会发生局部失稳（图中涂黑部分，高度 10mm），请计算该柱截面有效截面面积 A_e、对 x 轴的有效截面惯性矩 I_{ex}、对 y 轴的有效截面惯性矩 I_{ey}。

3-11　试计算如图 3-49 所示门式刚架结构梁柱连接节点端板所需厚度，钢材为 Q345，采用高强度螺栓摩擦型连接，螺栓性能等级 10.9 级。

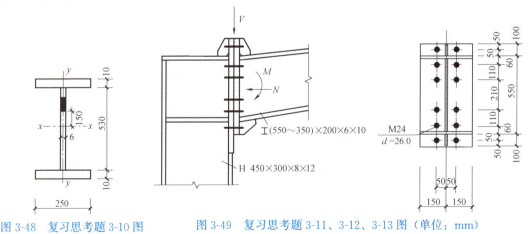

图 3-48　复习思考题 3-10 图
（单位：mm）

图 3-49　复习思考题 3-11、3-12、3-13 图（单位：mm）

3-12　如图 3-49 所示门式刚架结构梁柱连接节点所受最不利内力设计值为：弯矩 $M=270$kN·m，轴力 $N=45$kN，剪力 $V=65$kN，采用 M24（10.9 级）高强度螺栓摩擦型连接，接触面采用喷砂处理，摩擦面抗滑移系数 $\mu=0.5$，每个高强度螺栓的预拉力值为 $P=225$kN。试验算该连接螺栓承载力是否满足要求？

3-13　如图 3-49 所示门式刚架结构梁柱连接节点端板厚度 $t=25$mm，刚架跨度 18m，屋面坡度 1/10，其余条件同复习思考题 3-11、3-12。①验算端板设置螺栓处腹板强度；②验算节点域剪应力；③验算节点刚度。若验算不满足要求，应采取什么措施？

3-14　如图 3-50 所示铰接柱脚，所受最不利内力设计值为：轴压力 $N=70$kN，剪力 $V=25$kN。若钢材为 Q235，刚架柱截面为 H250×180×8×10，基础混凝土强度等级为 C25，试计算所需底板厚度，并验算柱与底板间连接焊缝强度。

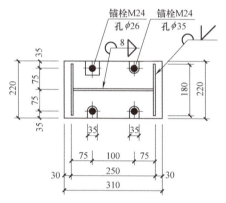

图 3-50　复习思考题 3-14 图（单位：mm）

3-15　扫描码 3-2，完成刚性系杆与刚架梁连接节点详图识读。

3-16　扫描码 3-3，完成圆钢支撑与刚架柱连接节点详图识读。

3-17　扫描码 3-4，完成隔撑与屋面檩条和刚架梁连接节点详图识读。

3-18　扫描码 3-5，完成门式刚架梁柱连接节点详图识读。

3-19　扫描码 3-6，完成抗风柱与刚架梁连接节点详图识读。

码 3-2　刚性系杆与刚架梁连接节点详图识读

码 3-3　圆钢支撑与刚架柱连接节点详图识读

码 3-4　隔撑与屋面檩条和刚架梁连接节点详图识读

码 3-5　门式刚架梁柱连接节点详图识读

码 3-6　抗风柱与刚架梁连接节点详图识读

第4章　多层钢框架结构

4.1　概　　述

4.1.1　多层框架结构体系

对于钢结构，多层和高层房屋建筑之间没有严格的界线，根据房屋建筑的荷载特点及其力学行为，尤其是对地震作用的反应，大致可以 12 层（高度约 40m）为界划分。对于民用建筑钢结构，《高层民用建筑钢结构技术规程》JGJ 99—2015 中明确规定了其适用范围是：10 层及 10 层以上或房屋高度大于 28m 的住宅建筑以及房屋高度大于 24m 的其他民用建筑。

钢框架结构是多层钢结构建筑中常用的一种结构形式，在我国工业建筑中常用作车间、厂房等建筑，在民用建筑中常用于停车场、办公楼等公共建筑，在住宅、学校、医院等类建筑中的应用也越来越多。

钢框架结构的主要承重构件为钢梁和钢柱，框架中的钢梁、钢柱既承受竖向荷载的作用，同时又抵抗水平荷载。在水平荷载作用下，纯框架结构的侧移较大，当层数较多时往往通过加大梁和柱的截面来提高结构的侧向刚度，不太经济。为了增加框架结构的侧向刚度，可以在局部框架柱间设置支撑，形成框架-支撑结构体系。

（1）纯框架钢结构

如图 4-1（a）所示，纯框架钢结构是指由钢柱和钢梁组成的框架作为承受竖向荷载和水平荷载的主要构件，梁柱可以是刚接或铰接。处于抗震设防烈度较高的地区，为了保证整体结构的侧向刚度，多层钢框架结构中的梁柱节点及柱脚节点一般做成刚接。

框架结构的主要优点是：平面布置较灵活，适应多种类型使用功能；构造简单、传力明确；结构各部分刚度比较均匀，自振周期较长，对地震作用不敏感。

框架结构是一种比较经济合理的结构体系，除了多层建筑可采用外，高层建筑也可以按具体情况分析采用。但由于纯框架钢结构侧向刚度较小，高烈度地区和较高的高层建筑中，还需要考虑增加其他抗侧力体系来加大侧向刚度，以满足侧移变形等控制的需求。

（2）框架-支撑钢结构

多层框架房屋，可采用一个方向为纯框架的单重抗侧力体系，另一方向为带支撑的框架-支撑双重抗侧力体系的钢结构；也可以采用两个方向都带支撑的框架-支撑双重抗侧力体系的钢结构。处于抗震设防高烈度地区的多层房屋钢结构，通常将框架梁和柱在两个方向均做成刚接，形成双向刚接框架，同时在两个方向设置支撑结构，框架和支撑的布置应使各层刚度中心与质量中心尽量接近。相比纯框架结构，支撑构件的应用，增加了结构的抗侧移刚度，可有效地控制侧移变形，并且还可利用支撑构件的强度，提高抗震能力，适

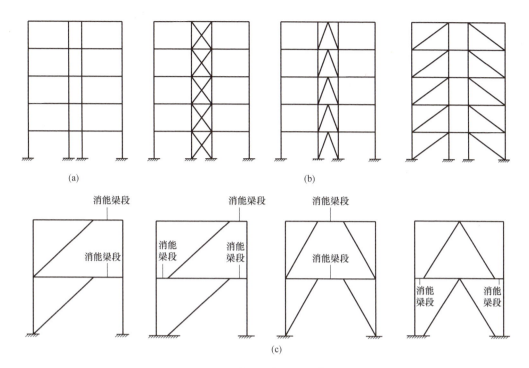

图 4-1 多层框架钢结构体系

（a）纯框架结构；（b）中心支撑框架；（c）偏心支撑框架

合于建造更高的房屋结构。一般在强烈地震作用下，支撑结构率先屈服，可以保护或延缓主体结构的破坏，这种结构具有多道抗震防线。

框架-支撑结构体系中，根据支撑与框架连接的位置不同可分为中心支撑、偏心支撑两大类，如图 4-1（b）（c）所示。支撑杆件的两端均位于梁柱节点处，或一端位于梁柱节点处，一端与其他支撑杆件相交的支撑称为中心支撑。中心支撑的形式主要有单斜杆支撑、交叉支撑、人字形支撑、V 字形支撑、K 字形支撑、跨层交叉支撑等。而偏心支撑的特点是，支撑杆件的轴线与梁柱的轴线不相交于一点，而是偏离一段距离，形成一个先于支撑构件屈服的"消能梁段"（比支撑斜杆的承载力低，具有在重复荷载作用下良好的塑性变形能力）。偏心支撑的形式主要有人字形、V 形、八字形、单斜杆式偏心支撑等。

中心支撑框架结构构造简单，实际工程应用较多。而偏心支撑框架具有消能梁段，在强震发生时，消能梁段率先屈服，消耗大量地震能量，保护主体结构，形成新的抗震防线，使得结构的整体抗震性能特别是结构延性大大加强，这种结构体系更适合于在高烈度地区的多高层建筑。

4.1.2 楼盖类型

多层框架钢结构体系相应的各层楼（屋）盖均应采用平面刚性楼盖，以保证整体空间刚度及空间协调工作。常见多层钢框架楼盖结构有以下三种类型：

（1）现浇钢筋混凝土组合楼盖

如图 4-2（a）所示，这类楼盖的楼板为现浇钢筋混凝土板，与钢梁形成组合楼盖。现浇钢筋混凝土组合楼盖的楼面刚度较大，整体性好，但现场施工工序复杂，需要搭设脚手架、安装模板及支架、绑扎钢筋、浇筑混凝土及拆模等作业，施工工业化的程度相对较低，进度慢。

（2）预制钢筋混凝土板组合楼盖

如图 4-2（b）所示，这类楼盖采用预制钢筋混凝土板或预制预应力钢筋混凝土板，支承于焊有栓钉连接件的钢梁上，在有栓钉处混凝土边缘留有槽口，楼板安装就位后，用细石混凝土浇灌槽口与板件缝隙。这类楼盖多用于旅馆及公寓建筑，因为这类建筑预埋管线少，楼板隔声效果好，一般无须吊顶。缺点是楼板传递水平力的性能较差，而且楼面结构整体性及抗震性能相对较低，因此不适用于高烈度抗震设计的多层钢框架建筑。

（3）压型钢板-现浇钢筋混凝土组合楼盖

如图 4-2（c）所示，压型钢板-现浇钢筋混凝土组合楼盖是目前在多层乃至高层钢结构建筑中采用较多的楼盖，这种组合楼盖由压型钢板-现浇钢筋混凝土楼板、剪力连接件和钢梁三部分组成，具有良好的综合经济效益。压型钢板-现浇混凝土楼板又分为组合楼板和非组合楼板，主要区别在于对压型钢板功能的要求。组合楼板中的压型钢板不仅用作永久性模板，而且代替混凝土板的下部受拉钢筋与混凝土共同工作，承受包括自重在内的楼面荷载。非组合楼板中的压型钢板仅用作永久性模板，不考虑与混凝土共同工作。

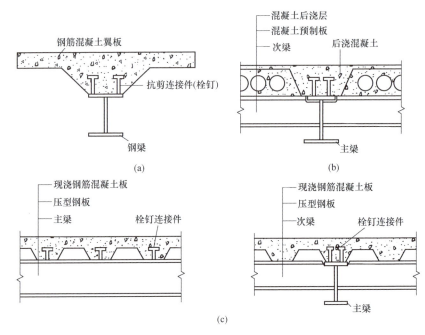

图 4-2 多层钢框架组合楼盖类别

（a）现浇钢筋混凝土组合楼盖；（b）预制钢筋混凝土板组合楼盖；（c）压型钢板-钢筋混凝土板组合楼盖

组合楼盖在使用阶段考虑压型钢板作为混凝土楼板的受拉钢筋，减少了钢筋的制作与安装工作量，且省去了许多受拉区混凝土（在混凝土结构的承载能力计算中不考虑混凝土的受拉作用），使组合楼板自重减轻，从而减轻了结构的永久荷载，对结构十分有利。在施工阶段压型钢板兼作现浇混凝土时的模板，一般情况下可不再设置竖向支柱，直接由压型钢板承担未结硬的湿混凝土重量和施工荷载。由于在使用阶段压型钢板作为受拉钢筋使用，为传递压型钢板与混凝土叠合面之间的纵向剪力，常采用圆柱头的栓钉以传递此剪力。组合楼板在钢梁上的支承长度不应小于 75mm，支承在钢梁上的压型钢板，在任何情况下均应用圆柱头栓钉穿透压型钢板焊于钢梁上或将压型钢板端部肋压平直接焊在钢梁上。

多层钢框架结构楼盖宜采用压型钢板-现浇钢筋混凝土组合楼板或现浇钢筋混凝土楼板，并应与钢梁有可靠连接。对 6、7 度时不超过 50m 的钢结构，尚可采用装配整体式钢筋混凝土楼板，也可采用装配式楼板或其他轻型楼盖，但应将楼板预埋件与钢梁焊接，或采取其他保证楼盖整体性的措施。对转换层楼盖或楼板有大洞口等情况，必要时可设置水平支撑。

4.1.3　压型钢板-现浇钢筋混凝土组合楼板的构造要求

在压型钢板-现浇钢筋混凝土组合楼板中，根据压型钢板的截面形式，可分为：（1）开口型压型钢板组合楼板：竖向肋（腹）板沿板件横向张开的压型钢板，如图 4-3（a）所示；（2）缩口型压型钢板组合楼板：竖向肋（腹）板沿板件横向缩紧、缩紧处开口不大于 20mm 的压型钢板，如图 4-3（b）所示；（3）闭口型压型钢板组合楼板：竖向肋（腹）板沿板件垂直、相邻两竖向肋板被机械力咬合在一起的压型钢板，如图 4-3（c）所示。

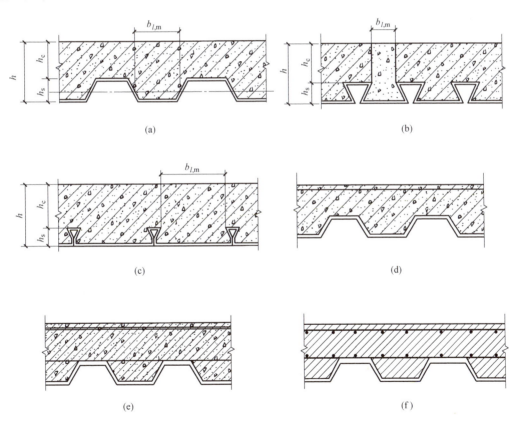

图 4-3　压型钢板-现浇钢筋混凝土组合楼板

（a）开口型压型钢板组合楼板；（b）缩口型压型钢板组合楼板；

（c）闭口型压型钢板组合楼板；（d）压型钢板全部代替正弯矩受拉钢筋；

（e）压型钢板顶部垂直肋方向配置受拉钢筋；（f）压型钢板肋顶布置双向钢筋网片

对于压型钢板-现浇钢筋混凝土组合楼板，根据计算，可在压型钢板底部不配置或部分配置受拉钢筋，如图 4-3 （d）～（f）所示。

（1）组合楼板的总厚度及压型钢板上的混凝土厚度

① 压型钢板肋顶部以上的混凝土厚度 h_c 不应小于 50mm。

② 组合楼板的总厚度 h 不应小于 90mm。

③ 无防火保护的压型钢板组合楼板，其满足耐火隔热性的最小楼板厚度应满足表 4-1 的要求。

压型钢板组合楼板的隔热最小厚度（mm）　　　　表 4-1

压型钢板类型	最小楼板计算厚度	隔热极限(h)			
		0.5	1.0	1.5	2.0
开口型压型钢板	压型钢板肋以上厚度	60	70	80	90
其他类型的压型钢板	组合楼板的板总厚度	90	90	110	125

（2）组合楼板对压型钢板的要求

① 压型钢板应采用镀锌钢板，其镀锌层厚度应满足使用期间不至锈损的要求。压型钢板在不涂装防腐涂料的情况下，一般可采用两面镀锌量为 $275g/m^2$ 的钢板，钢板两面镀锌量不应小于 $180g/m^2$。

② 组合楼板用压型钢板基板的净厚度（不包括涂层）不应小于 0.75mm，作为永久模板使用的压型钢板基板的净厚度不宜小于 0.5mm。

③ 浇筑混凝土的波槽平均宽度 $b_{l,m}$ 不应小于 50mm，以使混凝土骨料容易浇入压型钢板槽口内，从而保证混凝土密实。

④ 在槽内设置栓钉连接件时，压型钢板的总高度 h_s 不应大于 80mm。

（3）组合楼板对栓钉的要求

为了保证梁板结构的整体性，组合楼板与梁之间应设有抗剪连接件，一般可采用栓钉连接。

① 栓钉的设置位置：为阻止压型钢板与混凝土之间的滑移，在组合板的端部（包括简支板端及连续板的各跨端部）均应设置栓钉。栓钉穿透压型钢板，并将栓钉和压型钢板均焊于钢梁翼缘上。

② 栓钉的直径：当栓钉的位置不正对钢梁腹板时，在钢梁上翼缘受拉区，栓钉直径不应大于钢梁上翼缘厚度的 1.5 倍，在钢梁上翼缘非受拉区，栓钉直径不应大于钢梁上翼缘厚度的 2.5 倍；栓钉直径不应大于压型钢板凹槽宽度的 0.4 倍，且不宜大于 19mm。

③ 栓钉的间距：一般应在压型钢板端部每个凹肋处设置栓钉。栓钉沿梁轴线方向间距，不应小于栓钉杆径的 6 倍，不应大于楼板厚度的 4 倍，且不应大于 400mm。栓钉垂直于梁轴线方向的间距，不应小于栓钉杆径的 4 倍，且不应大于 400mm。栓钉中心至钢梁上翼缘边缘的距离不应小于 35mm。

④ 栓钉顶面保护层的厚度及栓钉高度：栓钉顶面混凝土保护层的厚度不应小于 15mm，栓钉钉头下表面高出压型钢板底部钢筋顶面不应小于 30mm。栓钉长度不应小于其杆径的 4 倍，焊后栓钉高度应大于压型钢板高度＋30mm，且应小于压型钢板高度＋75mm。

4.1.4　钢框架结构设计内容与步骤

钢框架结构设计内容与主要步骤有：

（1）了解设计资料。主要了解项目性质、建筑物安全等级、地震设防烈度、环境温度变化状况、荷载作用及地质勘察报告等基本情况。

（2）进行结构平面布置与竖向布置。

（3）确定框架梁、柱截面形式并初估截面尺寸。估算框架梁的截面高度，除了考虑荷载因素外，还应综合考虑建筑高度、刚度和经济等条件，梁的翼缘、腹板尺寸应考虑局部稳定、经济条件和连接构造等因素。估算框架柱的尺寸时，可将单柱负荷平面区域内的全部竖向荷载设计值总和的 1.2 倍作为其所承受的轴力及轴压比的限值要求，按轴心受压估算所需柱截面尺寸。

（4）荷载分析与计算。

（5）框架内力分析计算。目前应用较多的国内结构分析软件有中国建筑科学研究院研发的 PKPM 系列软件、同济大学研发的 3D3S 软件，另外还有国际通用结构分析软件 SAP2000 和 MIDAS-Gen。手算时，框架在竖向荷载作用下的内力效应可用近似的分层法计算，水平荷载作用下的内力效应可采用改进反弯点法（D 值法）等近似方法计算。

（6）荷载效应组合。

（7）构件截面设计及连接节点设计。

（8）水平荷载作用下的水平侧移验算。

（9）其他性能要求设计。如抗火设计、满足特殊要求结构的专门性能设计等。

4.2　钢框架结构平面布置与竖向布置

在进行结构平面布置时，应尽量规则的布置柱网，将抗侧力构件沿房屋纵、横主轴方向布置，尽可能做到"分散、均匀、对称"，使结构各层的抗侧力中心与水平作用力合力的中心重合或接近，以避免或减小扭转振动。钢框架结构的较合适的柱网尺寸为 6～12m。柱距的确定与建筑的使用要求有关，还应考虑经济因素，柱距过小则柱子数量增加，致使结构用钢量增加，而柱距过大时，将导致需采用较大的梁截面高度，除可能影响设备管道的通行外，尤其会增加建筑的层高，从而使建筑的造价及使用维护（如空调）费用增加。

次梁间距一般以 2～4m 为宜，梁系布置时需要考虑钢梁的间距要与上覆楼板类型相协调，尽量取在楼板的经济跨度内。对于压型钢板组合楼板，其适用跨度范围为 1.5～4.0m，而经济跨度范围为 2～3.5m。主梁应与竖向抗侧力构件直接相连，以形成空间体系，充分发挥整体空间作用。一般钢柱的两个正交方向均应有梁相连，如不设柱子的侧向支承梁，则柱子的计算长度将可能很大，而易发生失稳破坏。

结构的竖向布置应尽可能连续，防止刚度突变和较大的结构转换。在抗震设防区，框架柱宜上下贯通，尽量避免出现悬空处或高度不一致的错层。当必须抽柱导致柱无法贯通落地时，应合理设置转换构件。

4.3 荷 载 计 算

一般情况下，多层钢结构房屋需考虑的主要荷载与作用有：结构自重、楼面或屋面竖向活荷载、风荷载、地震作用、温度作用及其他可能发生的偶然荷载（如爆炸力、冲击力、火灾作用）。工业建筑还要考虑工艺设备、管线等荷载及是否有动载作用。

（1）竖向荷载

如结构自重、楼面活荷载、屋面活荷载、积灰荷载、吊车荷载和雪荷载等应按现行国家标准《建筑结构荷载规范》GB 50009—2012 的规定采用。电算程序一般都考虑了梁的活荷载不利分布，而手算考虑梁的活荷载不利分布较困难，通常的处理方法是：楼面活荷载小于 $4kN/m^2$ 时，楼、屋面活荷载可取各跨满布，但计算出的跨中内力要乘以 $1.1\sim$ 1.2 倍的增大系数；当楼面活荷载大于 $4kN/m^2$ 时，应考虑楼面活荷载的不利布置。设计民用房屋楼面梁、墙、柱及基础时，楼面活荷载可按现行国家标准《建筑结构荷载规范》GB 50009—2012 的规定进行折减，而工业建筑多层框架，其活荷载来源于工艺操作荷载，一般可不进行折减。

（2）风荷载

垂直于建筑物表面上的风荷载标准值，应按下式计算：

$$w_k = \beta_z \mu_s \mu_z w_0 \tag{4-1}$$

式中　w_k——风荷载标准值（kN/m^2）；

β_z、μ_s、μ_z——分别为房屋高度 z 处的风振系数、风荷载体型系数、风压高度变化系数，按现行国家标准《建筑结构荷载规范》GB 50009—2012 的规定采用；

　　w_0——基本风压（kN/m^2），一般多层房屋按 50 年重现期采用，对于特别重要或对风荷载比较敏感的多层建筑可按 100 年重现期采用。

（3）地震作用

地震作用应按现行国家标准《建筑抗震设计标准》GB/T 50011—2010（2024 年版）计算。多层房屋钢结构在多遇地震下的计算，当房屋高度不大于 50m 时阻尼比可取 0.04；高度大于 50m 且小于 200m 时，可取 0.03；高度不小于 200m 时，宜取 0.02。在罕遇地震下的弹塑性分析时，阻尼比可取 0.05。

4.4 结构内力分析

多层房屋钢结构的分析，一般采用有限元分析程序通过计算机完成。目前有限元分析采用的计算模型有平面协同计算模型、空间协同计算模型、空间结构-刚性楼面计算模型和空间结构-弹性楼面计算模型等。

手算时，对于可以采用平面计算模型的多层房屋钢结构，在竖向荷载作用下的内力计算可采用分层法，水平荷载作用下的内力计算可采用 D 值法（改进反弯点法）。

4.4.1　竖向荷载作用下的内力计算——分层法

在竖向荷载作用下，多层框架的侧移较小，且各层荷载对其他层的水平构件的内力影响不大，可忽略不计，把每层作为无侧移框架用力矩分配法进行计算，计算所得水平构件内力即为水平构件内力的近似值。但垂直构件属于相邻两层，须自上而下将各相邻两层同一垂直构件的内力叠加，才可得各垂直构件的内力近似值。

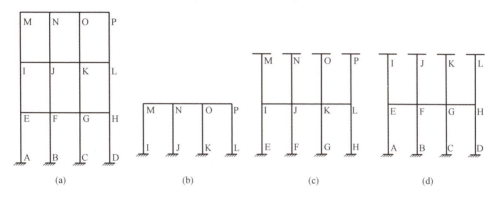

图 4-4　分层法计算示意图

以图 4-4（a）所示平面框架为例，分层法的计算步骤为：

（1）将框架以层为单元分解为若干无侧移框架，每个单元包含该层所有的水平构件及与该层相连接的所有垂直构件。所有构件的几何尺寸保持不变，所有垂直构件与水平构件连接的力学特性保持不变（即保持其节点的刚性、柔性或半刚性的性质），除底层垂直构件与基础连接的力学特性保持不变外，所有垂直构件的远端均设定为固定端。图 4-4（a）的框架因此被分解为以 MNOP、IJKL 和 EFGH 为横梁的三个无侧移框架单元，即图 4-4（b）～（d）。

（2）非底层无侧移框架单元的垂直构件并非固定端，为此将非底层框架单元中的垂直构件的抗弯线刚度乘以修正系数 0.9，如图 4-5（a）所示，同时将其传递系数修正为 1/3，如图 4-5（b）所示。

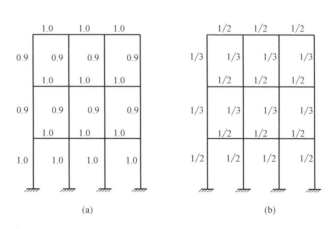

图 4-5　分层法线刚度修正和传递系数修正

（a）分层法线刚度修正；（b）分层法传递系数修正

（3）对各无侧移框架单元作力矩分配法计算，所得水平构件内力即为水平构件内力的近似值。

（4）自上而下将各相邻两层同一垂直构件的内力叠加，得各垂直构件的内力近似值。

（5）节点弯矩严重不平衡时，可将不平衡弯矩再作一次分配，但不再传递。

4.4.2　水平荷载作用下的内力计算——D值法（改进反弯点法）

（1）反弯点法原理

为简化计算，作如下假定：①水平荷载化为节点水平集中荷载，其弯矩如图 4-6（a）所示；②框架底层各柱的反弯点在距柱底的 2/3 高度处，上层各柱的反弯点位置在层高的中点，如图 4-6（b）所示；③考虑框架横梁的轴向变形，不考虑节点的转角。

根据假定③得：同层各柱顶的侧移相等，则各柱剪力与柱的抗侧移刚度 D_{ij} 成正比。抗侧移刚度 D_{ij} 表示当柱顶产生单位水平侧移（$\Delta=1$）时，在柱顶所需施加的水平集中力，见图 4-7，由结构力学知：

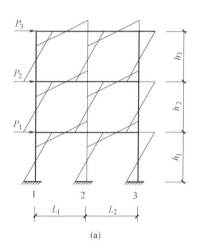 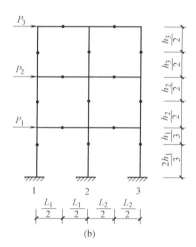

図 4-6　多层框架反弯点法计算示意图

$$D_{ij}=\frac{12EI_c}{h_{ij}^3}=\frac{12i_{ij}}{h_{ij}^2} \tag{4-2}$$

式中　D_{ij}——第 i 层第 j 根柱的抗侧移刚度；

　　　i_{ij}——第 i 层第 j 根柱的线刚度。

（2）反弯点法计算步骤

① 求楼层剪力

$$V_i=\sum_{j=i}^{n}F_j \tag{4-3}$$

式中　F_j——作用在第 j 层顶节点的水平集中荷载；

　　　V_i——第 i 层楼层剪力。

② 各柱剪力 V_{ij}

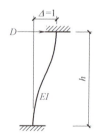

図 4-7　抗侧移刚度 D 值

$$V_{ij}=\frac{D_{ij}}{\sum\limits_{j=1}^{m}D_{ij}}V_i \tag{4-4}$$

当同一层内各柱高度 $h_{ij} = h_i$（等高）时：

$$V_{ij} = \frac{i_{ij}}{\sum\limits_{j=1}^{m} i_{ij}} V_i \tag{4-5}$$

当同一层内各柱高度、截面均相同（i_{ij} 相同）时：

$$V_{ij} = \frac{1}{m} V_i \tag{4-6}$$

式中　m——计算层柱的根数。

③ 求柱端弯矩

底层，柱上端：

$$M_{上} = V_{ij} \times \frac{1}{3} h_{ij} \tag{4-7}$$

底层，柱下端：

$$M_{下} = V_{ij} \times \frac{2}{3} h_{ij} \tag{4-8}$$

其余各楼层柱上、下端均为：

$$M = V_{ij} \times \frac{1}{2} h_{ij} \tag{4-9}$$

④ 求梁端弯矩

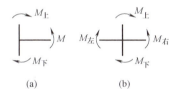

图 4-8 节点弯矩分配图

（a）边节点；（b）中间节点

图 4-8（a）所示边节点：$M = M_{上} + M_{下}$ 　(4-10)

图 4-8（b）所示中间节点按左右梁线刚度比例分配：

$$\begin{cases} M_{左} = (M_{上} + M_{下}) \dfrac{i_{左}}{i_{左} + i_{右}} \\ M_{右} = (M_{上} + M_{下}) \dfrac{i_{右}}{i_{左} + i_{右}} \end{cases} \tag{4-11}$$

反弯点法适用于梁、柱线刚度比较大（$i_{梁} > 3i_{柱}$）的规则框架，误差较小。

（3）D 值法——改进反弯点法

该法是在反弯点法的基础上，近似地考虑了框架节点转动对柱的抗侧移刚度和反弯点高度位置的影响，精度高于反弯点法，适用于风荷载和水平地震作用下的多、高层框架内力简化计算。

1）柱抗侧移刚度 D 值的修正

柱的侧移刚度主要受到柱本身的线刚度影响，还与上下层梁的线刚度及上下层柱的高度有关，计算时对柱的侧移刚度加以修正，则：

$$D = \alpha_c \frac{12EI}{h^3} \tag{4-12}$$

式中，α_c 为节点转动对柱抗侧移刚度的影响系数。根据柱所在位置、支承条件及上下层梁的线刚度，查表 4-2 计算得到。

2）柱的反弯点高度的修正

当横梁线刚度与柱线刚度之比不很大时，柱的两端转角较大，尤其是最上层和最下几层更是如此。因此柱的反弯点位置不一定在柱的中点，它取决于柱上下两端的转角，当上端转动大于下端时，反弯点偏于柱下端；反之，则偏于柱上端。

节点转动影响系数 α_c 表 4-2

位置	简图	$\overline{K}$	α_c
一般层	i_1 $\mid$ i_2 / i_c / i_3 $\mid$ i_4	$\overline{K}=\dfrac{i_1+i_2+i_3+i_4}{2i_c}$	$\alpha_c=\dfrac{\overline{K}}{2+\overline{K}}$
底层（固接）	i_5 $\mid$ i_6 / i_c / ⊥⊥⊥	$\overline{K}=\dfrac{i_5+i_6}{i_c}$	$\alpha_c=\dfrac{0.5+\overline{K}}{2+\overline{K}}$

注：当为边柱时，取 i_1、i_3、i_5（或 i_2、i_4、i_6）为零。

各层柱反弯点高度可用统一的公式计算，即：

$$y_h=(y_0+y_1+y_2+y_3)h \tag{4-13}$$

式中　y_h——反弯点高度，即反弯点到柱底的距离；

　　　y_0——标准反弯点高度比；

　　　y_1——考虑上下层梁线刚度不同时的修正系数；

　　y_2、y_3——考虑上下层层高有变化时的修正系数；

　　　h——层高。

标准反弯点高度比 y_0 是在假定各层梁线刚度、各层柱线刚度及层高都相同的情况下通过理论推导得到的。

① 标准反弯点高度比 y_0

标准反弯点高度比 y_0 主要考虑梁柱线刚度比及楼层位置的影响，它可根据梁柱相对线刚度比 $\overline{K}$（表 4-2）、框架总层数 m、该柱所在层数 n、荷载作用形式，由表 4-3 查得。

规则框架承受均布水平力作用时标准反弯点高度比 y_0 表 4-3

m	n	$\overline{K}$													
		0.1	0.2	0.3	0.4	0.5	0.6	0.7	0.8	0.9	1.0	2.0	3.0	4.0	5.0
1	1	0.80	0.75	0.70	0.65	0.65	0.60	0.60	0.60	0.60	0.55	0.55	0.55	0.55	0.55
2	2	0.45	0.40	0.35	0.35	0.35	0.35	0.40	0.40	0.40	0.40	0.45	0.45	0.45	0.45
	1	0.95	0.80	0.75	0.70	0.65	0.65	0.65	0.60	0.60	0.60	0.55	0.55	0.55	0.50
3	3	0.15	0.20	0.20	0.25	0.30	0.30	0.30	0.35	0.35	0.35	0.40	0.45	0.45	0.45
	2	0.55	0.50	0.45	0.45	0.45	0.45	0.45	0.45	0.45	0.45	0.50	0.50	0.50	0.50
	1	1.00	0.85	0.80	0.75	0.70	0.70	0.65	0.65	0.65	0.60	0.55	0.55	0.55	0.55
4	4	−0.05	0.05	0.15	0.20	0.25	0.30	0.30	0.35	0.35	0.35	0.40	0.45	0.45	0.45
	3	0.25	0.30	0.30	0.35	0.35	0.40	0.40	0.40	0.40	0.45	0.45	0.50	0.50	0.50
	2	0.65	0.55	0.50	0.50	0.49	0.45	0.45	0.45	0.45	0.45	0.50	0.50	0.50	0.50
	1	1.10	0.90	0.80	0.75	0.70	0.70	0.65	0.65	0.65	0.60	0.55	0.55	0.55	0.55
5	5	−0.20	0.00	0.15	0.20	0.25	0.30	0.30	0.30	0.35	0.35	0.40	0.45	0.45	0.45
	4	0.10	0.20	0.25	0.30	0.35	0.35	0.40	0.40	0.40	0.40	0.45	0.45	0.50	0.50
	3	0.40	0.40	0.40	0.40	0.40	0.45	0.45	0.45	0.45	0.45	0.50	0.50	0.50	0.50
	2	0.65	0.55	0.50	0.50	0.50	0.50	0.50	0.50	0.50	0.50	0.50	0.50	0.50	0.50
	1	1.20	0.95	0.80	0.75	0.75	0.70	0.70	0.65	0.65	0.65	0.55	0.55	0.55	0.55

m	n	$\overline{K}$													
		0.1	0.2	0.3	0.4	0.5	0.6	0.7	0.8	0.9	1.0	2.0	3.0	4.0	5.0
6	6	−0.30	0.00	0.10	0.20	0.25	0.25	0.30	0.30	0.35	0.35	0.40	0.45	0.45	0.45
	5	0.00	0.20	0.25	0.30	0.35	0.35	0.40	0.40	0.40	0.40	0.45	0.45	0.50	0.50
	4	0.20	0.30	0.35	0.35	0.40	0.40	0.40	0.45	0.45	0.45	0.45	0.50	0.50	0.50
	3	0.40	0.40	0.40	0.45	0.45	0.45	0.45	0.45	0.45	0.45	0.50	0.50	0.50	0.50
	2	0.70	0.60	0.55	0.50	0.50	0.50	0.50	0.50	0.50	0.50	0.50	0.50	0.50	0.50
	1	1.20	0.95	0.85	0.80	0.75	0.70	0.70	0.65	0.65	0.65	0.55	0.55	0.55	0.55
7	7	−0.35	−0.05	0.10	0.20	0.20	0.25	0.30	0.30	0.35	0.35	0.40	0.45	0.45	0.45
	6	−0.10	0.15	0.25	0.30	0.35	0.35	0.35	0.40	0.40	0.40	0.45	0.45	0.50	0.50
	5	0.10	0.25	0.30	0.35	0.40	0.40	0.40	0.45	0.45	0.45	0.45	0.50	0.50	0.50
	4	0.30	0.35	0.40	0.40	0.40	0.45	0.45	0.45	0.45	0.45	0.50	0.50	0.50	0.50
	3	0.50	0.45	0.45	0.45	0.45	0.45	0.45	0.45	0.45	0.45	0.50	0.50	0.50	0.50
	2	0.75	0.60	0.55	0.50	0.50	0.50	0.50	0.50	0.50	0.50	0.50	0.50	0.50	0.50
	1	1.20	0.95	0.85	0.80	0.75	0.70	0.70	0.65	0.65	0.65	0.55	0.55	0.55	0.55
8	8	−0.35	−0.15	0.10	0.15	0.25	0.25	0.30	0.30	0.35	0.35	0.40	0.45	0.45	0.45
	7	−0.10	0.15	0.25	0.30	0.35	0.35	0.40	0.40	0.40	0.40	0.45	0.50	0.50	0.50
	6	0.05	0.25	0.30	0.35	0.40	0.40	0.40	0.45	0.45	0.45	0.45	0.50	0.50	0.50
	5	0.20	0.30	0.35	0.40	0.40	0.45	0.45	0.45	0.45	0.50	0.50	0.50	0.50	0.50
	4	0.35	0.40	0.40	0.45	0.45	0.45	0.45	0.45	0.45	0.45	0.50	0.50	0.50	0.50
	3	0.50	0.45	0.45	0.45	0.45	0.45	0.45	0.50	0.50	0.50	0.50	0.50	0.50	0.50
	2	0.75	0.60	0.55	0.55	0.50	0.50	0.50	0.50	0.50	0.50	0.50	0.50	0.50	0.50
	1	1.20	1.00	0.85	0.80	0.75	0.70	0.70	0.65	0.65	0.65	0.55	0.55	0.55	0.55

② 上、下层横梁线刚度不同时的修正值 $y_1 h$

某层柱上、下层横梁的线刚度比不同时，反弯点位置将相对于标准反弯点发生移动，其修正值为 $y_1 h$。y_1 可根据上下层横梁线刚度比 I 及 $\overline{K}$ 由表4-4查得，对底层柱，当无基础梁时，可不考虑此项修正。

考虑上、下层横梁线刚度不同时的修正系数 y_1　　　　　　　表4-4

I	$\overline{K}$													
	0.1	0.2	0.3	0.4	0.5	0.6	0.7	0.8	0.9	1.0	2.0	3.0	4.0	5.0
0.4	0.55	0.40	0.30	0.25	0.20	0.20	0.20	0.15	0.15	0.15	0.05	0.05	0.05	0.05
0.5	0.45	0.30	0.20	0.20	0.15	0.15	0.15	0.10	0.10	0.10	0.05	0.05	0.05	0.05
0.6	0.30	0.20	0.15	0.15	0.10	0.10	0.10	0.10	0.05	0.05	0.05	0.05	0	0
0.7	0.20	0.15	0.10	0.10	0.10	0.10	0.05	0.05	0.05	0.05	0.05	0	0	0
0.8	0.15	0.10	0.05	0.05	0.05	0.05	0.05	0.05	0.05	0	0	0	0	0
0.9	0.05	0.05	0.05	0.05	0	0	0	0	0	0	0	0	0	0

$$\begin{array}{c|c} i_1 & i_2 \\ \hline \multicolumn{2}{c}{i_c} \\ \hline i_3 & i_4 \end{array}$$

$$\overline{K} = \frac{i_1 + i_2 + i_3 + i_4}{2i_c}$$

$$I = \frac{i_1 + i_2}{i_3 + i_4}$$

当 $i_1 + i_2 > i_3 + i_4$ 时，I 取倒数，且 y_1 取负值。

③ 层高变化的修正值 $y_2 h$ 和 $y_3 h$

当柱所在楼层的上下层高有变化时，反弯点也将偏移标准反弯点位置。上层较高，反弯点将从标准反弯点上移 y_2h，若下层较高，反弯点则向下移动 y_3h（此时 y_3 为负值）。y_2、y_3 可由表 4-5 查得。

考虑上、下层层高有变化时的修正系数 y_2 和 y_3 表 4-5

α_2	α_3	$\overline{K}$												
		0.1	0.2	0.3	0.4	0.5	0.6	0.7	0.8	0.9	1.0	2.0	3.0	4.0	5.0
2.0		0.25	0.15	0.15	0.10	0.10	0.10	0.10	0.10	0.05	0.05	0.05	0.05	0.0	0.0
1.8		0.20	0.15	0.10	0.10	0.10	0.05	0.05	0.05	0.05	0.05	0.05	0.0	0.0	0.0
1.6	0.4	0.15	0.10	0.10	0.05	0.05	0.05	0.05	0.05	0.05	0.05	0.0	0.0	0.0	0.0
1.4	0.6	0.10	0.05	0.05	0.05	0.05	0.05	0.05	0.05	0.05	0.0	0.0	0.0	0.0	0.0
1.2	0.8	0.05	0.05	0.05	0.0	0.0	0.0	0.0	0.0	0.0	0.0	0.0	0.0	0.0	0.0
1.0	1.0	0.0	0.0	0.0	0.0	0.0	0.0	0.0	0.0	0.0	0.0	0.0	0.0	0.0	0.0
0.8	1.2	-0.05	-0.05	-0.05	0.0	0.0	0.0	0.0	0.0	0.0	0.0	0.0	0.0	0.0	0.0
0.6	1.4	-0.10	-0.05	-0.05	-0.05	-0.05	-0.05	-0.05	-0.05	-0.05	0.0	0.0	0.0	0.0	0.0
0.4	1.6	-0.15	-0.10	-0.10	-0.05	-0.05	-0.05	-0.05	-0.05	-0.05	-0.05	0.0	0.0	0.0	0.0
	1.8	-0.20	-0.15	-0.10	-0.10	-0.10	-0.05	-0.05	-0.05	-0.05	-0.05	-0.05	0.0	0.0	0.0
	2.0	-0.25	-0.15	-0.15	-0.1	-0.10	-0.10	-0.10	-0.10	-0.05	-0.05	-0.05	-0.05	0.0	0.0

注：y_2 按照 $\overline{K}$ 及 α_2 求得，上层较高时为正值；y_3 按照 $\overline{K}$ 及 α_3 求得。

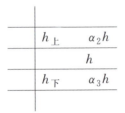

对顶层柱不考虑 y_2h 的修正项，对底层柱不考虑 y_3h 的修正项。

求得各层柱的反弯点位置 yh 及柱的侧移刚度 D 后，框架在水平荷载作用下的内力计算与反弯点法完全相同。

本节内力结果适用于一阶弹性分析方法进行的结构内力分析。

4.5 荷载效应组合

手算计算时，对于可以不考虑竖向地震作用、吊车荷载和积灰荷载的规则（不考虑扭转耦联作用）多层框架钢结构，在承载能力极限状态下，结构设计使用年限为 50 年时的荷载效应组合一般包括：

① 1.3×恒载＋1.5×风荷载；

② 1.3×恒载＋1.5×楼面活荷载＋1.5×max（屋面活荷载、雪荷载）

③ 1.3×恒载＋1.5×楼面活荷载＋1.5×max（屋面活荷载、雪荷载）＋1.5×0.6×风荷载；

④ 1.3×恒载＋1.5×风荷载＋1.5×0.7×楼面活荷载＋1.5×0.7×max（屋面活荷载、雪荷载）；

⑤ 1.3×（恒载＋0.5×雪荷载＋ψ×楼面活荷载）＋1.4×水平地震作用。

在正常使用极限状态下，结构设计使用年限为 50 年时使用的荷载效应组合一般包括：

① 1.0×恒载+1.0×风荷载；

② 1.0×恒载+1.0×楼面活荷载+1.0×max(屋面活荷载、雪荷载)；

③ 1.0×恒载+1.0×楼面活荷载+1.0×max(屋面活荷载、雪荷载)+1.0×0.6×风荷载；

④ 1.0×恒载+1.0×风荷载+1.0×0.7×楼面活荷载+1.0×0.7×max(屋面活荷载、雪荷载)；

⑤ 1.0×(恒载+0.5×雪荷载+ψ×楼面活荷载)+1.0×水平地震作用。

对按实际情况计算的楼面活荷载取$\psi=1.0$；按等效均布荷载计算的楼面活荷载，对书库、档案库，取$\psi=0.8$，对其他民用建筑，取$\psi=0.5$。

对于多层工业建筑，当有吊车和处于屋面积灰区时，尚应考虑吊车荷载和积灰荷载的组合；当恒载效应对结构有利时，还要考虑恒载分项系数取1.0的情况。

以上各式中，风荷载和水平地震作用应考虑向左或向右作用两种情况。

4.6　节点连接与构造

4.6.1　框架柱和梁的连接节点

框架柱和梁的节点连接可以是铰接、半刚性或刚性连接，如图4-9所示。

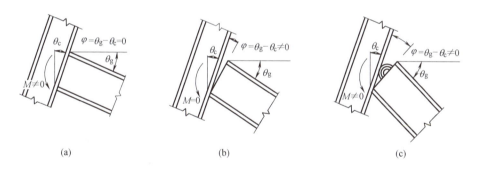

图 4-9　钢框架梁柱连接节点的受力与变形

(a) 刚性连接；(b) 铰接连接；(c) 半刚性连接

刚性连接在梁端弯矩M的作用下，梁柱间夹角的改变量φ很小，可以忽略不计，即梁柱间无相对转动，刚性连接能够承受弯矩作用；铰接连接在很小的梁端弯矩M作用下，就会使梁柱间夹角φ产生很大的变化，梁柱间有相对转动，铰接连接不能承受弯矩作用；而半刚性连接，会产生一定的梁柱间夹角变化，有一定的相对转动功能，能承受一定的梁端弯矩作用。

钢结构框架梁柱之间的连接一般通过焊接或者螺栓连接来实现，在构件端弯矩的作用下，实际梁柱节点难免会产生一定的转角变形，因此大多表现为一定程度上的半刚性连接特征。但在实际工程应用中，由于难以预先准确确定梁柱连接的弯矩-转角（M-φ）关系，因此目前实践中很少按半刚性连接框架进行设计，设计中一般通过适当的构造措施来强化或弱化梁柱节点的抗弯刚度，以便将梁柱节点设计成近似的刚性连接或铰接连接。相应地，

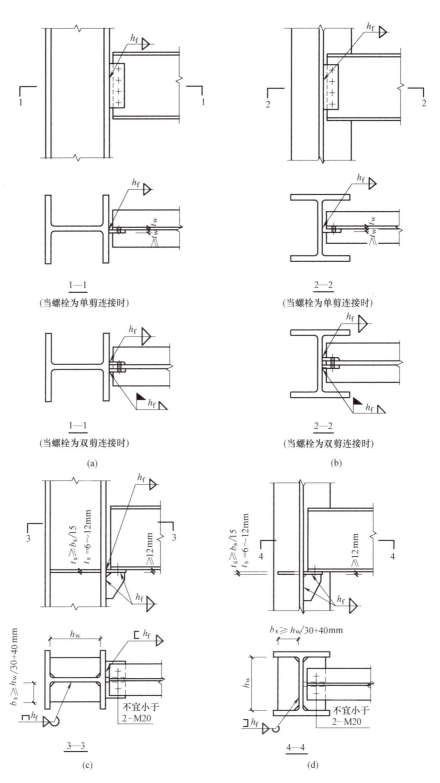

图 4-10　钢框架梁柱铰接连接示例

在实际工程结构中存在着不同的梁柱连接节点构造，如图 4-10 所示是钢框架梁柱铰接连接的几种构造节点，其中图 4-10（a）（b）分别为仅将梁腹板与焊于柱翼缘或腹板上的连接板用高强度螺栓连接，图 4-10（c）（d）分别为将梁端的下翼缘用普通螺栓与柱翼缘或腹板上的牛腿相连。

如图 4-11 所示是钢框架梁柱刚性连接的几种构造节点。

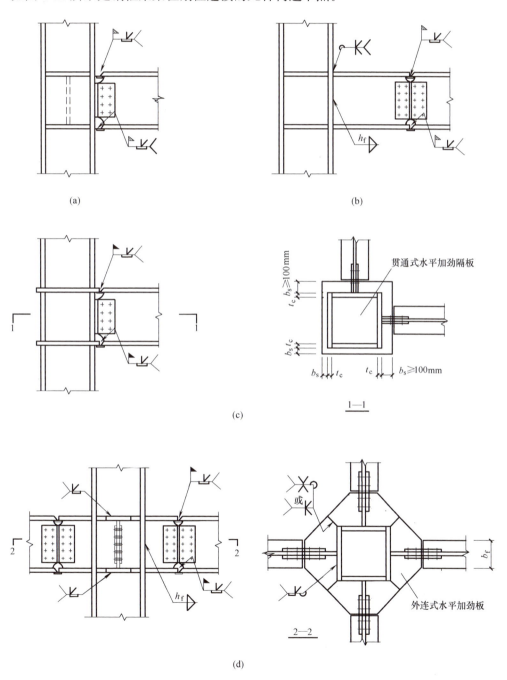

图 4-11　钢框架梁柱刚性连接示例

图 4-11（a）为在工地现场进行的边梁与柱的刚性连接；图 4-11（b）为柱边设悬臂梁段的刚性连接，悬臂梁段与柱在工厂焊接，与中间梁段在工地拼接；图 4-11（c）为框架梁与设有贯通式水平加劲隔板的箱形截面柱的刚性连接；图 4-11（d）为框架梁与设有外连式水平加劲板的箱形截面柱的刚性连接。

在抗震设计中钢框架梁与柱的连接宜采用柱贯通型，柱在两个互相垂直的方向都与梁刚接时宜采用箱形截面，并在梁翼缘连接处设置隔板。隔板采用电渣焊时，柱壁板厚度不宜小于 16mm，小于 16mm 时可改用工字形柱或采用贯通式隔板。当柱仅在一个方向与梁刚接时，宜采用工字形截面，并将柱腹板置于刚接框架平面内（即工字形柱绕强轴与梁刚接）。

工字形柱（绕强轴）和箱形柱与梁刚性连接时，应符合下列要求（图 4-12）：梁翼缘与柱翼缘间应采用全熔透坡口焊缝；一、二级时，应检验焊缝的 V 形切口冲击韧性，其夏比冲击韧性在 −20℃ 时不低于 27J；柱在梁翼缘对应位置应设置横向加劲肋，加劲肋厚度不应小于梁翼缘厚度，强度与梁翼缘相同；梁腹板宜采用摩擦型高强度螺栓与柱连接板连接（经工艺试验合格能确保现场焊接质量时，可用气体保护焊进行焊接）；腹板角部应设置焊接孔，孔形应使其端部与梁翼缘和柱翼缘间的全熔透坡口焊缝完全隔开；腹板连接板与柱的焊接，当板厚不大于 16mm 时应采用双面角焊缝，焊缝有效厚度应满足等强度要求，且不小于 5mm；板厚大于 16mm 时采用 K 形坡口对接焊缝，该焊缝宜采用气体保护焊，且板端应绕焊；一级和二级时，宜采用能将塑性铰自梁端外移的端部扩大形连接、梁端加盖板或骨形连接，作为减轻震害在梁柱刚性连接中的改进措施，如图 4-13～图 4-16 所示。

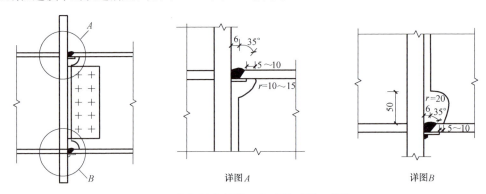

图 4-12　框架梁与柱的现场连接示例（单位：mm）

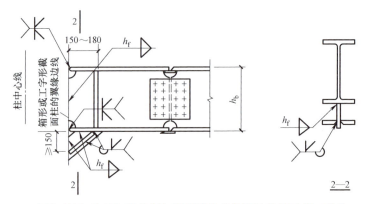

图 4-13　在梁下端加腋板加强的框架梁梁端与柱的刚性连接示例（单位：mm）

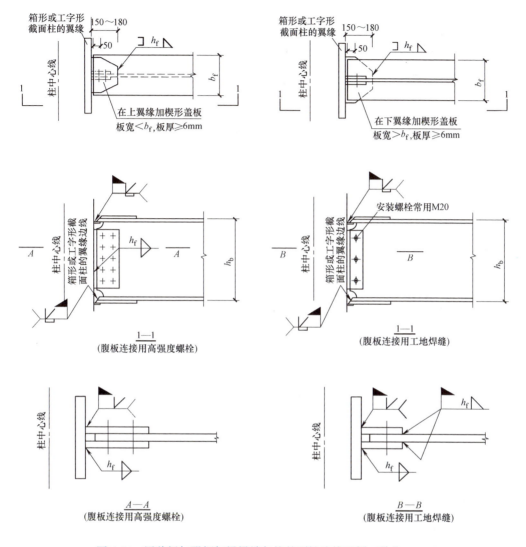

图 4-14　用盖板加强框架梁梁端与柱的刚性连接示例（单位：mm）

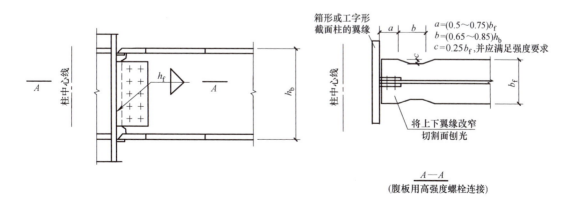

图 4-15　骨形的连接构造示例

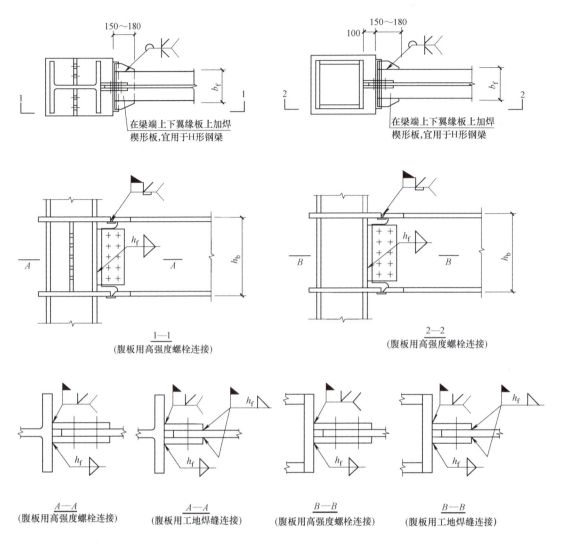

图 4-16　用楔形板加强框架梁与设有贯通式水平加劲肋的箱形柱的刚性连接示例（单位：mm）

框架梁采用悬臂梁段与柱刚性连接时，悬臂梁段与柱应采用全焊接连接，此时上下翼缘焊接孔的形式宜相同；梁的现场拼接可采用翼缘焊接、腹板螺栓连接（图 4-17a）或全部螺栓连接（图 4-17b）。

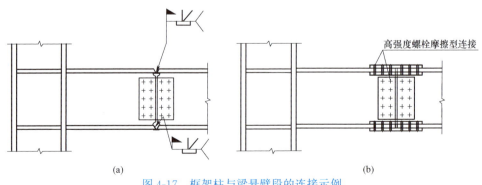

图 4-17　框架柱与梁悬臂段的连接示例

梁与柱刚性连接时，在梁翼缘上下各500mm的范围内，柱翼缘与柱腹板间或箱形柱壁板间的连接焊缝应采用全熔透坡口焊缝，如图4-18所示。框架柱的接头距框架梁上方的距离，可取1.3m和柱净高一半两者的较小值。上下柱的对接接头应采用全熔透焊缝，柱拼接接头上下各100mm范围内，工字形柱翼缘与腹板间及箱型柱角部壁板间的焊缝，应采用全熔透焊缝。

箱形柱在与梁翼缘对应位置设置的隔板，应采用全熔透对接焊缝与壁板相连。工字形柱的横向加劲肋与柱翼缘，应采用全熔透对接焊缝连接，与腹板可采用角焊缝连接。

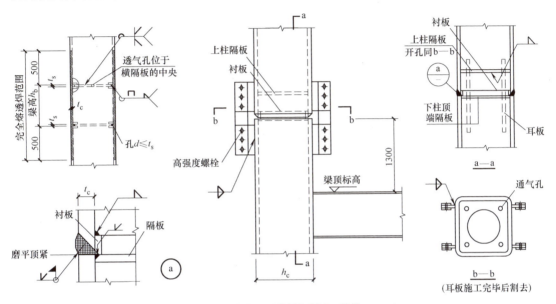

图4-18 框架柱的工地拼接示例（单位：mm）

4.6.2 框架主梁和次梁的连接节点

次梁与主梁的连接一般采用铰接连接，当结构中需要用井式梁、带有悬挑的次梁以及梁的跨度较大，为了减小梁的挠度等，可采用刚性连接。

常见的次梁与主梁的铰接连接如图4-19所示，连接螺栓应采用高强度螺栓摩擦型连接或承压型连接，对于次要的构件也可采用普通螺栓连接。其中图4-19（c）主要用于偏心支撑跨间的非消能梁段利用次梁作为框架梁上下翼缘的侧向支撑时。

次梁与主梁的刚性连接（不等高或等高连接）主要有两种连接方式：翼缘用焊接、腹板用高强度螺栓摩擦型连接，如图4-20所示；翼缘和腹板全部用高强度螺栓摩擦型连接，如图4-21所示。

4.6.3 柱脚的连接

钢结构柱脚有铰接柱脚和刚接柱脚两种。

如图4-22中所示柱脚均为外露式铰接柱脚，仅用于传递垂直荷载，柱底端宜磨平顶紧。柱与底板间可采用角焊缝连接，或柱翼缘与底板间采用半熔透的坡口对接焊缝连接，柱腹板及加劲板与底板间采用双面角焊缝连接。

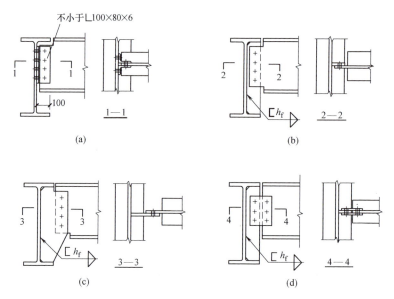

图 4-19　次梁与主梁的铰接连接示例（单位：mm）

(a) 用双角钢与主梁腹板连接；(b) 直接与主梁加劲板单面连接①；
(c) 直接与主梁加劲板单面连接②；(d) 用连接板与主梁加劲板双面连接

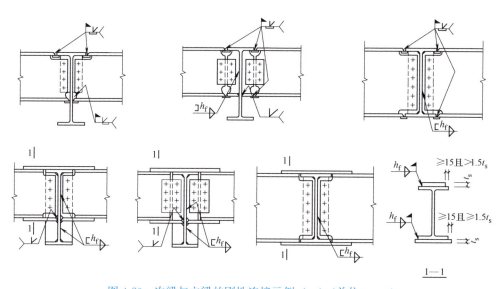

图 4-20　次梁与主梁的刚性连接示例（一）（单位：mm）

　　钢结构的刚接柱脚宜采用埋入式，也可采用外包式，6、7 度且高度不超过 50m 时也可采用外露式。当为抗震设防的结构，对箱形截面柱底与底板间宜采用完全熔透的坡口对接焊缝连接，加劲板与底板间采用双面角焊缝连接，如图 4-23 所示。其中图 4-23 (a) 一般用于柱底端在弯矩和轴力作用下锚栓出现较小拉力或不出现拉力时，图 4-23 (b) 一般用于柱底端在弯矩和轴力作用下锚栓出现较大拉力时。图 4-24 所示工字形截面柱，柱翼缘与底板间宜采用完全熔透的坡口对接焊缝连接，柱腹板及加劲板与底板间宜采用双面角焊缝连接，一般用于柱底端在弯矩和轴力作用下锚栓出现较小拉力或不出现拉力时。如

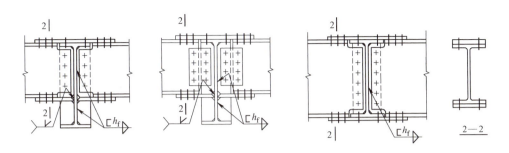

图 4-21   次梁与主梁的刚性连接示例（二）

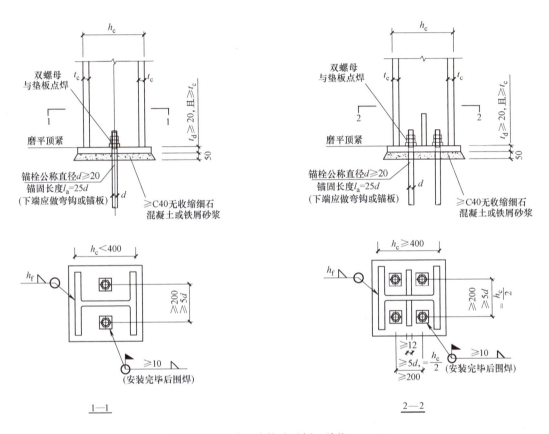

图 4-22   铰接柱脚构造示例（单位：mm）

图 4-25 所示为外露式十字形截面柱的刚接柱脚构造，只适用于钢骨混凝土柱。

当为非抗震设防的结构，对箱形截面柱底宜磨平顶紧，并在柱底采用半熔透的坡口对接焊缝连接，加劲板采用双面角焊缝连接；对工字形截面柱柱翼缘与底板间可采用半熔透的坡口对接焊缝连接，柱腹板及加劲板仍采用双面角焊缝连接。

柱脚底部的水平剪力，须由柱脚底板与其下部混凝土之间的摩擦力来抵抗（锚栓不能用来承受底部的剪力），当其摩擦力不能抵抗其底部剪力时，须按图 4-26 所示的形式设置抗剪键或抗剪预埋筋。如图 4-26（a）所示抗剪键可采用工字形截面或方钢，如图 4-26（b）所示抗剪键可采用工字形、槽形或角钢截面。

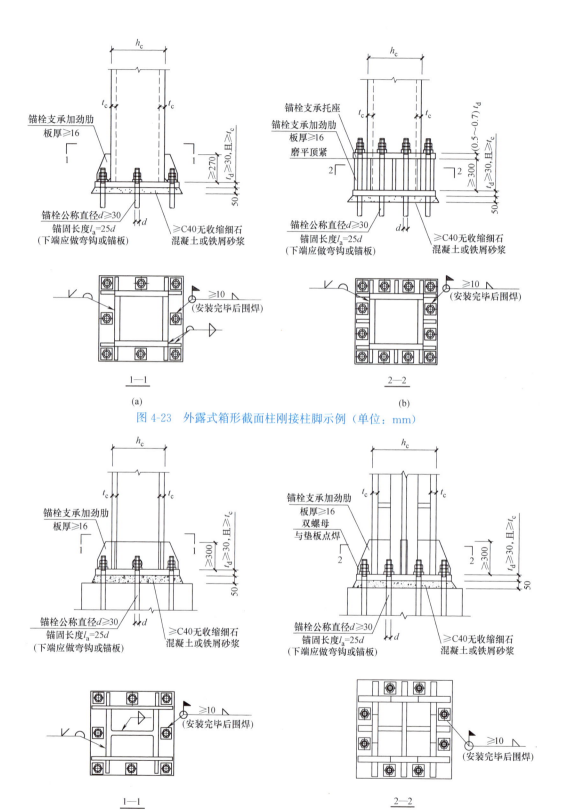

图 4-23　外露式箱形截面柱刚接柱脚示例（单位：mm）

图 4-24　外露式工字形截面柱刚接柱脚示例
（单位：mm）

图 4-25　外露式十字形截面柱刚接柱脚示例
（单位：mm）

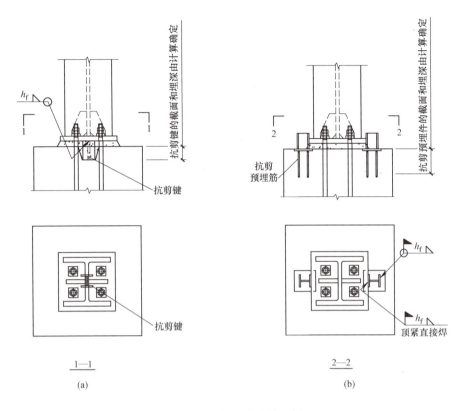

图 4-26　柱脚抗剪键示例

码 4-1　第 4 章相关三维模型图及照片

复习思考题

4-1　多层框架钢结构的结构体系类型有哪几种？

4-2　分别简述纯框架钢结构和框架-支撑钢结构体系的受力特点。

4-3　常见多层钢框架楼盖结构类型有哪几种？

4-4　简述多层钢框架结构设计内容和步骤。

4-5　设计多层钢框架结构时，一般需考虑哪些荷载？如何进行荷载效应组合？

4-6　多层钢框架结构梁柱连接节点的形式有哪些？

4-7　多层钢框架结构梁梁连接节点的形式有哪些？

4-8　多层钢框架结构的柱脚有哪些构造形式？

4-9　简述压型钢板-混凝土组合楼板中栓钉的设置要求。

4-10　简述中心支撑、偏心支撑的含义。

4-11 扫描码 4-2，完成钢框架梁-柱连接节点（铰接）详图识读。

4-12 扫描码 4-3，完成钢框架梁-柱连接节点（刚接）详图识读。

4-13 扫描码 4-4，完成钢框架梁-梁连接节点（铰接）详图识读。

4-14 扫描码 4-5，完成 H 形截面柱柱脚节点（刚接）详图识读。

4-15 扫描码 4-6，完成箱形截面柱柱脚节点（刚接）详图识读。

码 4-2 钢框架梁-柱连接节点（铰接）详图识读　　码 4-3 钢框架梁-柱连接节点（刚接）详图识读　　码 4-4 钢框架梁-梁连接节点（铰接）详图识读　　码 4-5 H 形截面柱柱脚节点（刚接）详图识读　　码 4-6 箱形截面柱柱脚节点（刚接）详图识读

第5章 角钢桁架设计案例

5.1 基本资料

　　某工程为单层单跨钢结构厂房，跨度 27m，总长度 90m，纵向柱距 6m，采用角钢梯形钢屋架，屋架坡度 $i=1：10$，檩条间距 1.5m，屋面板为带保温层的压型钢板夹芯板。屋架构件钢材选用 Q235B，焊条采用 E43 型，手工焊。屋架形式及几何尺寸如图 5-1 所示。屋架与钢筋混凝土柱铰接，钢筋混凝土柱上柱截面尺寸为 400mm×400mm，混凝土强度等级为 C25。基本风压 $0.3kN/m^2$，檐口标高 12m，其他荷载标准值为：屋面均布活荷载 $0.5kN/m^2$，雪荷载 $0.3kN/m^2$，积灰荷载 $0.5kN/m^2$，屋面板自重 $0.3kN/m^2$，换算成屋面水平投影面上的檩条自重和管道荷载均为 $0.1kN/m^2$。

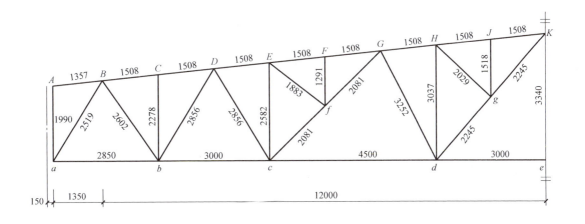

图 5-1　屋架形式及几何尺寸（单位：mm）

　　设计要求：根据所给设计资料，进行屋架支撑布置和屋架杆件、节点设计，并绘制屋架施工图。

5.2 支 撑 布 置

　　厂房总长 90m，大于 60m，共设置三道上、下弦横向水平支撑；在设置横向水平支撑的同一柱间，分别在屋架的两端和跨中共设置垂直支撑三道；在垂直支撑平面内的屋架上下弦节点处以及横向水平支撑交叉点处设置通长的刚性系杆。屋架支撑布置如图 5-2 所示。

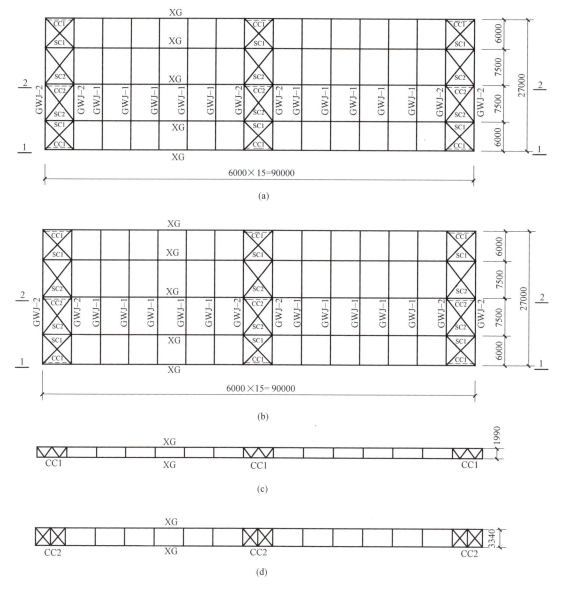

图 5-2 屋架支撑布置图（单位：mm）

(a) 屋架上弦平面支撑布置图；(b) 屋架下弦平面支撑布置图；
(c) 1-1 屋架端部垂直支撑布置图；(d) 2-2 屋架跨中垂直支撑布置图

5.3 荷 载 计 算

（1）永久荷载标准值（水平投影）

带保温层的压型钢板屋面	$0.3 \times 1.508/1.5 = 0.302 \text{kN/m}^2$
檩条自重	0.1kN/m^2
屋架和支撑自重	$0.12 + 0.011 \times 27 = 0.417 \text{kN/m}^2$
管道荷载	0.1kN/m^2

永久荷载标准值合计   0.919kN/m²

（2）可变荷载标准值（水平投影）

因屋面坡度小于30°，此时屋面上的风荷载为风吸力，且风荷载值不是很大，故本案例中风荷载不参与组合。屋面均布活荷载与雪荷载不同时考虑，从设计资料可知屋面均布活荷载大于雪荷载，故可变荷载仅考虑屋面均布活荷载和积灰荷载：屋面均布活荷载标准值0.5kN/m²，组合值系数取0.7；积灰荷载标准值0.5kN/m²，组合值系数取0.9。

（3）荷载设计值

由分析可知屋面活荷载为主导可变荷载，则：

永久荷载设计值为：$1.3 \times 0.919 = 1.19$kN/m²

可变荷载设计值为：$1.5 \times 0.5 + 1.5 \times 0.5 \times 0.9 = 1.43$kN/m²

（4）荷载组合

屋面采用压型钢板屋面，因此考虑以下2种荷载组合：

① 全跨永久荷载＋全跨可变荷载

屋架在（全跨永久荷载＋全跨可变荷载）P作用下的计算简图如图5-3所示。

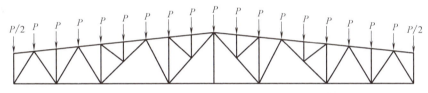

图5-3　全跨永久荷载＋全跨可变荷载作用下的计算简图

全跨节点荷载设计值　　　$P = (1.19 + 1.43) \times 1.5 \times 6 = 23.58$kN

② 全跨永久荷载＋半跨可变荷载

屋架在全跨永久荷载P_1＋半跨可变荷载P_2作用下的计算简图如图5-4所示。

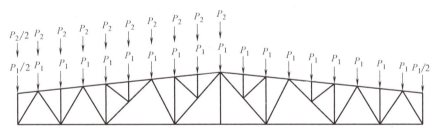

图5-4　全跨永久荷载＋半跨可变荷载作用下的计算简图

全跨节点永久荷载　　　　$P_1 = 1.19 \times 1.5 \times 6 = 10.71$kN
半跨节点可变荷载　　　　$P_2 = 1.43 \times 1.5 \times 6 = 12.87$kN

5.4　内力计算

由力学方法计算屋架在全跨和半跨单位节点荷载作用下的杆件内力系数，如图5-5所示。

节点荷载作用下各杆件的内力＝节点荷载值×内力系数，考虑两种荷载组合，可求出

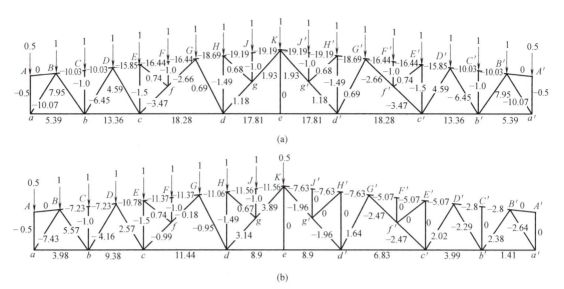

图 5-5 屋架杆件内力系数

（a）全跨节点单位荷载作用下杆件内力系数；（b）半跨节点单位荷载作用下杆件内力系数

各种荷载组合下的杆件内力，计算结果见表 5-1。

角钢桁架杆件内力计算表　　　　　　　　　　　　　　　表 5-1

杆件名称		内力系数（节点荷载 $P=1$）			第 1 种组合 (kN)	第 2 种组合 (kN)		杆件设计内力 (kN)
		全跨①	左半跨②	右半跨③	$P\times①$	$P_1\times①$ $+P_2\times②$	$P_1\times①$ $+P_2\times③$	
上弦	AB	0.00	0.00	0.00	0.00	0.00	0.00	0.00
	BC CD	−10.03	−7.23	−2.80	−236.51	−200.47	−143.46	−236.51
	DE	−15.85	−10.78	−5.07	−373.74	−308.49	−235.00	−373.74
	EF FG	−16.44	−11.37	−5.07	−387.66	−322.40	−241.32	−387.66
	GH	−18.69	−11.06	−7.63	−440.71	−342.51	−298.37	−440.71
	HJ JK	−19.19	−11.56	−7.63	−452.50	−354.30	−303.72	−452.50
下弦	ab	5.39	3.98	1.41	127.10	108.95	75.87	127.10
	bc	13.36	9.38	3.99	315.03	263.81	194.44	315.03
	cd	18.28	11.44	6.83	431.04	343.01	283.68	431.04
	de	17.81	8.90	8.90	419.96	305.29	305.29	419.96
斜腹杆	aB	−10.07	−7.43	−2.64	−237.45	−203.47	−141.83	−237.45
	Bb	7.95	5.57	2.38	187.46	156.83	115.78	187.46
	Db	−6.45	−4.16	−2.29	−152.09	−122.62	−98.55	−152.09
	Dc	4.59	2.57	2.02	108.23	82.23	75.16	108.23

杆件名称		内力系数（节点荷载 $P=1$）			第1种组合（kN）	第2种组合（kN）		杆件设计内力（kN）
		全跨①	左半跨②	右半跨③	$P×①$	$P_1×①$ $+P_2×②$	$P_1×①$ $+P_2×③$	
斜腹杆	cf	-3.47	-0.99	-2.47	-81.82	-49.91	-68.95	-81.82
	Gf	-2.66	-0.18	-2.47	-62.72	-30.81	-60.28	-62.72
	Ef	0.74	0.74	0.00	17.45	17.45	7.93	17.45
	Gd	0.69	-0.95	1.64	16.27	-4.84	28.50	28.50
	Hg	0.68	0.67	0.00	16.03	15.91	7.28	16.03
	dg	1.18	3.14	-1.96	27.82	53.05	-12.59	$53.05(-12.59)$
	gK	1.93	3.89	-1.96	45.51	70.73	-4.55	70.73
竖腹杆	Aa	-0.50	-0.50	0.00	-11.79	-11.79	-5.36	-11.79
	Cb	-1.00	-1.00	0.00	-23.58	-23.58	-10.71	-23.58
	Ec	-1.50	-1.50	0.00	-35.37	-35.37	-16.07	-35.37
	Ff	-1.00	-1.00	0.00	-23.58	-23.58	-10.71	-23.58
	Hd	-1.49	-1.49	0.00	-35.13	-35.13	-15.96	-35.13
	Jg	-1.00	-1.00	0.00	-23.58	-23.58	-10.71	-23.58
	Ke	0.00	0.00	0.00	0.00	0.00	0.00	0.00

5.5 杆件设计

根据腹杆最大内力 $N=-237.45$kN（图5-6），选择中间节点板厚度 $t=8$mm，支座节点板厚度 $t=10$mm。

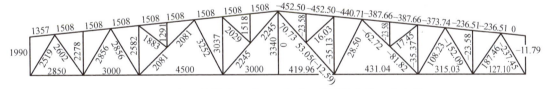

图5-6 屋架杆件轴线尺寸（左半跨）及计算内力（右半跨）
注：尺寸单位为"mm"，内力单位为"kN"。

（1）上弦杆

整个上弦采用等截面，选用两个不等肢角钢短肢相并，按弦杆最大内力 $N_{JK}=N_{HJ}=-452.50$kN 进行杆件截面设计。

根据上弦平面屋架支撑布置情况，JK 杆或 HJ 杆在屋架平面外计算长度取 $l_{0y}=1508×5=7540$mm，屋架平面内计算长度为节间长度，即 $l_{0x}=1508$mm。

假定 $\lambda=60$，查《钢结构设计标准》GB 50017—2017（以下可简称《钢标》）的表 D.0.2 得轴心受压构件稳定系数 $\varphi=0.807$，则所需截面积为：

$$A=\frac{N}{\varphi f}=\frac{452.50×10^3}{0.807×215}=2607.99\text{mm}^2$$

所需截面回转半径为：

$$i_x = l_{0x}/\lambda = 1508/60 = 25.13\text{mm}$$

$$i_y = l_{0y}/\lambda = 7540/60 = 125.67\text{mm}$$

根据需要的 A、i_x、i_y 查角钢规格表，选用 $2\llcorner160\times100\times10$（短肢相并），如图 5-7（a）所示，$A = 50.6\text{cm}^2$，$i_x = 2.85\text{cm}$，$i_y = 7.63\text{cm}$，对初选截面进行刚度和整体稳定性验算。

① 刚度验算

$$\lambda_x = l_{0x}/i_x = 1508/28.5 = 52.91 < [\lambda] = 150$$

$$\lambda_y = l_{0y}/i_y = 7540/76.3 = 98.82 < [\lambda] = 150$$

刚度验算满足要求。

② 整体稳定性验算

对单轴对称截面进行整体稳定性验算时，对称轴 y 轴的长细比应采用换算长细比 λ_{yz}。

对不等边角钢短肢相并组成的 T 形截面：

$$\lambda_z = 3.7 b_1/t = 3.7 \times 160/10 = 59.2 < \lambda_y = 98.82$$

则对 y 轴的换算长细比 λ_{yz} 为：

$$\lambda_{yz} = \lambda_y \left[1 + 0.06 \left(\frac{\lambda_z}{\lambda_y}\right)^2\right] = 98.82 \times \left[1 + 0.06 \times \left(\frac{59.2}{98.82}\right)^2\right] = 100.95$$

构件对 x 轴、y 轴均属 b 类截面，且 $\lambda_{yz} > \lambda_x$，则由 $\lambda_{yz} = 100.95$ 查《钢标》表 D.0.2 得轴心受压构件稳定系数 $\varphi = 0.548$。

$$\frac{N}{\varphi A f} = \frac{452.50 \times 10^3}{0.548 \times 5060 \times 215} = 0.759 < 1.0$$

整体稳定性验算满足要求。

即所选截面满足要求。

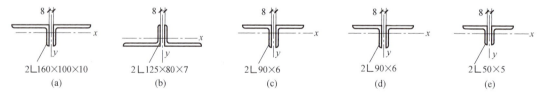

图 5-7　屋架杆件截面（单位：mm）

(a) 上弦杆；(b) 下弦杆；(c) Ba 杆；(d) cf-fG 杆；(e) bC 杆

（2）下弦杆

整个下弦采用等截面杆件，按下弦杆最大内力 $N_{cd} = 431.04\text{kN}$ 进行设计，根据下弦平面屋架支撑布置情况，cd 杆平面内计算长度 $l_{0x} = 4500\text{mm}$，平面外计算长度 $l_{0y} = 7500\text{mm}$。

初选截面 $2\llcorner125\times80\times7$（短肢相并），如图 5-7（b）所示，$A = 28.2\text{cm}^2$，$i_x = 2.3\text{cm}$，$i_y = 5.97\text{cm}$，对初选截面进行强度和刚度验算。

① 强度验算

$$\frac{N}{A} = \frac{431.04 \times 10^3}{2820} = 152.85\text{N/mm}^2 < f = 215\text{N/mm}^2$$

强度验算满足要求。

② 刚度验算

$$\lambda_x = l_{0x}/i_x = 4500/23 = 195.65 < [\lambda] = 250$$

$$\lambda_y = l_{0y}/i_y = 7500/59.7 = 125.63 < [\lambda] = 250$$

刚度验算满足要求。

即所选截面满足要求。

（3）支座斜杆 Ba

杆件轴力 $N_{Ba} = -237.45\text{kN}$，计算长度 $l_{0x} = l_{0y} = 2519\text{mm}$。假定 $\lambda = 60$，则查《钢标》的表 D.0.2 得轴心受压构件稳定系数 $\varphi = 0.807$，则所需截面积为：

$$A = \frac{N}{\varphi f} = \frac{237.45 \times 10^3}{0.807 \times 215} = 1368.55\text{mm}^2$$

所需截面回转半径为：

$$i_x = l_{0x}/\lambda = 2519/60 = 41.98\text{mm}$$

$$i_y = l_{0y}/\lambda = 2519/60 = 41.98\text{mm}$$

根据需要的 A、i_x、i_y 查角钢规格表，选用 $2\llcorner 90 \times 6$，见图 5-7（c），$A = 21.28\text{cm}^2$，$i_x = 2.79\text{cm}$，$i_y = 3.98\text{cm}$，对初选截面进行刚度和整体稳定性验算。

① 刚度验算

$$\lambda_x = l_{0x}/i_x = 2519/27.9 = 90.29 < [\lambda] = 150$$

$$\lambda_y = l_{0y}/i_y = 2519/39.8 = 63.29 < [\lambda] = 150$$

刚度验算满足要求。

② 整体稳定性验算

对等边双角钢组成的 T 形截面：

$$\lambda_z = 3.9b/t = 3.9 \times 90/6 = 58.5 < \lambda_y = 63.29$$

则对 y 轴的换算长细比 λ_{yz} 为：

$$\lambda_{yz} = \lambda_y \left[1 + 0.16 \left(\frac{\lambda_z}{\lambda_y} \right)^2 \right] = 63.29 \times \left[1 + 0.16 \times \left(\frac{58.5}{63.29} \right)^2 \right] = 71.94$$

构件对 x 轴、y 轴均属 b 类截面，且 $\lambda_x > \lambda_{yz}$，则由 $\lambda_x = 90.29$ 查《钢标》的表 D.0.2 得轴心受压构件稳定系数 $\varphi = 0.619$。

$$\frac{N}{\varphi A f} = \frac{237.45 \times 10^3}{0.619 \times 2128 \times 215} = 0.838 < 1.0$$

整体稳定性验算满足要求。

即所选截面满足要求。

（4）斜腹杆 cf-fG 杆

此杆在 f 节点处不断开，采用通长杆件。杆件内力 $N_{cf} = -81.82\text{kN}$，$N_{fG} = -62.72\text{kN}$。

斜腹杆 cf-fG 在桁架平面内的计算长度，取节点中心间距，即 $l_{0x} = 2081\text{mm}$；在桁架平面外的计算长度按下式计算：

$$l_{0y} = l_1 \left(0.75 + 0.25 \frac{N_2}{N_1} \right) = 4162 \times \left(0.75 + 0.25 \times \frac{62.72}{81.82} \right) = 3919.11\text{mm} > 0.5l_1 = 2081\text{mm}$$

假定 $\lambda = 60$，则查《钢标》的表 D.0.2 得轴心受压构件稳定系数 $\varphi = 0.807$，则所需截面积为：

$$A = \frac{N}{\varphi f} = \frac{81.82 \times 10^3}{0.807 \times 215} = 471.57 \text{mm}^2$$

所需截面回转半径为：

$$i_x = l_{0x}/\lambda = 2081/60 = 34.68 \text{mm}$$
$$i_y = l_{0y}/\lambda = 3919.11/60 = 65.32 \text{mm}$$

根据需要的 A、i_x、i_y 查角钢规格表，选用 2L90×6，见图 5-7（d），$A = 21.28 \text{cm}^2$，$i_x = 2.79 \text{cm}$，$i_y = 3.98 \text{cm}$，对初选截面进行刚度和整体稳定性验算。

① 刚度验算

$$\lambda_x = l_{0x}/i_x = 2081/27.9 = 74.59 < [\lambda] = 150$$
$$\lambda_y = l_{0y}/i_y = 3919.11/39.8 = 98.47 < [\lambda] = 150$$

刚度验算满足要求。

② 整体稳定性验算

对等边双角钢组成的 T 形截面：

$$\lambda_z = 3.9b/t = 3.9 \times 90/6 = 58.5 < \lambda_y = 98.47$$

则对 y 轴的换算长细比 λ_{yz} 为：

$$\lambda_{yz} = \lambda_y \left[1 + 0.16 \left(\frac{\lambda_z}{\lambda_y} \right)^2 \right] = 98.47 \times \left[1 + 0.16 \times \left(\frac{58.5}{98.47} \right)^2 \right] = 104.03$$

构件对 x 轴、y 轴均属 b 类截面，且 $\lambda_{yz} > \lambda_x$，则由 $\lambda_{yz} = 104.03$ 查《钢标》的表 D.0.2 得轴心受压构件稳定系数 $\varphi = 0.529$。

$$\frac{N}{\varphi A f} = \frac{81.82 \times 10^3}{0.529 \times 2128 \times 215} = 0.338 < 1.0$$

整体稳定性验算满足要求。

即所选截面满足要求。

（5）竖腹杆 bC 杆

轴力 $N_{bC} = -23.58 \text{kN}$，平面内计算长度 $l_{0x} = 0.8l = 0.8 \times 2278 = 1822 \text{mm}$，平面外计算长度 $l_{0y} = 2278 \text{mm}$。初选截面 2L50×5，如图 5-7（e）所示，$A = 9.6 \text{cm}^2$，$i_x = 1.53 \text{cm}$，$i_y = 2.38 \text{cm}$，对初选截面进行刚度和整体稳定性验算。

① 刚度验算

$$\lambda_x = l_{0x}/i_x = 1822/15.3 = 119.08 < [\lambda] = 150$$
$$\lambda_y = l_{0y}/i_y = 2278/23.8 = 95.7 < [\lambda] = 150$$

刚度验算满足要求。

② 整体稳定性验算

对等边双角钢组成的 T 形截面：

$$\lambda_z = 3.9b/t = 3.9 \times 50/5 = 39 < \lambda_y = 95.7$$

则对 y 轴的换算长细比 λ_{yz} 为：

$$\lambda_{yz} = \lambda_y \left[1 + 0.16 \left(\frac{\lambda_z}{\lambda_y} \right)^2 \right] = 95.7 \times \left[1 + 0.16 \times \left(\frac{39}{95.7} \right)^2 \right] = 98.24$$

构件对 x 轴、y 轴均属 b 类截面，且 $\lambda_x > \lambda_{yz}$，则由 $\lambda_x = 119.08$ 查《钢标》的表 D.0.2 得轴心受压构件稳定系数 $\varphi = 0.442$。

$$\frac{N}{\varphi A f} = \frac{23.58 \times 10^3}{0.442 \times 960 \times 215} = 0.258 < 1.0$$

整体稳定性验算满足要求。

即所选截面满足要求。

其余各杆件的截面选择计算过程不一一列出，其计算结果见表 5-2。

5.6 节点设计

（1）下弦"b"节点（图 5-8）

① 腹杆与节点板间连接焊缝长度计算

bB 杆：按构造要求确定肢背焊缝焊脚尺寸 $h_f = 6mm$，肢尖焊缝焊脚尺寸 $h_f = 5mm$，则所需焊缝长度为：

肢背焊缝计算长度：$l'_w = \dfrac{k_1 N}{2 \times 0.7 h_f f_f^w} = \dfrac{0.7 \times 187.46 \times 10^3}{2 \times 0.7 \times 6 \times 160} = 97.64mm$

肢尖焊缝计算长度：$l''_w = \dfrac{k_2 N}{2 \times 0.7 h_f f_f^w} = \dfrac{0.3 \times 187.46 \times 10^3}{2 \times 0.7 \times 5 \times 160} = 50.21mm$

肢背焊缝实际长度：$l'_w = 97.64 + 2 \times 6 = 109.64mm$，取 110mm

肢尖焊缝实际长度：$l''_w = 50.21 + 2 \times 5 = 60.21mm$，取 60mm

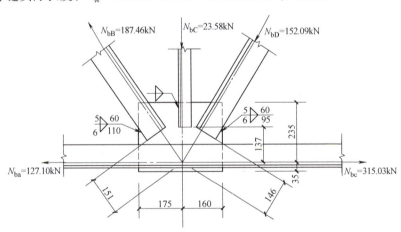

图 5-8　下弦"b"节点（单位：mm）

bD 杆：肢背和肢尖焊缝焊脚尺寸分别采用 6mm 和 5mm，则所需焊缝长度为：

肢背焊缝计算长度：$l'_w = \dfrac{k_1 N}{2 \times 0.7 h_f f_f^w} = \dfrac{0.7 \times 152.09 \times 10^3}{2 \times 0.7 \times 6 \times 160} = 79.27mm$

肢尖焊缝计算长度：$l''_w = \dfrac{k_2 N}{2 \times 0.7 h_f f_f^w} = \dfrac{0.3 \times 152.09 \times 10^3}{2 \times 0.7 \times 5 \times 160} = 40.74mm$

肢背焊缝实际长度：$l'_w = 79.27 + 2 \times 6 = 91.27mm$，取 95mm

肢尖焊缝实际长度：$l''_w = 40.74 + 2 \times 5 = 50.74mm$，取 60mm

bC 杆：由于内力很小，焊缝尺寸按构造要求确定。

杆件名称		内力 (kN)	计算长度 (mm)		截面规格	截面面积 (mm²)	回转半径 (mm)		长细比		允许长细比 [λ]	换算长细比 λ_{yz}	稳定系数 φ	计算应力 (N/mm²)
			l_{0x}	l_{0y}			i_x	i_y	λ_x	λ_y				
斜腹杆	Bb	187.46	2082	2602	2∟90×6	2128	27.9	39.8	74.61	65.38	350	—	—	88.10(强)
	Db	−152.09	2285	2856	2∟90×6	2128	27.9	39.8	81.89	71.76	150	79.39	0.691	103.43(稳)
	Dc	108.23	2285	2856	2∟90×6	2128	27.9	39.8	81.89	71.76	350	—	—	50.86(强)
	Ef	17.45	1506	1883	2∟50×5	960	15.3	23.8	98.46	79.12	350	—	—	18.17(强)
	Gd	28.50	2602	3252	2∟90×6	2128	27.9	39.8	93.25	81.71	350	—	—	13.39(强)
	Hg	16.03	1623	2029	2∟50×5	960	15.3	23.8	106.09	85.25	350	—	—	16.70(强)
	dg	53.05	2245	4490	2∟90×6	2128	27.9	39.8	80.47	112.81	350	—	—	24.93(强)
		−12.59	2245	2245	2∟90×6	2128	27.9	39.8	80.47	56.41	350	67.20	0.767	7.72(稳)
	gk	70.73	2245	4490	2∟90×6	2128	27.9	39.8	80.47	112.81	350	—	—	33.24(强)
竖腹杆	Aa	−11.79	1990	1990	2∟50×5	960	15.3	23.8	130.07	83.61	150	86.52	0.645	19.04(稳)
	Ec	−35.37	2066	2582	2∟90×6	2128	27.9	39.8	74.04	64.87	150	73.31	0.730	22.77(稳)
	Ff	−23.58	1033	1291	2∟50×5	960	15.3	23.8	67.5	54.24	150	58.73	0.814	30.18(稳)
	Hd	−35.13	2430	3037	2∟90×6	2128	27.9	39.8	87.08	76.31	150	83.49	0.665	24.82(稳)
	Jg	−23.58	1214	1518	2∟50×5	960	15.3	23.8	79.37	63.78	150	67.60	0.764	32.15(稳)
	Ke	0.00	2672	3340	2∟50×5	960	15.3	23.8	—	—	—	—	—	—

② 确定节点板尺寸

根据以上求得的焊缝长度，按构造要求留出杆件间应有的间隙并考虑制作和装配误差，按比例绘制节点大样，确定节点板尺寸为270mm×335mm。

③ 下弦杆与节点板间连接焊缝的强度验算

下弦杆与节点板间连接焊缝长度为335mm，按构造要求取$h_f=5$mm，焊缝所受的力为左右两侧下弦杆的内力差$\Delta N=315.03-127.10=187.93$kN，对受力较大的肢背处焊缝进行强度验算：

$$\tau_f=\frac{k_1\Delta N}{2\times0.7h_fl_w}=\frac{0.75\times187.93\times10^3}{2\times0.7\times5\times(335-10)}=61.95\text{N/mm}^2<f_f^w=160\text{N/mm}^2$$

焊缝强度满足要求。

（2）上弦"B"节点（图5-9）

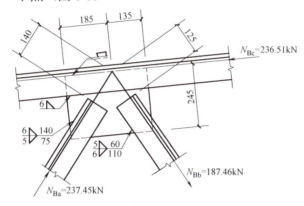

图5-9 上弦"B"节点（单位：mm）

① 腹杆与节点板间连接焊缝长度计算

Bb 杆与节点板的连接焊缝尺寸和"b"节点相同。

Ba 杆：肢背焊缝焊脚尺寸取$h_f=6$mm，肢尖焊缝焊脚尺寸取$h_f=5$mm，则所需焊缝长度为：

肢背焊缝计算长度：$l'_w=\dfrac{k_1N}{2\times0.7h_ff_f^w}=\dfrac{0.7\times237.45\times10^3}{2\times0.7\times6\times160}=123.67$mm

肢尖焊缝计算长度：$l''_w=\dfrac{k_2N}{2\times0.7h_ff_f^w}=\dfrac{0.3\times237.45\times10^3}{2\times0.7\times5\times160}=63.60$mm

肢背焊缝实际长度：$l'_w=123.67+2\times6=135.67$mm，取140mm

肢尖焊缝实际长度：$l'_w=63.60+2\times5=73.60$mm，取75mm

② 确定节点板尺寸（方法同下弦节点"b"）

确定节点板尺寸为245mm×320mm。

③ 上弦杆与节点板间连接焊缝的强度验算

考虑节点荷载P和上弦B节点左右两侧相邻节间内力差ΔN的共同作用，并假定角钢肢背槽焊缝承受节点荷载P的作用，肢尖角焊缝承受B节点左右相邻节间内力差ΔN及其产生的力矩作用。

上弦肢背槽焊缝强度验算：

$h_f=0.5t=0.5\times8=4mm$（t 为节点板厚度），$l_w=320-2\times4=312mm$，节点荷载 $P=23.58kN$，则：

$$\sigma_f=\frac{P}{2\times0.7h_fl_w}=\frac{23580}{2\times0.7\times4\times312}=13.50N/mm^2<0.8\times1.22\times160=156.16N/mm^2$$

上弦肢尖角焊缝强度验算：

弦杆内力差 $\Delta N=236.51-0=236.51kN$，轴力作用线至肢尖焊缝的偏心距为 $e=100-22.8=77.2mm$，偏心力矩 $M=\Delta Ne=236.51\times0.077=18.21kN\cdot m$，$h_f=6mm$，$l_w=320-2\times6=308mm$，则：

$$\tau_f^{\Delta N}=\frac{\Delta N}{2\times0.7h_fl_w}=\frac{236510}{2\times0.7\times6\times308}=91.42N/mm^2$$

$$\sigma_f^M=\frac{6M}{\sum h_e l_w^2}=\frac{6\times18.21\times10^6}{2\times0.7\times6\times308^2}=137.11N/mm^2$$

$$\sqrt{(\sigma_f^M/\beta_f)^2+(\tau_f^{\Delta N})^2}=\sqrt{(137.11/1.22)^2+91.42^2}=144.87N/mm^2<f_f^w=160N/mm^2$$

上弦肢尖焊缝强度满足要求。

（3）屋脊拼接节点"K"（图 5-10）

① 斜腹杆 gK 与节点板连接焊缝计算

肢背和肢尖焊缝焊脚尺寸均取 $h_f=5mm$，则所需焊缝计算长度为：

肢背焊缝计算长度：$l_w'=\frac{k_1N}{2\times0.7h_ff_f^w}=\frac{0.7\times70.73\times10^3}{2\times0.7\times5\times160}=44.21mm$

肢尖焊缝计算长度：$l_w''=\frac{k_2N}{2\times0.7h_ff_f^w}=\frac{0.3\times70.73\times10^3}{2\times0.7\times5\times160}=18.95mm$

根据构造要求，角焊缝最小计算长度 $l_{min}=40mm$，则：

肢背焊缝实际长度：$l_w'=44.21+2\times5=54.21mm$，取 80mm

肢尖焊缝实际长度：$l_w'=40+2\times5=50mm$，取 60mm

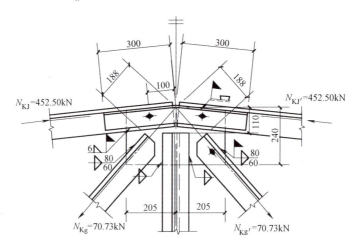

图 5-10 屋脊拼接节点"K"（单位：mm）

② 采用画图的方法确定节点板尺寸为 410mm×240mm。

③ 上弦杆与节点板连接焊缝强度验算

上弦角钢肢背与节点板之间的塞焊缝承受节点荷载 P，验算其焊缝强度：

$h_f=0.5t=0.5×8=4mm$（t 为节点板厚度），$l_w=(200-2×4)×2=384mm$，节点荷载 $P=23.58kN$，则：

$$\sigma_f=\frac{P}{2×0.7h_fl_w}=\frac{23580}{2×0.7×4×384}=10.97N/mm^2<0.8×1.22×160=156.16N/mm^2$$

上弦角钢肢尖与节点板的连接焊缝所受内力按上弦最大内力的 15% 计算，且考虑该力所产生的弯矩 $M=\Delta Ne$。取 $h_f=5mm$，节点一侧焊缝的计算长度为 $l_w=205-5-2×5=190mm$，则：

$$\tau_f=\frac{0.15N}{2×0.7h_fl_w}=\frac{0.15×452.50×10^3}{2×0.7×5×190}=51.03N/mm^2$$

$$\sigma_f=\frac{6M}{2×0.7h_fl_w^2}=\frac{6×0.15×452.50×10^3×77.2}{2×0.7×5×190^2}=124.41N/mm^2$$

$$\sqrt{(\tau_f)^2+\left(\frac{\sigma_f}{\beta_f}\right)^2}=\sqrt{51.03^2+\left(\frac{124.41}{1.22}\right)^2}=114.03N/mm^2<f_f^w=160N/mm^2$$

焊缝强度满足要求。

④ 计算拼接角钢长度

拼接角钢规格与上弦杆相同，拼接角钢长度取决于其与上弦杆连接焊缝长度，焊缝长度按上弦杆的最大内力计算，取 $h_f=6mm$，则所需一条焊缝计算长度为：

$$l_w=\frac{N}{4×0.7×h_ff_f^w}=\frac{452.50×10^3}{4×0.7×6×160}=168.34mm$$

则一条焊缝所需实际长度为 $l_w=168.34+2×6=180.34mm$，取 185mm。

拼接角钢总长度 $L=2×185+10=380mm$，考虑到拼接节点的刚度，拼接角钢长度不小于 600mm，取 $L=600mm$。拼接角钢竖肢需切去 $\Delta=10+6+5=21mm$，取 $\Delta=20mm$，并按上弦坡度热弯。

屋脊处拼接节点，左半跨的上弦杆、斜腹杆和竖腹杆与节点板连接采用工厂焊缝，右半跨的上弦杆、斜腹杆与节点板连接采用工地焊缝。

（4）下弦拼接节点"e"（图 5-11）

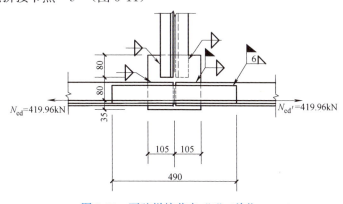

图 5-11　下弦拼接节点"e"（单位：mm）

下弦杆与节点板的连接焊缝，按两侧下弦较大内力的15%和两侧下弦内力差两者中的较大值计算，$0.15N_{max} = 0.15 \times 431.04 = 64.66$kN，该拼接节点两侧下弦内力差$\Delta N = 0$，取$h_f = 5$mm，则：

肢背焊缝计算长度：$l'_w = \dfrac{k_1 N}{2 \times 0.7 h_f f_f^w} = \dfrac{0.75 \times 64.66 \times 10^3}{2 \times 0.7 \times 5 \times 160} = 43.30$mm

肢尖焊缝计算长度：$l''_w = \dfrac{k_2 N}{2 \times 0.7 h_f f_f^w} = \dfrac{0.25 \times 64.66 \times 10^3}{2 \times 0.7 \times 5 \times 160} = 14.44$mm

根据构造要求，角焊缝最小计算长度$l_{min} = 40$mm，取肢背肢尖焊缝实际长度均为100mm。

竖腹杆eK杆内力为零，按构造要求确定竖腹杆与节点板间的连接焊缝长度，按画图的方法确定节点板尺寸为195mm×210mm。

拼接角钢与下弦杆采用相同截面，拼接角钢一侧的焊缝长度按与杆件等强设计，取$h_f = 6$mm，则接头一侧所需焊缝计算长度为：

$$l_w = \dfrac{Af}{4 \times 0.7 h_f f_f^w} = \dfrac{2820 \times 215}{4 \times 0.7 \times 6 \times 160} = 225.56\text{mm}$$

所需实际焊缝长度$l_w = 225.56 + 2 \times 6 = 237.56$mm，取240mm。则拼接角钢总长度$L = 2 \times 240 + 10 = 490$mm，竖肢需切去$\Delta = 7 + 6 + 5 = 18$mm，取$\Delta = 20$mm。

（5）支座"a"节点（图5-12）

① 腹杆与节点板连接焊缝长度计算

由上弦"B"节点的计算所知，Ba杆与节点板的连接焊缝长度为：肢背焊缝长130mm，肢尖焊缝长70mm。

竖腹杆Aa杆受力较小，焊缝长度满足构造要求即可。

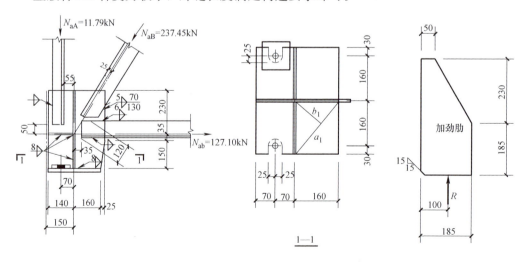

图5-12 支座"a"节点（单位：mm）

② 支座底板的设计

支座反力$R = 9 \times 23.58 = 212.22$kN，支承柱混凝土强度等级为C30，其抗压强度设

计值 $f_c=14.3\text{N/mm}^2$，锚栓采用 2M24，采用 U 形缺口，取支座底板尺寸为 300mm×380mm，在验算支承柱混凝土抗压强度时垂直于屋架方向的底板长度偏安全考虑扣除锚栓孔径，取 $2\times(160-25)=270\text{mm}$，则：

$$\frac{R}{A_n}=\frac{212.22\times10^3}{300\times270}=2.62\text{N/mm}^2<f_c=14.3\text{N/mm}^2\text{（满足要求）}$$

底板被节点板和加劲肋分成 4 块，每块板均为两相邻边支承的板，计算所需底板厚度：

图 5-12 中，$a_1=248\text{mm}$，$b_1=122\text{mm}$，则 $b_1/a_1=122/248=0.492$，查表 2-5 得 $\beta=0.058$，则板单位宽度的最大弯矩为：

$$M=\beta qa_1^2=0.058\times2.43\times248^2=8668.37\text{N}\cdot\text{mm}$$

则底板所需厚度为：

$$t\geqslant\sqrt{\frac{6M}{f}}=\sqrt{\frac{6\times8668.37}{205}}=15.93\text{mm}$$

取支座底板厚度 $t=20\text{mm}$。

③ 确定节点板尺寸

采用画图的方法确定节点板尺寸为 325mm×415mm。为了便于施焊，下弦杆轴线至支座底板的距离取 185mm，在节点中心线上设置加劲肋，加劲肋的高度与节点板高度相等，厚度为 10mm。

④ 验算下弦杆与节点板连接焊缝强度

下弦杆 ab 杆与节点板连接焊缝焊脚尺寸取 $h_f=5\text{mm}$，焊缝长度为 150mm，验算其肢背焊缝强度：

$$\tau_f=\frac{0.75N}{2\times0.7h_f l_w}=\frac{0.75\times127.10\times10^3}{2\times0.7\times5\times(150-10)}=97.27\text{N/mm}^2<f_f^w=160\text{N/mm}^2$$

满足要求。

⑤ 加劲肋与节点板的连接焊缝强度验算

取 $h_f=8\text{mm}$，加劲肋与节点板连接焊缝计算长度 $l_w=415-15-2\times8=384\text{mm}$。每块加劲肋与节点板连接焊缝所受剪力 $V=R/4=212.22/4=53.06\text{kN}$，所受弯矩 $M=Ve=53.06\times0.1=5.31\text{kN}\cdot\text{m}$，按下式验算焊缝强度：

$$\sqrt{\left(\frac{6M}{1.22\times2\times0.7h_f l_w^2}\right)^2+\left(\frac{V}{2\times0.7h_f l_w}\right)^2}$$

$$=\sqrt{\left(\frac{6\times5.31\times10^6}{1.22\times2\times0.7\times8\times384^2}\right)^2+\left(\frac{53.06\times10^3}{2\times0.7\times8\times384}\right)^2}$$

$$=19.15\text{N/mm}^2<f_f^w=160\text{N/mm}^2$$

焊缝强度满足要求。

⑥ 节点板、加劲肋与底板的连接焊缝计算

节点板、加劲肋与底板间连接焊缝传递全部支座反力 $R=212.22\text{kN}$，取焊脚尺寸 $h_f=8\text{mm}$，焊缝长度为 $\sum l_w=2\times(300-16)+4\times(185-15-16)=876\text{mm}$，按下式验算焊缝强度：

$$\sigma_f = \frac{R}{1.22 \times 0.7 h_f \sum l_w} = \frac{212.22 \times 10^3}{1.22 \times 0.7 \times 8 \times 876} = 35.46 \text{N/mm}^2 < f_f^w = 160 \text{N/mm}^2$$

焊缝强度满足要求。

其余节点计算过程略。

5.7 绘制钢屋架施工图

绘制屋架施工图，如图 5-13 所示（见文后插页）。

第6章 门式刚架轻型房屋设计案例

6.1 基 本 资 料

某单层钢结构仓库（主要建筑施工图如图 6-18～图 6-20 所示），采用门式刚架结构，长度 36m，跨度 18m，柱顶标高 6m，室内外高差 0.15m，屋面坡度 1：10，无吊车。屋面材料和墙面材料均采用单层压型钢板 YX35-125-750（板厚 0.6mm），板自重 6.65kg/m²，采用自攻螺钉连接。钢材为 Q235B，基础混凝土强度等级 C25。地面粗糙度类别为 B 类，场地土类别为 Ⅱ 类，抗震设防烈度 7°（0.1g），设计地震分组为第三组。

屋面均布活荷载标准值 0.5kN/m²，基本雪压 0.2kN/m²，设计主受力结构和围护结构时，考虑风荷载脉动增大效应后的风压取值为 0.5kN/m²。

6.2 结 构 布 置

采用单跨双坡的结构形式，刚架柱间距 6m，抗风柱间距 4.5m，刚架柱、抗风柱柱脚均采用铰接。屋面檩条水平间距 1.5m，檩条间设置一道拉条，在屋脊和檐口处设置撑杆和斜拉条。在房屋两端第一柱间设置柱间支撑和屋面横向水平支撑（圆钢），在屋脊、檐口及支撑节点处设置通长的刚性系杆。考虑墙面的门窗位置进行墙面布置，主要结构布置图如图 6-21～图 6-25 所示。

6.3 屋 面 檩 条 设 计

取中间区檩条进行计算，初选檩条截面规格为 C220×75×20×2.5，檩条自重 7.64kg/m。檩条水平间距为 1.5m，屋面坡度角为 5.71°，檩条沿屋面坡度方向的间距为 1.5/cos5.71°=1.507m，则作用于屋面水平投影面上的屋面板、檩条总重为：

$$\frac{0.0665 \times 1.507}{1.5} + \frac{0.076}{1.5} = 0.118 \text{kN/m}^2$$

考虑拉条等的重量，计算檩条时屋面恒载标准值（包括檩条自重）取 0.2kN/m²。

6.3.1 荷载和内力计算

（1）荷载标准值

屋面恒载：0.2kN/m²；屋面均布活荷载：0.5kN/m²；雪荷载与屋面均布活荷载不同时考虑，取大值，故本案例中不考虑雪荷载；施工或检修集中荷载：1.0kN（作用于檩条跨中）。

风荷载考虑风吸力和风压力两种情况，计算如下：

由《门式刚架轻型房屋钢结构技术规范》GB 51022—2015（以下简称为《门规》）4.2.1 节：$w_k = \beta \mu_w \mu_z w_0$，其中考虑风脉动增大效应后的风压取值为 $w_0 = 0.5 \text{kN/m}^2$；计算檩条时系数 $\beta = 1.5$；地面粗糙度类别为 B 类，房屋高度小于 10m，风压高度变化系数 $\mu_z = 1.0$；对于封闭式双坡屋面房屋（中间区），当 $0° \leqslant \theta$(屋面坡度角) $\leqslant 10°$，有效风荷载面积 $A = 1.507 \times 6 = 9.042 \text{m}^2$，$1 \text{m}^2 < A < 10 \text{m}^2$，风荷载系数 μ_w 为：

$$\mu_w = 0.1 \log A - 1.18 = 0.1 \times \log 9.042 - 1.18 = -1.08 \text{(风吸力)}$$

$$\mu_w = -0.1 \log A + 0.48 = -0.1 \times \log 9.042 + 0.48 = 0.38 \text{(风压力)}$$

则作用于檩条上的风荷载标准值：

$$w_k = \beta \mu_w \mu_z w_0 = 1.5 \times (-1.08) \times 1.0 \times 0.5 = -0.81 \text{kN/m}^2 \text{(风吸力)}$$

$$w_k = \beta \mu_w \mu_z w_0 = 1.5 \times 0.38 \times 1.0 \times 0.5 = 0.285 \text{kN/m}^2 \text{(风压力)}$$

（2）荷载效应组合

设计檩条时的荷载组合原则为：①屋面均布活荷载不与雪荷载同时考虑，应取两者中较大者；②施工或检修集中荷载不与屋面材料或檩条自重以外的其他荷载同时考虑。则荷载效应考虑以下 4 种组合：

组合 1：1.3×恒载+1.5×屋面均布活荷载+1.5×0.6×风荷载（风压力）

组合 2：1.3×恒载+1.5×0.7×屋面均布活荷载+1.5×风荷载（风压力）

组合 3：1.0×恒载+1.5×风载（风吸力）

组合 4：1.3×恒载+1.5×施工或检修集中荷载（按 1kN 考虑并布置在檩条跨中）

（3）荷载分解和内力计算

将作用于檩条上的荷载 p 分解为沿檩条截面两个主轴方向的荷载 p_x 和 p_y。

荷载组合 1：

$$p_y = 1.3 \times 0.2 \times 1.5 \times \cos 5.71° + 1.5 \times 0.5 \times 1.5 \times \cos 5.71° +$$
$$1.5 \times 0.6 \times 0.285 \times 1.507 = 1.89 \text{kN/m}$$

$$p_x = 1.3 \times 0.2 \times 1.5 \times \sin 5.71° + 1.5 \times 0.5 \times 1.5 \times \sin 5.71° = 0.15 \text{kN/m}$$

荷载组合 2：

$$p_y = 1.3 \times 0.2 \times 1.5 \times \cos 5.71° + 1.5 \times 0.7 \times 0.5 \times 1.5 \times \cos 5.71° +$$
$$1.5 \times 0.285 \times 1.507 = 1.82 \text{kN/m}$$

$$p_x = 1.3 \times 0.2 \times 1.5 \times \sin 5.71° + 1.5 \times 0.7 \times 0.5 \times 1.5 \times \sin 5.71° = 0.12 \text{kN/m}$$

荷载组合 3：

$$p_y = 1.0 \times 0.2 \times 1.5 \times \cos 5.71° - 1.5 \times 0.81 \times 1.507 = -1.53 \text{kN/m}$$

$$p_x = 1.0 \times 0.2 \times 1.5 \times \sin 5.71° = 0.03 \text{kN/m}$$

以上三种荷载组合中，组合 1 荷载值最大，计算其作用下所产生的弯矩 M_x、M_y，并与组合 4 所产生的弯矩相比，取较大值作为檩条截面强度验算的依据，如图 6-1 所示。

由 p_y 引起的绕 x 轴的弯矩 M_x，按单跨简支梁计算；由 p_x 引起的绕 y 轴的弯矩 M_y，考虑拉条作为侧向支撑点，按两跨连续梁计算。

荷载组合 1：

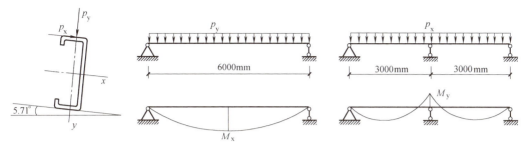

图 6-1　荷载组合 1 作用下檩条弯矩

p_y 作用下檩条跨中截面弯矩：$M_x = \dfrac{1}{8} p_y L^2 = \dfrac{1}{8} \times 1.89 \times 6^2 = 8.51 \text{kN} \cdot \text{m}$

p_x 作用下檩条跨中截面弯矩：$M_y = \dfrac{1}{32} p_x L^2 = \dfrac{1}{32} \times 0.15 \times 6^2 = 0.169 \text{kN} \cdot \text{m}$

对于荷载组合 4：恒载为均布荷载，施工检修荷载为集中荷载，将该集中荷载按最不利情况考虑布置在檩条跨中截面，则跨中截面最大弯矩 M_x（可变荷载效应起控制作用）为：

$$M_x = 1.3 \times \frac{1}{8} \times 0.2 \times 1.5 \times \cos 5.71° \times 6^2 + 1.5 \times \frac{1}{4} \times 1 \times \cos 5.71° \times 6 = 3.99 \text{kN} \cdot \text{m}$$

其值小于荷载组合 1 计算所得弯矩值，因此，檩条截面强度验算按荷载组合 1 计算所得弯矩进行，即：$M_x = 8.51 \text{kN} \cdot \text{m}$，$M_y = 0.169 \text{kN} \cdot \text{m}$。

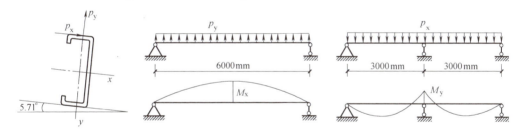

图 6-2　荷载组合 3 作用下檩条弯矩

风吸力作用下，檩条下翼缘受压，尚应验算檩条在风吸力作用下的整体稳定性，则需计算荷载组合 3 作用下产生的弯矩 M_x、M_y（图 6-2）：

荷载组合 3：

p_y 作用下檩条跨中截面弯矩：$M_x = \dfrac{1}{8} p_y L^2 = \dfrac{1}{8} \times 1.53 \times 6^2 = 6.89 \text{kN} \cdot \text{m}$

p_x 作用下檩条跨中截面弯矩：$M_y = \dfrac{1}{32} p_x L^2 = \dfrac{1}{32} \times 0.03 \times 6^2 = 0.034 \text{kN} \cdot \text{m}$

即验算檩条在风吸力作用下的整体稳定性时：$M_x = 6.89 \text{kN} \cdot \text{m}$，$M_y = 0.034 \text{kN} \cdot \text{m}$。

6.3.2　檩条截面强度验算

查型钢表得檩条毛截面参数：$A = 973 \text{mm}^2$，$I_x = 7.038 \times 10^6 \text{mm}^4$，$I_y = 6.866 \times 10^5 \text{mm}^4$，$i_x = 85 \text{mm}$，$i_y = 26.6 \text{mm}$，$W_x = 6.398 \times 10^4 \text{mm}^3$，$I_t = 2.028 \times 10^3 \text{mm}^4$，$I_\omega = 6.351 \times 10^9 \text{mm}^6$，$W_{y1} = 3.311 \times 10^4 \text{mm}^3$，$W_{y2} = 1.265 \times 10^4 \text{mm}^3$。

（1）檩条的有效截面及相关截面参数计算

有效截面按照《冷弯型钢结构技术标准》GB/T 50018—2025（以下简称《冷标》）中第 5.6 节的规定确定。

1）计算截面应力分布

檩条为双向受弯构件，按毛截面尺寸用材料力学中的弯曲正应力计算公式 $\sigma = My/I$ 计算檩条跨中截面在 M_x 和 M_y 共同作用下的正应力（压应力为正，拉应力为负）：

$$\sigma_1 = \frac{M_x}{W_x} + \frac{M_y}{W_{y1}} = \frac{8.51 \times 10^6}{6.398 \times 10^4} + \frac{0.169 \times 10^6}{3.311 \times 10^4} = 138.11 \text{N/mm}^2 （压）$$

$$\sigma_2 = \frac{M_x}{W_x} - \frac{M_y}{W_{y2}} = \frac{8.51 \times 10^6}{6.398 \times 10^4} - \frac{0.169 \times 10^6}{1.265 \times 10^4} = 119.65 \text{N/mm}^2 （压）$$

$$\sigma_3 = -\frac{M_x}{W_x} + \frac{M_y}{W_{y1}} = -\frac{8.51 \times 10^6}{6.398 \times 10^4} + \frac{0.169 \times 10^6}{3.311 \times 10^4} = -127.91 \text{N/mm}^2 （拉）$$

$$\sigma_4 = -\frac{M_x}{W_x} - \frac{M_y}{W_{y2}} = -\frac{8.51 \times 10^6}{6.398 \times 10^4} - \frac{0.169 \times 10^6}{1.265 \times 10^4} = -146.37 \text{N/mm}^2 （拉）$$

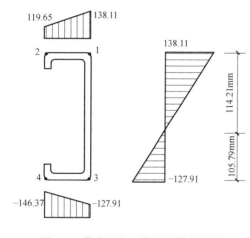

图 6-3　荷载组合 1 作用下檩条跨中
截面弯曲应力分布图
（正值为压应力，负值为
拉应力，应力单位：N/mm^2）

应力分布如图 6-3 所示。

计算腹板受压区高度 h'_c：

$$\frac{h'_c}{220} = \frac{138.11}{138.11 + 127.91} \Rightarrow h'_c = 114.21 \text{mm}$$

则腹板受拉区高度 $= 220 - 114.21 = 105.79$ mm。

2）确定受压板件的有效截面宽度

① 确定腹板的有效截面高度

a. 计算压应力分布不均匀系数 ψ

$\sigma_{max} = 138.11 \text{N/mm}^2$，$\sigma_{min} = -127.91 \text{N/mm}^2$，根据《冷标》第 5.6.1 条规定得压应力分布不均匀系数 ψ 为：

$$\psi = \frac{\sigma_{min}}{\sigma_{max}} = -\frac{127.91}{138.11} = -0.93 < 0$$

b. 计算系数 α_e

由于 $\psi = -0.93 < 0$，所以计算系数 $\alpha_e = 1.15$。

c. 计算腹板稳定系数 k

腹板属于加劲板件，按照《冷标》第 5.6.3 条的规定，当 $-1 < \psi \leq 0$ 时，按《冷标》式（5.6.3-2）计算腹板稳定系数 k：

$$k = 7.8 - 6.29\psi + 9.78\psi^2 = 7.8 - 6.29 \times (-0.93) + 9.78 \times (-0.93)^2 = 22.11$$

d. 计算受压上翼缘的稳定系数 k_c

腹板的邻接板件为受压的上翼缘，其受压稳定系数 k_c 按《冷标》第 5.6.3 条确定：

$$\psi = \frac{\sigma_{min}}{\sigma_{max}} = \frac{119.65}{138.11} = 0.87 > 0$$

$\psi > 0$，计算系数 $\alpha_e = 1.15 - 0.15\psi = 1.15 - 0.15 \times 0.87 = 1.02$，受压翼缘受压区宽度 $b_c = b = 75$ mm。

受压翼缘卷边的高厚比=20/2.5=8<12，故受压上翼缘属于部分加劲板件，按照《冷标》第 5.6.3 条的规定，最大压应力作用于支承边，当 $\psi=0.87<1$ 且 $\psi>-1/(3+12a/b)=-1/(3+12\times20/75)=-0.16$ 时，按式（5.6.3-3）计算受压翼缘稳定系数 k_c：

$$I=\frac{a^3t(1+4b/a)}{12(1+b/a)}=\frac{20^3\times2.5\times(1+4\times75/20)}{12\times(1+75/20)}=5614.04\text{mm}^4$$

$$\lambda_d=\pi\sqrt[4]{\frac{b^2h}{3(3-\psi)}\left(b+\frac{32.8I}{t^3}\right)}=\pi\times\sqrt[4]{\frac{75^2\times220}{3\times(3-0.87)}\times\left(75+\frac{32.8\times5614.04}{2.5^3}\right)}=688.10\text{mm}$$

檩条侧向计算长度 $l_1=3000\text{mm}$，λ_n 取 λ_d 和 l_1 中的较小值，即 $\lambda_n=688.10\text{mm}$，则：

$$k_c=\frac{(b/\lambda_n)^2/3+0.142+10.92Ib/(\lambda_n^2t^3)}{0.083+(0.25+a/b)\psi}$$

$$=\frac{(75/688.10)^2/3+0.142+10.92\times5614.04\times75/(688.10^2\times2.5^3)}{0.083+(025+20/75)\times0.87}$$

$$=1.45$$

e. 计算系数 ξ

按《冷规》式（5.6.4-3）计算 ξ：腹板宽 $b=220\text{mm}$，受压上翼缘宽 $c=75\text{mm}$，则：

$$\xi=\frac{c}{b}\sqrt{\frac{k}{k_c}}=\frac{75}{220}\times\sqrt{\frac{22.11}{1.45}}=1.33>1.1$$

f. 计算板组约束系数 k_1

由《冷规》式（5.6.4-2）得板组约束系数 k_1：

$$k_1=0.11+\frac{0.93}{(\xi-0.05)^2}=0.11+\frac{0.93}{(1.33-0.05)^2}=0.68<k_1'=1.7$$

g. 计算系数 ρ_e

由《冷标》式（5.6.1-7）得：

$$\rho_e=\sqrt{\frac{205k_1k}{\sigma_1}}=\sqrt{\frac{205\times0.68\times22.11}{138.11}}=4.72$$

上式中的 σ_1 按照《冷标》第 5.6.11 条第 2 项规定取由构件毛截面按强度计算所得的最大压应力 $\sigma_1=138.11\text{N/mm}^2$。

h. 计算腹板的有效宽厚比 b_e/t

由《冷标》第 5.6.1 条：$b/t=220/2.5=88$，$18\alpha_e\rho_e=18\times1.15\times4.72=97.70$，$b/t<18\alpha\rho$，则按《冷规》式（5.6.1-1）计算腹板的有效宽厚比为：$b_e=b_c=114.21\text{mm}$，即腹板受压部分全部有效。

② 确定受压上翼缘的有效截面宽度

a. 计算系数 ξ

在确定腹板的有效截面宽度时已计算出腹板的受压稳定系数为 22.11，受压翼缘的稳定系数为 1.45，在确定受压翼缘的有效截面宽度时，受压翼缘为计算板件，腹板为邻接板件，则 $k=1.45$，$k_c=22.11$。

按《冷标》的式（5.6.4-3）计算 ξ：腹板宽 $c=220\text{mm}$，受压上翼缘宽 $b=75\text{mm}$，则：

$$\xi=\frac{c}{b}\sqrt{\frac{k}{k_c}}=\frac{220}{75}\times\sqrt{\frac{1.45}{22.11}}=0.75<1.1$$

b. 计算板组约束系数 k_1

由《冷标》的式（5.6.4-1）得：

$$k_1 = \frac{1}{\sqrt{\xi}} = \frac{1}{\sqrt{0.75}} = 1.15 < k'_1 = 2.4$$

c. 计算系数 ρ_e

由《冷标》的式（5.6.1-7）得：

$$\rho_e = \sqrt{\frac{205 k_1 k}{\sigma_1}} = \sqrt{\frac{205 \times 1.15 \times 1.45}{138.11}} = 1.57$$

上式中的 σ_1 按照《冷标》第5.6.11条第2项规定取由构件毛截面按强度计算所得的最大压应力 $\sigma_1 = 138.11 \text{N/mm}^2$。

d. 计算受压上翼缘有效宽厚比 b_e/t

由《冷标》第5.6.1条：$b/t = 75/2.5 = 30$，$18\alpha_e\rho_e = 18 \times 1.02 \times 1.57 = 28.83$，$38\alpha_e\rho_e = 38 \times 1.02 \times 1.57 = 60.85$，$18\alpha_e\rho_e < b/t < 38\alpha_e\rho_e$，按《冷标》的式（5.6.1-2）计算受压上翼缘的有效宽厚比：

$$\frac{b_e}{t} = \left(\sqrt{\frac{21.8\alpha_e\rho_e}{b/t}} - 0.1 \right)\frac{b}{t} = \left(\sqrt{\frac{21.8 \times 1.02 \times 1.57}{30}} - 0.1 \right) \times \frac{75}{2.5} = 29.36$$

则受压上翼缘的有效宽度为 $b_e = 29.36 \times 2.5 = 73.40 \text{mm}$。

③ 因为下翼缘受拉，故下翼缘全部截面有效。

3）确定受压上翼缘有效宽度分布情况

根据《冷标》第5.6.8条，受压上翼缘为部分加劲板件，则：

$$b_{e1} = 0.4b_e = 0.4 \times 73.40 = 29.36 \text{mm}，b_{e2} = 0.6b_e = 0.6 \times 73.40 = 44.04 \text{mm}$$

檩条有效截面如图6-4（a）阴影部分所示。考虑檩条跨中计算截面有拉条连接孔（拉条采用 $\phi 12$ 的圆钢，檩条上开孔孔径 $d_0 = 13 \text{mm}$），开孔位置距上翼缘板边缘70mm，则檩条有效净截面如图6-4（b）阴影部分所示。

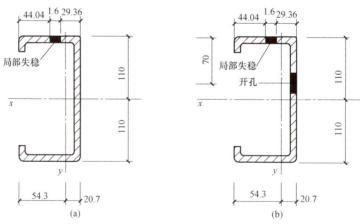

图6-4　荷载组合1作用下檩条有效截面和有效净截面（单位：mm）

（a）檩条有效截面；（b）檩条有效净截面

4）计算有效截面的相关参数

已知檩条毛截面参数：$A = 973 \text{mm}^2$，$I_x = 7.038 \times 10^6 \text{mm}^4$，则有效净截面参数为：

$$I_{enx} = I_x - [1.6 \times 2.5^3/12 + 1.6 \times 2.5 \times (110-1.25)^2 + 2.5 \times 13^3/12 + 2.5 \times 13 \times 40^2]$$

$$= 6.93 \times 10^6 \, mm^4$$

$$W_{enx} = \frac{I_{enx}}{y} = \frac{I_{enx}}{h/2} = \frac{6.93 \times 10^6}{110} = 6.3 \times 10^4 \, mm^3$$

（2）强度验算

按《门规》的式（9.1.5-1）对檩条进行抗弯强度验算：

$$\sigma_{max} = \frac{M_x}{W_{enx}} = \frac{8.51 \times 10^6}{6.3 \times 10^4} = 135.08 N/mm^2 < f = 215 N/mm^2$$

抗弯强度满足要求。

按《门规》的式（9.1.5-1）对檩条进行抗剪强度验算：

$$V_{ymax} = \frac{p_y l}{2} = \frac{1.89 \times 6}{2} = 5.67 kN$$

$$\frac{3V_{ymax}}{2h_0 t} = \frac{3 \times 5.67 \times 10^3}{2 \times (220 - 2.5 \times 2) \times 2.5} = 15.82 N/mm^2 < f_v = 125 N/mm^2$$

抗剪强度满足要求。

6.3.3 檩条挠度验算

为使屋面平整，应验算沿 y 轴方向荷载作用下产生的垂直于屋面方向的挠度。

（1）恒载和屋面均布活荷载、风压力作用下

沿 y 方向作用于檩条上的均布线荷载标准值为：

$$p_{yk} = (0.2 + 0.5) \times 1.5 \times \cos 5.71° + 0.6 \times 0.285 \times 1.507 = 1.30 kN/m$$

檩条跨中垂直于屋面方向的最大挠度：

$$v = \frac{5 p_{yk} l^4}{384 EI} = \frac{5 \times 1.30 \times 6000^4}{384 \times 2.06 \times 10^5 \times 7.038 \times 10^6} = 15.13 mm < \frac{l}{150} = 40 mm$$

挠度满足要求。

（2）恒载和施工或检修集中荷载作用下

恒载为均布线荷载，施工或检修集中荷载作用于檩条跨中，则：

$$v = \frac{5 g_{yk} l^4}{384 EI} + \frac{P_{yk} l^3}{48 EI} = \frac{5 \times 0.2 \times 1.5 \times \cos 5.71° \times 6000^4}{384 \times 2.06 \times 10^5 \times 7.038 \times 10^6} + \frac{1 \times 10^3 \times \cos 5.71° \times 6000^3}{48 \times 2.06 \times 10^5 \times 7.038 \times 10^6}$$

$$= 3.48 + 3.09 = 6.57 mm < \frac{l}{150} = 40 mm$$

挠度满足要求。

6.3.4 檩条整体稳定性验算

在风吸力作用下，按《冷标》的第9.2.1条规定验算檩条受压下翼缘的稳定性。由前面计算所得，在风吸力组合作用下，$M_x = 6.89 kN \cdot m$，$M_y = 0.034 kN \cdot m$。

（1）计算檩条腹板平面外的长细比 λ_y

檩条跨中设置一道拉条，其侧向计算长度 $l_0=0.5\times6000=3000\text{mm}$，则：

$$\lambda_y=\frac{l_0}{i_y}=\frac{3000}{26.6}=112.78$$

（2）计算系数 ζ

$$\zeta=\frac{4I_\omega}{h^2I_y}+\frac{0.156I_t}{I_y}\left(\frac{l_0}{h}\right)^2=\frac{4\times6.351\times10^9}{220^2\times6.866\times10^5}+\frac{0.156\times2.028\times10^3}{6.866\times10^5}\times\left(\frac{3000}{220}\right)^2=0.85$$

（3）计算系数 η

查型钢表得横向荷载 p_y 到弯心的距离为 51.1mm（离开弯心为正），则：

$$\eta=2\xi_2 e_a/h=2\times0.14\times51.1/220=0.065$$

（4）计算系数 φ_{bx}

$$\varphi_{bx}=\frac{4320Ah}{\lambda_y^2W_x}\xi_1(\sqrt{\eta^2+\zeta}+\eta)\left(\frac{235}{f_y}\right)$$

$$=\frac{4320\times973\times220}{112.78^2\times6.398\times10^4}\times1.35\times(\sqrt{0.065^2+0.85}+0.065)\times\frac{235}{235}=1.518>0.7$$

以 φ'_{bx} 代替 φ_{bx}：

$$\varphi'_{bx}=1.091-\frac{0.274}{\varphi_{bx}}=1.091-\frac{0.274}{1.518}=0.910$$

（5）檩条整体稳定性验算

查型钢表得 $W_x=63.98\text{cm}^3$，由《冷标》式（9.2.1-3）得：

$$\frac{M_x}{0.9\varphi_{bx}W_x}=\frac{6.89\times10^6}{0.9\times0.91\times63.98\times10^3}=131.49<f=215\text{N/mm}^2$$

风吸力作用下檩条的整体稳定性满足要求。

6.4　山墙抗风柱设计

取ⓒ轴线抗风柱进行截面设计。

6.4.1　荷载和内力计算

风荷载考虑风吸力和风压力两种情况，计算如下：

由《门规》第 4.2.1 条：$w_k=\beta\mu_w\mu_z w_0$，其中考虑风脉动增大效应后的风压取值为 $w_0=0.5\text{kN/m}^2$；计算抗风柱时系数 $\beta=1.1$；地面粗糙度类别为 B 类，房屋高度小于 10m，风压高度变化系数 $\mu_z=1.0$。由《门规》第 4.2.2 条：对于封闭式房屋，抗风柱有效受风面积 $A=(6.825+7.05)\times2.25=31.22\text{m}^2$，$1\text{m}^2<A<50\text{m}^2$，风荷载系数 μ_w 为：

$$\mu_w=0.176\log A-1.28=0.176\times\log31.22-1.28=-1.017（风吸力）$$

$$\mu_w=-0.176\log A+1.18=-0.176\times\log31.22+1.18=0.917（风压力）$$

则作用于山墙面的风荷载标准值 w_k 为：

$$w_k = \beta \mu_w \mu_z w_0 = 1.1 \times (-1.017) \times 1.0 \times 0.5 = -0.559 \text{kN/m}^2 \text{（风吸力）}$$

$$w_k = \beta \mu_w \mu_z w_0 = 1.1 \times 0.917 \times 1.0 \times 0.5 = 0.504 \text{kN/m}^2 \text{（风压力）}$$

则©轴线抗风柱所受风荷载标准值为：

$$q_{wk} = -0.559 \times 4.5 = -2.516 \text{kN/m} \quad \text{（风吸力）}$$

$$q_{wk} = 0.504 \times 4.5 = 2.268 \text{kN/m} \quad \text{（风压力）}$$

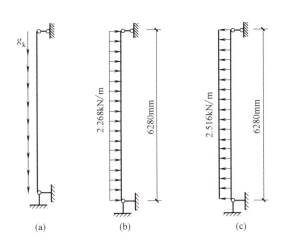

图 6-5 抗风柱计算简图

（a）恒载作用下；（b）风压力作用下；（c）风吸力作用下

©轴线抗风柱两端可视为简支，计算简图如图 6-5 所示。

初选抗风柱截面为 I300×200×6×8，截面面积 $A = 4904 \text{mm}^2$。墙面恒载 $p = 0.2 \text{kN/m}^2$，最不利内力为：

$$N_{max} = 0.2 \times 4.5 \times 6.28 \times 1.3 + 78.5 \times 4.904 \times 10^{-3} \times 6.28 \times 1.3$$
$$= 10.49 \text{kN}$$

$$M_{max} = \frac{1}{8} \times 2.516 \times 6.28^2 \times 1.5 = 18.60 \text{kN} \cdot \text{m}$$

6.4.2 抗风柱截面验算

抗风柱各截面参数为：$I_x = 76.68 \times 10^6 \text{mm}^4$，$A = 4904 \text{mm}^2$，$i_x = 127.47 \text{mm}$，$I_y = 10.67 \times 10^6 \text{mm}^4$，$i_y = 46.65 \text{mm}$，$W_x = 5.11 \times 10^5 \text{mm}^3$。

对抗风柱跨中截面进行验算，为简化计算，取柱底截面轴向力进行计算。验算内容为：强度、弯矩作用平面内的整体稳定性、弯矩作用平面外的整体稳定性、局部稳定性和挠度。

（1）确定构件截面板件宽厚比等级

根据《钢结构设计标准》GB 50017—2017（以下简称《钢标》）表 3.5.1 确定构件截面板件宽厚比等级。

对于腹板计算高度边缘由 N 和 M 产生的最大压应力：

$$\sigma_{max} = \frac{N}{A} + \frac{M_x}{I_x} \frac{h_0}{2} = \frac{10.49 \times 10^3}{4904} + \frac{18.6 \times 10^6}{79.68 \times 10^6} \times 142 = 2.14 + 33.15 = 35.29 \text{N/mm}^2 \text{（压）}$$

对于腹板计算高度另一边缘由 N 和 M 产生的应力：

$$\sigma_{max} = \frac{N}{A} - \frac{M_x}{I_x}\frac{h_0}{2} = \frac{10.49 \times 10^3}{4904} - \frac{18.6 \times 10^6}{79.68 \times 10^6} \times 142 = 2.14 - 33.15 = -31.01 \text{N/mm}^2（拉）$$

则：

$$\alpha_0 = \frac{\sigma_{max} - \sigma_{min}}{\sigma_{max}} = \frac{35.29 - (-31.01)}{35.29} = 1.87$$

翼缘宽厚比：

$$\frac{b}{t} = \frac{97}{8} = 12.13 < 13 \times \sqrt{\frac{235}{f_y}} = 13$$

腹板高厚比：

$$\frac{h_0}{t_w} = \frac{284}{6} = 47.33 < (40 + 18\alpha_0^{1.5})\sqrt{\frac{235}{f_y}} = 40 + 18 \times 1.87^{1.5} = 86.03$$

构件截面板件宽厚比等级为 S3 级。

（2）强度验算

板件宽厚比等级为 S3 级，由《钢标》表 8.1.1 得 $\gamma_x = 1.05$，由《钢标》式（8.1.1-1）得：

$$\frac{N}{A_n} + \frac{M_x}{\gamma_x W_{nx}} = \frac{10.49 \times 10^3}{4904} + \frac{18.6 \times 10^6}{1.05 \times 5.11 \times 10^5}$$

$$= 2.14 + 34.67 = 36.81 \text{N/mm}^2 < f = 215 \text{N/mm}^2$$

强度满足要求。

（3）弯矩作用平面内整体稳定验算

$L_{0x} = 6.28\text{m}$，$\lambda_x = \frac{L_{0x}}{i_x} = \frac{6280}{127.47} = 49.27 < [\lambda] = 150$，由《钢标》表 7.2.1-1 判断对 x 轴属 b 类截面，由《钢标》附表 D.0.2 得 $\varphi_x = 0.860$。

无端弯矩，但有横向荷载作用（全跨均布荷载），由《钢标》式（8.2.1-8）得：

$$N_{cr} = \frac{\pi^2 EI}{(\mu l)^2} = \frac{\pi^2 \times 2.06 \times 10^5 \times 79.68 \times 10^6}{(1.0 \times 6280)^2} = 4107683.79\text{N}$$

由《钢标》式（8.2.1-7）得：

$$\beta_{mx} = 1 - 0.18\frac{N}{N_{cr}} = 1 - 0.18 \times \frac{10.49 \times 10^3}{4107683.79} \approx 1.0$$

由《钢标》式（8.2.1-2）得：

$$N'_{Ex} = \frac{\pi^2 EA}{1.1\lambda_x^2} = \frac{\pi^2 \times 2.06 \times 10^5 \times 4904}{1.1 \times 49.27^2} = 3.73 \times 10^6\text{N}$$

由《钢标》式（8.2.1-1）验算弯矩作用平面内的稳定性：

$$\frac{N}{\varphi_x Af} + \frac{\beta_{mx}M_x}{\gamma_x W_{1x}\left(1 - 0.8\frac{N}{N'_{EX}}\right)f}$$

$$= \frac{10.49 \times 10^3}{0.860 \times 4904 \times 215} + \frac{1.0 \times 18.6 \times 10^6}{1.05 \times 5.11 \times 10^5 \times \left(1 - 0.8 \times \frac{10.49 \times 10^3}{3.73 \times 10^6}\right) \times 215}$$

$$= 0.012 + 0.161 = 0.173 < 1.0$$

142

弯矩作用平面内整体稳定性满足要求。

（4）弯矩作用平面外整体稳定验算

$L_{0y}=6.28\text{m}$，$\lambda_y=\dfrac{L_{0y}}{i_y}=\dfrac{6280}{46.65}=134.62<[\lambda]=150$，由《钢标》表7.2.1-1判断对 y 轴属 b 类截面，由《钢标》附表 D.0.2 得：$\varphi_y=0.367$。无端弯矩，但有横向荷载作用，$\beta_{tx}=1.0$。

由《钢标》附录 C.0.5 计算 $\varphi_b=1.07-\dfrac{\lambda_y^2}{44000}\times\dfrac{f_y}{235}=1.07-\dfrac{134.62^2}{44000}\times\dfrac{235}{235}=0.658$

由《钢标》式（8.2.1-3）验算弯矩作用平面外的稳定性：

$$\dfrac{N}{\varphi_y Af}+\eta\dfrac{\beta_{tx}M_x}{\varphi_b W_{1x}f}=\dfrac{10.49\times10^3}{0.367\times4904\times215}+1.0\times\dfrac{1.0\times18.6\times10^6}{0.658\times5.11\times10^5\times215}=0.38<1.0$$

弯矩作用平面外整体稳定性满足要求。

（5）局部稳定性验算

翼缘宽厚比：

$$\dfrac{b}{t}=\dfrac{97}{8}=12.13<15\sqrt{\dfrac{235}{f_y}}=15$$

翼缘宽厚比满足要求。

腹板高厚比：

$$\dfrac{h_0}{t_w}=\dfrac{284}{6}=47.33<(45+25\alpha_0^{1.66})\sqrt{\dfrac{235}{f_y}}=45+25\times1.87^{1.66}=115.66$$

腹板高厚比满足要求。

（6）挠度验算

在横向风荷载标准值 $q_{wk}=2.516\text{kN/m}$ 作用下，抗风柱的水平挠度为：

$$\upsilon=\dfrac{5q_{wk}l^4}{384EI_x}=\dfrac{5\times2.516\times6280^4}{384\times2.06\times10^5\times79.68\times10^6}=3.10\text{mm}$$

《钢标》附录 B 规定的挠度限值：$[\upsilon]=l/400=6280/400=15.7\text{mm}>\upsilon$，挠度满足要求。

6.5 屋面横向水平支撑和系杆设计

6.5.1 荷载和内力计算

由抗风柱计算所知，山墙面中间区域风荷载标准值：$w_k=-0.559\text{kN/m}^2$（风吸力），$w_k=0.504\text{kN/m}^2$（风压力）。本例中，山墙面角部和中间区域风荷载系数差别不大，为简化计算，取角部风荷载与中间区域风荷载相等。风吸力作用下，作用于支撑交叉点处由抗风柱传给屋面支撑的风荷载设计值为：

$$W_1=1.5\times(-0.559)\times\dfrac{6.825+7.05}{2}\times2.25\times2=-26.18\text{kN}$$

$$W_2=1.5\times(-0.559)\times\frac{6.375+6.825}{2}\times4.5=-24.9\text{kN}$$

$$W_3=1.5\times(-0.559)\times\frac{6.15+6.375}{2}\times2.25=-11.82\text{kN}$$

风压力作用下，作用于支撑交叉点处由抗风柱传给屋面支撑的风荷载设计值为：

$$W_1=1.5\times0.504\times\frac{6.825+7.05}{2}\times2.25\times2=23.60\text{kN}$$

$$W_2=1.5\times0.504\times\frac{6.375+6.825}{2}\times4.5=22.45\text{kN}$$

$$W_3=1.5\times0.504\times\frac{6.15+6.375}{2}\times2.25=10.65\text{kN}$$

屋盖横向水平支撑采用交叉支撑形式，可看作是一平行弦桁架，刚架梁为弦杆，交叉横向水平支撑为斜腹杆，刚性系杆为竖腹杆。假定斜腹杆为柔性杆件，只能承受拉力，不能承受压力，则受压的腹杆屈曲退出工作，每个节间只有受拉的斜腹杆参与工作。则此平行弦桁架（屋面支撑）在风吸力和风压力作用下的计算简图及支撑内力计算结果如图6-6所示。

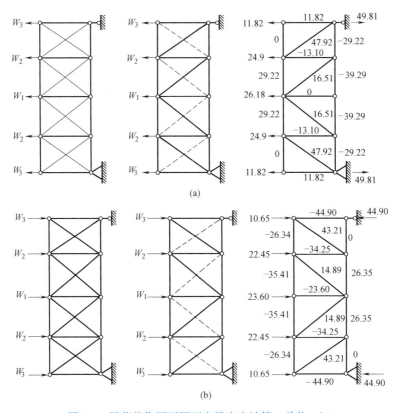

图 6-6　风荷载作用下屋面支撑内力计算（单位：kN）

（a）风吸力作用下屋面支撑内力计算；（b）风压力作用下屋面支撑内力计算

6.5.2　屋面横向水平交叉支撑截面设计

屋面横向水平交叉支撑采用张紧的圆钢截面，所承受最大拉力 $N=47.92\text{kN}$。张紧时

144

的预加张力控制在杆件拉力设计值的 10% 左右，考虑此预加张力作用，在拉杆设计时留出 20% 的余量，则交叉支撑所承受最大拉力按 $N=47.92\times1.2=57.5\text{kN}$ 考虑。

支撑截面初选为 $\phi22$ 的圆钢，螺纹处有效截面面积 $A_e=303\text{mm}^2$，按轴心受拉构件验算强度和刚度。

（1）强度验算

$$\sigma=\frac{N}{A_e}=\frac{57500}{303}=189.77\text{N/mm}^2<f=215\text{N/mm}^2$$

强度满足要求。

（2）刚度验算

根据《钢标》第 7.4.7 条，若支撑采用圆钢且带张紧装置，则不需验算其长细比。

6.5.3　刚性系杆截面设计

刚性系杆所承受最大压力 $N=44.90\text{kN}$，采用钢管截面，初选截面为 $\phi95\text{mm}\times3.5\text{mm}$，截面参数 $A=10.06\text{cm}^2$，$i=3.24\text{cm}$，按轴心受压构件验算。

（1）强度验算

$$\sigma=\frac{N}{A}=\frac{44900}{1006}=44.63\text{N/mm}^2<f=215\text{N/mm}^2$$

强度验算满足要求。

（2）刚度验算

$$\lambda_x=\lambda_y=\frac{6000}{32.4}=185.19<[\lambda]=220$$

刚度验算满足要求。

（3）整体稳定性验算

$\lambda_x=\lambda_y=185.19$，由《钢标》表 7.2.1-1 判断对 x 和 y 轴均属 a 类截面，由《钢标》附表 D.0.2 得：$\varphi_x=\varphi_y=0.230$，则：

$$\frac{N}{\varphi A f}=\frac{44900}{0.230\times1006\times215}=0.902<1.0$$

整体稳定性验算满足要求。

（4）局部稳定性验算

系杆外径和壁厚的比值为：

$$\frac{D}{t}=\frac{95}{3.5}=27.14<100(235/f_y)=100$$

局部稳定性验算满足要求。

6.6　柱间支撑设计

根据《门规》第 4.5.5 条规定：当设有起重量不小于 5t 的桥式吊车时，柱间宜采用型钢支撑，即刚性支撑（按轴心受压杆件设计）。本例题为无吊车厂房，采用圆钢支撑，即柔性支撑（按轴心受拉杆设计）。

6.6.1 荷载和内力计算

由前面计算所知，作用于山墙面的风荷载标准值：$w_k = -0.559\text{kN/m}^2$（风吸力），$w_k = 0.504\text{kN/m}^2$（风压力）。假设作用于山墙面的风荷载由最靠近山墙的一道支撑承受，则柱间支撑顶部所受风荷载为：

$$F_w = \frac{1}{2} \times 1.5 \times (-0.559) \times 6.6 \times 18 = -49.81\text{kN（风吸力）}$$

$$F_w = \frac{1}{2} \times 1.5 \times 0.504 \times 6.6 \times 18 = 44.90\text{kN（风压力）}$$

交叉柱间支撑按柔性支撑设计，杆件受压则屈曲退出工作。在风吸力作用下，如图 6-7 所示虚线表示支撑杆件受压退出工作，按静定悬臂桁架计算柱间支撑杆件内力。

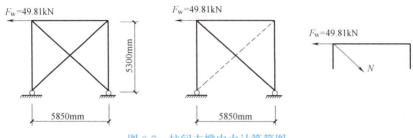

图 6-7　柱间支撑内力计算简图

由平衡方程得：

$$\sum X = 0 \quad F_w - N \times \frac{5.85}{7.89} = 0 \quad \Rightarrow \quad N = 67.18\text{kN}$$

得支撑杆件拉力 $N = 67.18\text{kN}$。

6.6.2 截面设计

对于单层无吊车普通厂房，支撑采用张紧的圆钢截面，预张力控制在杆件拉力设计值的 10% 左右。考虑此预加张力作用，在拉杆设计时留出 20% 的余量，则杆件所受拉力设计值按 $N = 67.18 \times 1.2 = 80.62\text{kN}$ 考虑。

初选取 $\phi25$ 的圆钢，螺纹处有效截面积为 386.38mm^2，按轴心受拉构件进行验算。

（1）强度验算

$$\sigma = \frac{N}{A} = \frac{80620}{386.38} = 208.65\text{N/mm}^2 < f = 215\text{N/mm}^2$$

强度验算满足要求。

（2）刚度验算

根据《钢标》7.4.7 条，若支撑采用圆钢且带张紧装置，则不需验算其长细比。

6.7　刚架梁-柱截面设计

取中间榀刚架进行计算。根据《门规》表 4.2.2-1 规定，当屋面坡度角 $\theta = 5.71°$ 时，采用内插法计算刚架的横向风荷载系数，如图 6-8 所示。

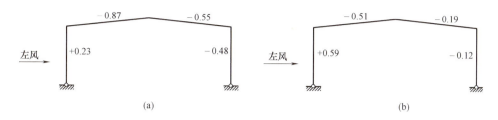

图 6-8 左风作用下中间榀刚架横向风荷载系数
(a) 荷载工况（$+i$）；(b) 荷载工况（$-i$）

刚架各构件单元编号、节点编号、构件实际长度如图 6-9 所示。

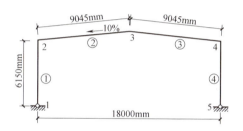

图 6-9 刚架计算模型示意图

各构件单元初选截面及参数如表 6-1 所示。

构件单元初选截面及参数   表 6-1

构件 单元号	截面规格	构件实际 长度(mm)	截面积 A (mm^2)	I_x (mm^4)	I_y (mm^4)	i_x (mm)	i_y (mm)	W_x (mm^3)	W_y (mm^3)
①、④	I(250～450)× 160×8×10	6150	5040 6640	$5.42×10^7$ $2.08×10^8$	$6.84×10^6$ $6.85×10^6$	103.72 176.95	36.83 32.11	$4.34×10^5$ $9.24×10^5$	$8.55×10^4$ $8.56×10^4$
②、③	I450×180× 8×10	9045	7040	$2.27×10^8$	$9.74×10^6$	179.68	37.2	$1.01×10^6$	$1.08×10^5$

注：构件单元①、④中的上下行分别指小头和大头的截面参数值。

6.7.1 内力计算

（1）确定刚架在各荷载作用下的计算简图

当抗震设防烈度为 $7°$（$0.1g$）时，一般地震效应不起控制作用，为简化计算，本例手算过程仅考虑恒载、屋面活荷载（活载）、横向风荷载作用。计算刚架时，考虑屋面支撑等自重，取屋面恒载标准值 $0.3kN/m^2$；屋面活荷载标准值 $0.5kN/m^2$。

风荷载标准值 $w_k = \beta \mu_w \mu_z w_0$，其中系数 $\beta = 1.1$；地面粗糙度类别为 B 类，房屋高度小于 10m，风压高度变化系数 $\mu_z = 1.0$；风荷载系数 μ_w 如图 6-8 所示，考虑风脉动增大效应后

的风压 $w_0 = 0.5 \mathrm{kN/m^2}$。

则各荷载作用下刚架计算简图如图 6-10 所示。

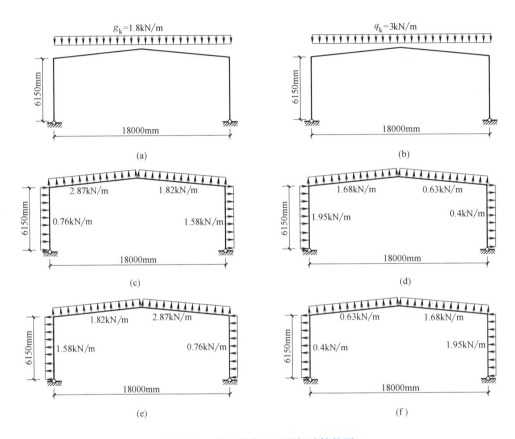

图 6-10　各荷载作用下刚架计算简图

（a）屋面恒载；（b）屋面均布活荷载；（c）横向风荷载 左风（荷载工况 $+i$）；
（d）横向风荷载 左风（荷载工况 $-i$）；（e）横向风荷载 右风（荷载工况 $+i$）；
（f）横向风荷载 右风（荷载工况 $-i$）

（2）计算各荷载标准值作用下刚架内力

刚架在各荷载标准值作用下的弯矩 M（kN·m）、轴力 N（kN）、剪力 V（kN）如图 6-11 所示。

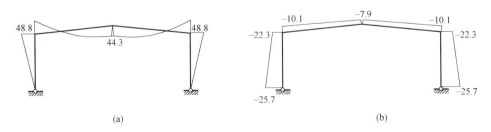

图 6-11　刚架在各荷载标准值作用下内力图（一）

（a）恒载 M 图；（b）恒载 N 图

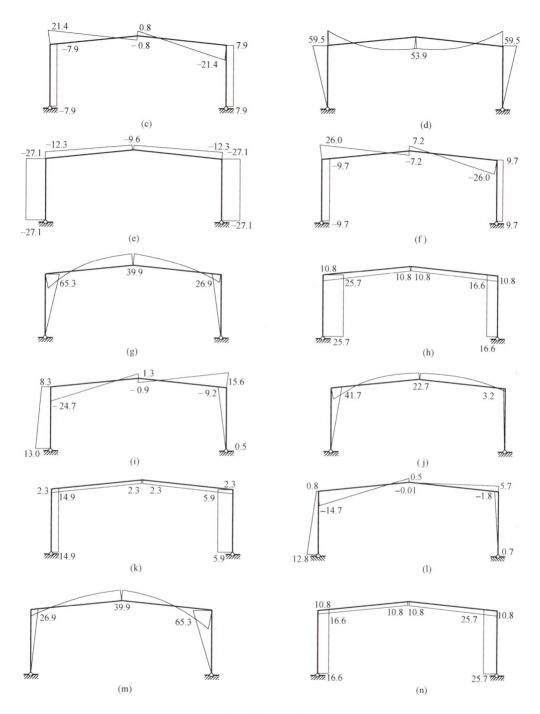

图 6-11　刚架在各荷载标准值作用下内力图（二）

（c）恒载 V 图；（d）屋面活荷载 M 图；（e）屋面活荷载 N 图；（f）屋面活荷载 V 图；

（g）横向风荷载 左风（荷载工况 $+i$）M 图；（h）横向风荷载 左风（荷载工况 $+i$）N 图；

（i）横向风荷载 左风（荷载式况 $+i$）V 图；（j）横向风荷载 左风（荷载工况 $-i$）M 图；

（k）横向风荷载 左风（荷载工况 $-i$）N 图；（l）横向风荷载 左风（荷载工况 $-i$）V 图；

（m）横向风荷载 右风（荷载工况 $+i$）M 图；（n）横向风荷载 右风（荷载工况 $+i$）N 图

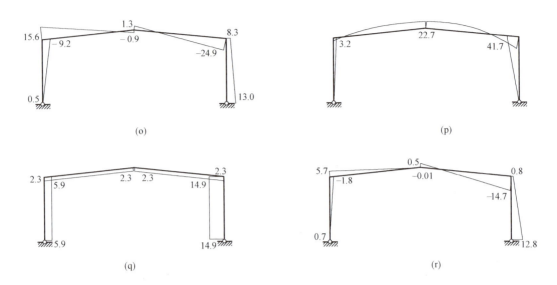

图 6-11　刚架在各荷载标准值作用下内力图（三）

（o）横向风荷载 右风（荷载工况+i）V 图；（p）横向风荷载 右风（荷载工况−i）M 图；
（q）横向风荷载 右风（荷载工况−i）N 图；（r）横向风荷载 右风（荷载工况−i）V 图

（3）确定构件控制截面，计算控制截面不同工况下的荷载效应组合

以刚架梁端、柱端为控制截面，主要考虑如下 13 种荷载组合：

组合 1：1.3×恒载+1.5×活载

组合 2：1.0×恒载+1.5×左风（荷载工况+i）

组合 3：1.0×恒载+1.5×左风（荷载工况−i）

组合 4：1.0×恒载+1.5×右风（荷载工况+i）

组合 5：1.0×恒载+1.5×右风（荷载工况−i）

组合 6：1.3×恒载+1.5×活载+1.5×0.6×左风（荷载工况+i）

组合 7：1.3×恒载+1.5×活载+1.5×0.6×左风（荷载工况−i）

组合 8：1.3×恒载+1.5×0.7×活载+1.5×左风（荷载工况+i）

组合 9：1.3×恒载+1.5×0.7×活载+1.5×左风（荷载工况−i）

组合 10：1.3×恒载+1.5×活载+1.5×0.6×右风（荷载工况+i）

组合 11：1.3×恒载+1.5×活载+1.5×0.6×右风（荷载工况−i）

组合 12：1.3×恒载+1.5×0.7×活载+1.5×右风（荷载工况+i）

组合 13：1.3×恒载+1.5×0.7×活载+1.5×右风（荷载工况−i）

计算刚架梁-柱控制截面内力组合，见表 6-2。

刚架梁、柱为双轴对称截面，取控制截面最不利内力 M_{max} 及相应的 N、V 或 N_{max} 及相应的 M、V 为构件截面设计内力。

6.7.2　构件截面设计

构件初选截面见表 6-1，按《门规》对刚架梁、柱初选截面进行验算。

表 6-2

刚架梁-柱控制截面内力组合计算表

构件控制截面内力		荷载效应						荷载效应组合													控制截面设计内力
		恒载	屋面活载	左风(+i)	左风(-i)	右风(+i)	右风(-i)	组合1	组合2	组合3	组合4	组合5	组合6	组合7	组合8	组合9	组合10	组合11	组合12	组合13	设计内力
①柱1节点	M_{12}	0.0	0.0	0.0	0.0	0.0	0.0	0.0	0.0	0.0	0.0	0.0	0.0	0.0	0.0	0.0	0.0	0.0	0.0	0.0	0.0
	N_{12}	-25.7	-27.1	25.7	14.9	16.6	5.9	-74.1	12.9	-3.4	-0.8	-16.9	-50.9	-60.7	-23.3	-39.5	-59.1	-68.8	-37.0	-53.0	-74.1
	V_{12}	-7.9	-9.7	13.0	12.8	0.5	0.7	-24.8	11.6	11.3	-7.2	-6.9	-13.1	-13.3	-1.0	-1.3	-24.4	-24.2	-19.7	-19.4	-24.8
①柱2节点	M_{21}	-48.8	-59.5	65.3	41.7	26.9	3.2	-152.7	49.2	13.8	-8.5	-44.0	-93.9	-115.2	-28.0	-63.4	-128.5	-149.8	-85.6	-121.1	-152.7
	N_{21}	-22.3	-27.1	25.7	14.9	16.6	5.9	-69.6	16.3	0.1	2.6	-13.5	-46.5	-56.2	-18.9	-35.1	-54.7	-64.3	-32.5	-48.6	-69.6
	V_{21}	-7.9	-9.7	8.3	0.8	-9.2	-1.8	-24.8	4.6	-6.7	-21.7	-10.6	-17.4	-24.1	-8.0	-19.3	-33.1	-26.4	-34.3	-23.2	-24.8
④柱4节点	M_{45}	-48.8	-59.5	26.9	3.2	65.3	41.7	-152.7	-8.5	-44.0	49.2	13.8	-128.5	-149.8	-85.6	-121.1	-93.9	-115.2	-28.0	-63.4	-152.7
	N_{45}	-22.3	-27.1	16.6	5.9	25.7	14.9	-69.6	2.6	-13.5	16.3	0.1	-54.7	-64.3	-32.5	-48.6	-46.5	-56.2	-18.9	-35.1	-69.6
	V_{45}	7.9	9.7	-9.2	-1.8	8.3	0.8	24.8	-5.9	5.2	20.4	9.1	16.5	23.2	6.7	17.8	32.3	25.5	32.9	21.7	24.8
④柱5节点	M_{54}	0.0	0.0	0.0	0.0	0.0	0.0	0.0	0.0	0.0	0.0	0.0	0.0	0.0	0.0	0.0	0.0	0.0	0.0	0.0	0.0
	N_{54}	-25.7	-27.1	16.6	5.9	25.7	14.9	-74.1	-0.8	-16.9	12.9	-3.4	-59.1	-68.8	-37.0	-53.0	-50.9	-60.7	-23.3	-39.5	-74.1
	V_{54}	7.9	9.7	0.5	0.7	13.0	12.8	24.8	8.7	9.0	27.4	27.1	25.3	25.5	21.2	21.5	36.5	36.3	40.0	39.7	24.8
②梁2节点	M_{23}	-48.8	-59.5	65.3	41.7	26.9	3.2	-152.7	49.2	13.8	-8.5	-44.0	-93.9	-115.2	-28.0	-63.4	-128.5	-149.8	-85.6	-121.1	-152.7
	N_{23}	-10.1	-12.3	10.8	2.3	10.8	2.3	-31.6	6.1	-6.7	6.1	-6.7	-21.9	-29.5	-9.8	-22.6	-21.9	-29.5	-9.8	-22.6	-31.6
	V_{23}	21.4	26.0	-24.7	-14.7	15.6	5.7	66.8	-15.7	-0.6	44.8	30.0	44.6	53.6	18.1	33.1	80.9	72.0	78.5	63.7	66.8
②梁3节点	M_{32}	44.3	53.9	-39.9	-22.7	-39.9	-22.7	138.4	-15.6	10.3	-15.6	10.3	102.5	118.0	54.3	80.1	102.5	118.0	54.3	80.1	138.4
	N_{32}	-7.9	-9.6	10.8	2.3	10.8	2.3	-24.7	8.3	-4.5	8.3	-4.5	-15.0	-22.6	-4.2	-16.9	-15.0	-22.6	-4.2	-16.9	-24.7
	V_{32}	-0.8	-7.2	1.3	0.5	-0.9	0.0	-11.8	1.2	-0.1	-2.2	-0.8	-10.7	-11.4	-6.7	-7.9	-12.7	-11.8	-10.0	-8.6	-11.8
③梁3节点	M_{34}	44.3	53.9	-39.9	-22.7	-39.9	-22.7	138.4	-15.6	10.3	-15.6	10.3	102.5	118.0	54.3	80.1	102.5	118.0	54.3	80.1	138.4
	N_{34}	-7.9	-9.6	10.8	2.3	10.8	2.3	-24.7	8.3	-4.5	8.3	-4.5	-15.0	-22.6	-4.2	-16.9	-15.0	-22.6	-4.2	-16.9	-24.7
	V_{34}	0.8	7.2	-0.9	0.0	1.3	0.5	11.8	-0.6	0.8	2.8	1.6	11.0	11.8	7.3	8.6	13.0	12.3	10.6	9.4	11.8
③梁4节点	M_{43}	-48.8	-59.5	26.9	3.2	65.3	41.7	-152.7	-8.5	-44.0	49.2	13.8	-128.5	-149.8	-85.6	-121.1	-93.9	-115.2	-28.0	-63.4	-152.7
	N_{43}	-10.1	-12.3	10.8	2.3	10.8	2.3	-31.6	6.1	-6.7	6.1	-6.7	-21.9	-29.5	-9.8	-22.6	-21.9	-29.5	-9.8	-22.6	-31.6
	V_{43}	-21.4	-26.0	15.6	5.7	-24.9	-14.7	-66.8	2.0	-12.9	-58.8	-43.5	-52.8	-61.7	-31.7	-46.6	-89.2	-80.1	-92.5	-77.2	-66.8

注：弯矩 M (kN·m) 以使构件内侧受拉为正。外侧受拉为负；剪力 V (kN) 以使杆端端顺时针旋转为正；轴力 N (kN) 以受拉为正。

151

（1）单元①柱截面验算

验算内容主要包括强度验算、刚架平面内稳定性验算和刚架平面外稳定性验算。

1）强度验算

① 单元①柱节点 1 端强度验算（柱截面 I250×160×8×10）

该截面最不利组合内力值：$M_{12}=0.00\text{kN}\cdot\text{m}$，$N_{12}=-74.1\text{kN}$，$V_{12}=-24.8\text{kN}$。

a. 按《门规》第 7.1.1 条确定构件有效截面

该截面 $M_{12}=0.00\text{kN}\cdot\text{m}$，截面腹板边缘正应力均为：

$$\sigma_1=\sigma_2=N/A=74.1\times10^3/5040=14.70\text{N/mm}^2 \quad （压应力）$$

由《门规》式（7.1.1-5）得截面边缘正应力比值 β：

$$\beta=\sigma_2/\sigma_1=14.70/14.70=1$$

则按《门规》式（7.1.1-4）可求得 k_σ：

$$k_\sigma=\frac{16}{\sqrt{(1+1)^2+0.112\times(1-1)^2}+(1+1)}=4$$

由于 $\sigma_1<f=215\text{N/mm}^2$，用 $\gamma_R\sigma_1$ 代替《门规》的式（7.1.1-3）中的 f_y：

$$\gamma_R\sigma_1=1.1\times14.70=16.17\text{N/mm}^2$$

由《门规》式（7.1.1-3）可求得 λ_p：

$$\lambda_p=\frac{330/8}{28.1\times\sqrt{4}\times\sqrt{235/16.17}}=0.19$$

由《门规》式（7.1.1-2）可得腹板有效高度系数 ρ：

$$\rho=\frac{1}{(0.243+\lambda_p^{1.25})^{0.9}}=\frac{1}{(0.243+0.19^{1.25})^{0.9}}=2.46>1.0$$

取有效高度系数 $\rho=1.0$，则腹板受压区有效高度 $h_e=\rho h_w=h_w$，即单元①节点 1 端截面全截面有效，$A_e=A=5040\text{mm}^2$，$W_e=W_x=4.34\times10^5\text{mm}^3$。

b. 强度验算

由《门规》式（7.1.1-13）得腹板区格楔率 γ_p：

$$\gamma_p=\frac{h_{w1}}{h_{w0}}-1=\frac{430}{230}-1=0.87$$

柱腹板不设横向加劲肋，由《门规》式（7.1.1-14）得：

$$\alpha=\frac{a_1}{h_{w1}}=0$$

由《门规》式（7.1.1-12）得腹板屈曲后抗剪强度的楔率折减系数 χ_{tap}：

$$\chi_{tap}=1-0.35\alpha^{0.2}\gamma_p^{2/3}=1$$

由《门规》式（7.1.1-19）得 ω_1：

$$\omega_1=0.41-0.897\alpha+0.363\alpha^2-0.041\alpha^3=0.41$$

由《门规》式（7.1.1-18）得 η_s：

$$\eta_s=1-\omega_1\sqrt{\gamma_p}=1-0.41\times\sqrt{0.87}=0.62$$

不设腹板横向加劲肋，则受剪板件的屈曲系数 k_τ 为：

$$k_\tau=5.34\eta_s=5.34\times0.62=3.31$$

由《门规》式（7.1.1-15）得参数 λ_s：

$$\lambda_s = \frac{h_{w1}/t_w}{37\sqrt{k_\tau}\sqrt{235/f_y}} = \frac{430/8}{37\times\sqrt{3.31}\times1} = 0.80$$

由《门规》式（7.1.1-11）得系数 φ_{ps}：

$$\varphi_{ps} = \frac{1}{(0.51+\lambda_s^{3.2})^{1/2.6}} = \frac{1}{(0.51+0.8^{3.2})^{1/2.6}} = 1.0$$

由《门规》式（7.1.1-10）得截面抗剪承载力 V_d：

$$V_d = \chi_{tap}\varphi_{ps}h_{w1}t_wf_v = 1.0\times1.0\times430\times8\times125 = 430000\text{N}$$

$V_d = 430000\text{N} > h_{w0}t_wf_v = 230\times8\times125 = 230000\text{N}$，取 $V_d = 230\text{kN}$。

$V_{12} = 24.8\text{kN} < 0.5V_d = 115\text{kN}$，由《门规》式（7.1.2-4）验算强度：

$$\frac{N}{A_e} + \frac{M}{W_e} = \frac{74.1\times10^3}{5040} = 14.70\text{N/mm}^2 < f = 215\text{N/mm}^2$$

单元①柱节点 1 端截面强度满足要求。

② 单元①柱节点 2 端强度验算（柱截面 I450×160×8×10）

该截面最不利组合内力值：$M_{21} = -152.7\text{kN·m}$，$N_{21} = -69.6\text{kN}$，$V_{21} = -24.8\text{kN}$。

a. 按《门规》7.1.1 条确定构件有效截面

单元①柱 2 节点端截面腹板最大压应力 σ_1：

$$\sigma_1 = \frac{N}{A} + \frac{M}{I_x}y_1 = \frac{69.6\times10^3}{6640} + \frac{152.7\times10^6}{2.08\times10^8}\times215 = 168.32\text{N/mm}^2 \quad （压应力）$$

单元①柱 2 节点端截面腹板另一边缘应力 σ_2：

$$\sigma_2 = \frac{N}{A} - \frac{M}{I_x}y_1 = \frac{69.6\times10^3}{6640} - \frac{152.7\times10^6}{2.08\times10^8}\times215 = -147.36\text{N/mm}^2 \quad （拉应力）$$

由《门规》式（7.1.1-5）得截面边缘正应力比值 β 为：

$$\beta = \sigma_2/\sigma_1 = -147.36/168.32 = -0.88$$

则按《门规》式（7.1.1-4）可求得 k_σ 为：

$$k_\sigma = \frac{16}{\sqrt{(1-0.88)^2+0.112\times(1+0.88)^2}+(1-0.88)} = 21.04$$

由于 $\sigma_1 < f = 215\text{N/mm}^2$，用 $\gamma_R\sigma_1$ 代替《门规》式（7.1.1-3）中的 f_y：

$$\gamma_R\sigma_1 = 1.1\times168.32 = 185.15\text{N/mm}^2$$

由《门规》式（7.1.1-3）求得 λ_p：

$$\lambda_p = \frac{330/8}{28.1\times\sqrt{21.04}\times\sqrt{235/185.15}} = 0.28$$

由《门规》式（7.1.1-2）得腹板有效高度系数 ρ：

$$\rho = \frac{1}{(0.243+\lambda_p^{1.25})^{0.9}} = \frac{1}{(0.243+0.28^{1.25})^{0.9}} = 2.07 > 1.0$$

取有效高度系数 $\rho = 1.0$，则腹板受压区有效高度 $h_e = \rho h_c = h_c$，即①单元柱节点 2 端截面全截面有效，$A_e = A = 6640\text{mm}^2$，$W_e = W_x = 9.24\times10^5\text{mm}^3$。

b. 强度验算

由《门规》式（7.1.1-13）得腹板区格楔率 γ_p：

$$\gamma_p = \frac{h_{w1}}{h_{w0}} - 1 = \frac{430}{230} - 1 = 0.87$$

柱腹板不设横向加劲肋，由《门规》式（7.1.1-14）得：

$$\alpha = \frac{a_1}{h_{w1}} = 0$$

由《门规》式（7.1.1-12）得腹板屈曲后抗剪强度的楔率折减系数 χ_{tap}：

$$\chi_{tap} = 1 - 0.35\alpha^{0.2}\gamma_p^{2/3} = 1$$

由《门规》式（7.1.1-19）得 ω_1：

$$\omega_1 = 0.41 - 0.897\alpha + 0.363\alpha^2 - 0.041\alpha^3 = 0.41$$

由《门规》式（7.1.1-18）得 η_s：

$$\eta_s = 1 - \omega_1\sqrt{\gamma_p} = 1 - 0.41 \times \sqrt{0.87} = 0.62$$

不设横向加劲肋，则受剪板件的屈曲系数 k_τ 为：

$$k_\tau = 5.34\eta_s = 5.34 \times 0.62 = 3.31$$

由《门规》式（7.1.1-15）得参数 λ_s：

$$\lambda_s = \frac{h_{w1}/t_w}{37\sqrt{k_\tau}\sqrt{235/f_y}} = \frac{430/8}{37 \times \sqrt{3.31} \times 1} = 0.80$$

由《门规》式（7.1.1-11）得系数 φ_{ps}：

$$\varphi_{ps} = \frac{1}{(0.51 + \lambda_s^{3.2})^{1/2.6}} = \frac{1}{(0.51 + 0.8^{3.2})^{1/2.6}} = 1.0$$

由《门规》式（7.1.1-10）得截面抗剪承载力 V_d：

$$V_d = \chi_{tap}\varphi_{ps}h_{w1}t_wf_v = 1.0 \times 1.0 \times 430 \times 8 \times 125 = 430000N$$

$V_d = 430000N > h_{w0}t_wf_v = 230 \times 8 \times 125 = 230000N$，取 $V_d = 230kN$。

$V_{21} = 24.8kN < 0.5V_d = 115kN$，由《门规》式（7.1.2-4）验算强度：

$$\frac{N}{A_e} + \frac{M}{W_e} = \frac{69.6 \times 10^3}{6640} + \frac{152.7 \times 10^6}{9.24 \times 10^5} = 175.74N/mm^2 < f = 215N/mm^2$$

单元①柱节点 2 端截面强度满足要求。

2）稳定性验算

① 单元①柱在刚架平面内的稳定性验算

由《门规》附录 A 计算得刚架平面内柱计算长度系数 $\mu = 1.68$，由《门规》式（7.1.3-5）得长细比 λ_1 为：

$$\lambda_1 = \frac{\mu H}{i_{x1}} = \frac{1.68 \times 6150}{176.95} = 58.39$$

由《门规》式（7.1.3-6）得 $\bar{\lambda}_1$：

$$\bar{\lambda}_1 = \frac{\lambda_1}{\pi}\sqrt{\frac{f_y}{E}} = \frac{58.39}{3.14} \times \sqrt{\frac{235}{2.06 \times 10^5}} = 0.63$$

$\bar{\lambda}_1 = 0.63 < 1.2$，由《门规》式（7.1.3-4）得 η_t：

$$\eta_t = \frac{A_0}{A_1} + \left(1 - \frac{A_0}{A_1}\right) \times \frac{\bar{\lambda}_1^2}{1.44} = \frac{5040}{6640} + \left(1 - \frac{5040}{6640}\right) \times \frac{0.63^2}{1.44} = 0.83$$

由《门规》式（7.1.3-2）得 N_{cr} 为：

$$N_{cr} = \pi^2EA_{e1}/\lambda_1^2 = \pi^2 \times 2.06 \times 10^5 \times 6640/58.39^2 = 3955648N$$

$\lambda_1 = 58.39$，截面对 x 轴属 b 类截面，由《钢标》附录 D 表 D.0.2 查得杆件轴心受压

154

稳定系数 $\varphi_x = 0.816$。

有侧移刚架柱，等效弯矩系数 $\beta_{mx} = 1.0$，由《门规》式（7.1.3-1）验算刚架平面内的整体稳定性：

$$\frac{N_1}{\eta_t \varphi_x A_{e1}} + \frac{\beta_{mx} M_1}{(1 - N_1/N_{cr}) W_{e1}} = \frac{69.6 \times 10^3}{0.83 \times 0.816 \times 6640} + \frac{1.0 \times 152.7 \times 10^6}{\left(1 - \dfrac{64.7}{3955.65}\right) \times 9.24 \times 10^5}$$

$$= 183.48 \text{N/mm}^2 < f = 215 \text{N/mm}^2$$

单元①柱在刚架平面内的整体稳定性满足要求。

② 单元①柱在刚架平面外的稳定性验算

在距柱顶 3.3m 处，在柱内侧翼缘与墙梁间设置隅撑，以隅撑作为柱平面外侧向支撑点，变截面刚架柱在平面外的稳定性分段进行计算，上段柱高为 3.3m，下段柱高 $= 6.15 - 3.3 = 2.85$m，如图 6-12 所示。分段点处柱内力为：

$$M' = \frac{2.85}{6.15} \times 152.7 = 70.76 \text{kN} \cdot \text{m}$$

$$N' = \frac{3.3}{6.15} \times (-74.1 + 69.6) + (-69.6) = -72.01 \text{kN}（压力）$$

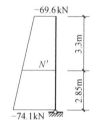 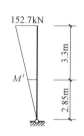

图 6-12 单元①柱平面外侧向支撑点处内力

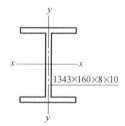

图 6-13 单元①柱分段点处截面（单位：mm）

分段点处柱截面（对上段柱为小端截面，对下段柱为大端截面，如图 6-13 所示）参数为：

$$h = \frac{2.85}{6.15} \times (450 - 250) + 250 \approx 343 \text{mm}$$

$$A = 10 \times 160 \times 2 + 323 \times 8 = 5784 \text{mm}^2$$

$$I_x = \frac{160 \times 343^3}{12} - \frac{152 \times 323^3}{12} = 1.11 \times 10^8 \text{mm}^4$$

$$I_y = \frac{10 \times 160^3}{12} \times 2 + \frac{323 \times 8^3}{12} = 6.84 \times 10^6 \text{mm}^4$$

$$i_x = \sqrt{\frac{I_x}{A}} = 138.53 \text{mm}, \quad i_y = \sqrt{\frac{I_y}{A}} = 34.39 \text{mm}$$

$$W_x = 6.47 \times 10^5 \text{mm}^3, \quad W_y = 8.55 \times 10^4 \text{mm}^3$$

a. 单元①柱上段平面外稳定性验算

单元①柱上段大端截面：截面规格 H450×160×8×10，$M_1 = 152.7$kN·m，$N_1 = -69.6$kN（压力）；单元①柱上段小端截面：截面规格 H343×160×8×10，$M_0 = 70.76$kN·m，$N_0 = -72.01$kN（压力）。

由《门规》式（7.1.5-5）得 λ_{1y}：

$$\lambda_{1y}=\frac{L}{i_{y1}}=\frac{3300}{32.11}=102.77$$

由《门规》式（7.1.5-4）得 $\overline{\lambda}_{1y}$：

$$\overline{\lambda}_{1y}=\frac{\lambda_{1y}}{\pi}\sqrt{\frac{f_y}{E}}=\frac{102.77}{\pi}\times\sqrt{\frac{235}{2.06\times10^5}}=1.11$$

$\overline{\lambda}_{1y}=1.11<1.3$，由《门规》式（7.1.5-3）得 η_{ty}：

$$\eta_{ty}=\frac{A_0}{A_1}+\left(1-\frac{A_0}{A_1}\right)\times\frac{\overline{\lambda}_{1y}^2}{1.69}=\frac{5784}{6640}+\left(1-\frac{5784}{6640}\right)\times\frac{1.11^2}{1.69}=0.97$$

$\lambda_{1y}=102.77$，截面对 y 轴属 b 类截面，查《钢标》附录 D 表 D.0.2 得轴心受压构件稳定系数 $\varphi_y=0.537$。

弯矩最大截面受压翼缘和受拉翼缘绕弱轴（y 轴）的惯性矩 I_{yB}、I_{yT} 为：

$$I_{yB}=I_{yT}=\frac{10\times160^3}{12}=3.41\times10^6\,\text{mm}^4$$

由《门规》式（7.1.4-16）计算得惯性矩比 η_i：

$$\eta_i=\frac{I_{yB}}{I_{yT}}=1$$

由《门规》式（7.1.4-8）计算得变截面柱的楔率 γ：

$$\gamma=(h_1-h_0)/h_0=(440-333)/333=0.32$$

由《门规》式（7.1.4-7）计算得弯矩比 k_M：

$$k_M=\frac{M_0}{M_1}=\frac{70.76}{152.7}=0.46$$

由《门规》式（7.1.4-5）计算得系数 k_σ：

$$k_\sigma=k_M\frac{W_{x1}}{W_{x0}}=0.46\times\frac{9.24\times10^5}{6.47\times10^5}=0.66$$

由《门规》式（7.1.4-12）计算得系数 η：

$$\eta=0.55+0.04(1-k_\sigma)\sqrt[3]{\eta_i}=0.55+0.04\times(1-0.66)\times\sqrt[3]{1}=0.56$$

小端截面自由扭转常数 J_0：

$$J_0\approx\frac{\sum b_i t_i^3}{3}=\frac{160\times10^3\times2+323\times8^3}{3}=161792\,\text{mm}^4$$

由《门规》式（7.1.4-15）得变截面柱等效圣维南扭转常数 J_η：

$$J_\eta=J_0+\frac{1}{3}\gamma\eta(h_0-t_f)t_w^3=161792+\frac{1}{3}\times0.32\times0.56\times(333-10)\times8^3=171670\,\text{mm}^4$$

由《门规》式（7.1.4-14）得柱小端截面的翘曲惯性矩 $I_{\omega0}$：

$$I_{\omega0}=I_{yT}h_{sT0}^2+I_{yB}h_{sB0}^2=3.41\times10^6\times166.5^2+3.41\times10^6\times166.5^2=1.89\times10^{11}\,\text{mm}^6$$

由《门规》式（7.1.4-13）得变截面柱等效翘曲惯性矩 $I_{\omega\eta}$：

$$I_{\omega\eta}=I_{\omega0}(1+\gamma\eta)^2=1.89\times10^{11}\times(1+0.32\times0.56)=2.63\times10^{11}\,\text{mm}^6$$

由《门规》式（7.1.4-11）得截面不对称系数 $\beta_{x\eta}$：

$$\beta_{x\eta}=0.45(1+\gamma\eta)h_0\frac{I_{yT}-I_{yB}}{I_y}=0$$

由《门规》式（7.1.4-10）得等效弯矩系数 C_1：

$$C_1 = 0.46k_M^2\eta_i^{0.346} - 1.32k_M\eta_i^{0.132} + 1.86\eta_i^{0.023}$$

$$= 0.46 \times 0.46^2 \times 1^{0.346} - 1.32 \times 0.46 \times 1^{0.132} + 1.86 \times 1^{0.023} = 1.35 < 2.75$$

由《门规》式（7.1.4-9）得弹性屈曲临界弯矩 M_{cr}：

$$M_{cr} = C_1 \frac{\pi^2 EI_y}{L^2}\left[\beta_{x\eta} + \sqrt{\beta_{x\eta}^2 + \frac{I_{\omega\eta}}{I_y}\left(1 + \frac{GJ_\eta L^2}{\pi^2 EI_{\omega\eta}}\right)}\right]$$

$$= 1.35 \times \frac{\pi^2 \times 2.06 \times 10^5 \times 6.84 \times 10^6}{3300^2} \times$$

$$\left[0 + \sqrt{0^2 + \frac{2.63 \times 10^{11}}{6.84 \times 10^6} \times \left(1 + \frac{7.9 \times 10^4 \times 171670 \times 3300^2}{\pi^2 \times 2.06 \times 10^5 \times 2.63 \times 10^{11}}\right)}\right]$$

$$= 3.82 \times 10^8\,\text{N} \cdot \text{mm} = 382\text{kN} \cdot \text{m}$$

由《门规》式（7.1.4-6）得通用长细比 λ_b：

$$\lambda_b = \sqrt{\frac{\gamma_x W_{x1} f_y}{M_{cr}}} = \sqrt{\frac{1.05 \times 9.24 \times 10^5 \times 235}{382 \times 10^6}} = 0.77$$

由《门规》式（7.1.4-4）得系数 n：

$$n = \frac{1.51}{\lambda_b^{0.1}}\sqrt[3]{b_1/h_1} = \frac{1.51}{0.77^{0.1}} \times \sqrt[3]{160/440} = 1.11$$

由《门规》式（7.1.4-3）得系数 λ_{b0}：

$$\lambda_{b0} = \frac{0.55 - 0.25k_\sigma}{(1+\gamma)^{0.2}} = \frac{0.55 - 0.25 \times 0.66}{(1 + 0.32)^{0.2}} = 0.36$$

由《门规》式（7.1.4-2）得整体稳定系数 φ_b：

$$\varphi_b = \frac{1}{(1 - \lambda_{b0}^{2n} + \lambda_b^{2n})^{1/n}} = \frac{1}{(1 - 0.36^{2.22} + 0.77^{2.22})^{1/1.11}} = 0.75 < 1.0$$

由《门规》式（7.1.5-1）验算单元①柱上段平面外的稳定性：

$$\frac{N_1}{\eta_{ty}\varphi_y A_{e1} f} + \left(\frac{M_1}{\varphi_b \gamma_x W_{e1} f}\right)^{1.3 - 0.3k_\sigma}$$

$$= \frac{69.6 \times 10^3}{0.97 \times 0.537 \times 6640 \times 215} + \left(\frac{152.7 \times 10^6}{0.75 \times 1.05 \times 9.24 \times 10^5 \times 215}\right)^{1.3 - 0.3 \times 0.66} \approx 1.0$$

单元①柱上段平面外的稳定性满足要求。

b. 单元①柱下段平面外的稳定性验算

单元①柱下段平面外的稳定性验算方法同上段，过程略。

（2）单元②梁截面验算

刚架斜梁在平面内按压弯构件计算强度，在平面外应按压弯构件计算稳定，即刚架斜梁截面验算内容主要包括强度验算和平面外整体稳定性验算。

1）强度验算（单元②梁截面 I450×180×8×10）

① 单元②梁节点 2 端强度验算

最不利内力值：$M_{23} = -152.7\text{kN} \cdot \text{m}$，$N_{23} = -31.6\text{kN}$，$V_{23} = 66.8\text{kN}$。

a. 按《门规》第 7.1.1 条相关规定确定构件有效截面

在弯矩 M 和轴力 N 共同作用下构件截面腹板边缘正应力：

梁截面腹板受压边缘最大压应力：

$$\sigma_1 = N/A + M_x y/I_x = \frac{31.6 \times 10^3}{7040} + \frac{152.7 \times 10^6 \times 215}{2.27 \times 10^8}$$

$$= 4.49 + 144.63 = 149.12 \text{N/mm}^2 (压)$$

梁截面腹板另一边缘应力：

$$\sigma_2 = N/A - M_x y/I_x = \frac{31.6 \times 10^3}{7040} - \frac{152.7 \times 10^6 \times 215}{2.27 \times 10^8}$$

$$= 4.49 - 144.63 = -140.14 \text{N/mm}^2 (拉)$$

由《门规》式（7.1.1-5）得截面边缘正应力比值：

$$\beta = \sigma_2/\sigma_1 = -140.14/149.12 = -0.94$$

由《门规》式（7.1.1-4）得：

$$k_\sigma = \frac{16}{\sqrt{(1-0.94)^2 + 0.112 \times (1+0.94)^2} + (1-0.94)} = 22.47$$

由于 $\sigma_1 < f$，用 $\gamma_R \sigma_1$ 代替《门规》式（7.1.1-3）中的 f_y 得：

$$\gamma_R \sigma_1 = 1.1 \times 149.12 = 164.03 \text{N/mm}^2$$

由《门规》式（7.1.1-3）得：

$$\lambda_p = \frac{430/8}{28.1 \times \sqrt{22.47} \times \sqrt{235/164.03}} = 0.34$$

由《门规》式（7.1.1-2）得有效宽度系数 ρ：

$$\rho = \frac{1}{(0.243 + \lambda_p^{1.25})^{0.9}} = \frac{1}{(0.243 + 0.34^{1.25})^{0.9}} = 1.86 > 1.0$$

取有效宽度系数 $\rho = 1.0$，则腹板受压区有效宽度 $h_e = \rho h_c = h_c$，即单元②梁节点 2 端截面全截面有效，$A_e = A = 7040 \text{mm}^2$，$W_e = W_x = 1.01 \times 10^6 \text{mm}^3$。

b. 强度验算

梁腹板不设横向加劲肋，由《门规》式（7.1.1-13）得腹板区格楔率 γ_p：

$$\gamma_p = \frac{h_{w1}}{h_{w0}} - 1 = \frac{430}{430} - 1 = 0$$

由《门规》式（7.1.1-12）得腹板屈曲后抗剪强度的楔率折减系数 χ_{tap}：

$$\chi_{tap} = 1 - 0.35 \alpha^{0.2} \gamma_p^{2/3} = 1$$

由《门规》式（7.1.1-19）得系数 ω_1：

$$\omega_1 = 0.41 - 0.897\alpha + 0.363\alpha^2 - 0.041\alpha^3 = 0.41$$

由《门规》式（7.1.1-18）得 η_s：

$$\eta_s = 1 - \omega_1 \sqrt{\gamma_p} = 1 - 0.41 \times \sqrt{0} = 1$$

不设横向加劲肋，则受剪板件的屈曲系数 k_τ 为：

$$k_\tau = 5.34 \eta_s = 5.34 \times 1 = 5.34$$

由《门规》式（7.1.1-15）得参数 λ_s：

$$\lambda_s = \frac{h_{w1}/t_w}{37\sqrt{k_\tau}\sqrt{235/f_y}} = \frac{430/8}{37 \times \sqrt{5.34} \times 1} = 0.63$$

由《门规》式（7.1.1-11）得系数 φ_{ps}:

$$\varphi_{ps} = \frac{1}{(0.51+\lambda_s^{3.2})^{1/2.6}} = \frac{1}{(0.51+0.63^{3.2})^{1/2.6}} = 1.12 > 1.0$$

取 $\varphi_{ps}=1.0$，由《门规》式（7.1.1-10）得截面抗剪承载力 V_d:

$$V_d = \chi_{tap}\varphi_{ps}h_{w1}t_w f_v = 1.0 \times 1.0 \times 430 \times 8 \times 125 = 430000N$$

$V_{23} = 66.8kN < 0.5V_d = 215kN$，由《门规》式（7.1.2-4）验算强度：

$$\frac{N}{A_e} + \frac{M}{W_e} = \frac{31.6 \times 10^3}{7040} + \frac{152.7 \times 10^6}{1.01 \times 10^6} = 155.68N/mm^2 < f = 215N/mm^2$$

单元②梁节点 2 端截面强度满足要求。

② 单元②梁节点 3 端强度验算

最不利内力值为：$M_{32}=138.4kN \cdot m$，$N_{32}=-24.7kN$，$V_{32}=-11.8kN$。

本例中刚架斜梁为等截面，且节点 3 端内力均小于节点 2 端内力，故可知：单元②梁节点 3 端强度验算满足要求。

2）平面外整体稳定性验算

单元②梁，其平面外侧向支撑点间距取隅撑间距 3000mm，即平面外计算长度 $l_{0y}=3000mm$。

由《门规》式（7.1.5-5）得 λ_{1y}:

$$\lambda_{1y} = \frac{L}{i_{y1}} = \frac{3000}{37.2} = 80.65$$

由《门规》式（7.1.5-4）得 $\bar{\lambda}_{1y}$:

$$\bar{\lambda}_{1y} = \frac{\lambda_{1y}}{\pi}\sqrt{\frac{f_y}{E}} = \frac{80.65}{\pi} \times \sqrt{\frac{235}{2.06 \times 10^5}} = 0.87$$

$\bar{\lambda}_{1y}=0.87 < 1.3$，由《门规》式（7.1.5-3）得 η_{ty}:

$$\eta_{ty} = \frac{A_0}{A_1} + \left(1-\frac{A_0}{A_1}\right) \times \frac{\bar{\lambda}_{1y}^2}{1.69} = \frac{7040}{7040} + \left(1-\frac{7040}{7040}\right) \times \frac{0.87^2}{1.69} = 1$$

$\lambda_{1y}=80.65$，截面对 y 轴属 b 类截面，查《钢标》附录 D 表 D.0.2 得轴心受压构件稳定系数 $\varphi_y=0.683$。

弯矩最大截面受压翼缘和受拉翼缘绕弱轴（y 轴）的惯性矩 I_{yB}、I_{yT} 为：

$$I_{yB} = I_{yT} = \frac{10 \times 180^3}{12} = 4.86 \times 10^6 mm^4$$

由《门规》式（7.1.4-16）计算惯性矩比 η_i:

$$\eta_i = \frac{I_{yB}}{I_{yT}} = 1$$

由《门规》式（7.1.4-8）计算变截面柱的楔率 γ:

$$\gamma = (h_1-h_0)/h_0 = (440-440)/440 = 0$$

由《门规》式（7.1.4-7）计算弯矩比 k_M:

$$k_M = \frac{M_0}{M_1} = \frac{138.4}{152.7} = 0.91$$

由《门规》式（7.1.4-5）计算系数 k_σ:

$$k_\sigma = k_M \frac{W_{x1}}{W_{x0}} = 0.91 \times \frac{1.01 \times 10^6}{1.01 \times 10^6} = 0.91$$

由《门规》式（7.1.4-12）计算系数 η：

$$\eta = 0.55 + 0.04(1 - k_\sigma) \sqrt[3]{\eta_i} = 0.55 + 0.04 \times (1 - 0.91) \times \sqrt[3]{1} = 0.55$$

小端截面自由扭转常数 J_0：

$$J_0 \approx \frac{\sum b_i t_i^3}{3} = \frac{180 \times 10^3 \times 2 + 430 \times 8^3}{3} = 193387 \text{mm}^4$$

由《门规》式（7.1.4-15）得变截面梁等效圣维南扭转常数 J_η：

$$J_\eta = J_0 + \frac{1}{3}\gamma\eta(h_0 - t_f)t_w^3 = 193387 + \frac{1}{3} \times 0 \times 0.55 \times (440 - 10) \times 8^3 = 193387 \text{mm}^4$$

由《门规》式（7.1.4-14）得梁小端截面的翘曲惯性矩 $I_{\omega0}$：

$$I_{\omega0} = I_{yT}h_{sT0}^2 + I_{yB}h_{sB0}^2 = 4.86 \times 10^6 \times 220^2 + 4.86 \times 10^6 \times 220^2 = 4.7 \times 10^{11} \text{mm}^6$$

由《门规》式（7.1.4-13）得变截面梁等效翘曲惯性矩 $I_{\omega\eta}$：

$$I_{\omega\eta} = I_{\omega0}(1 + \gamma\eta)^2 = 4.7 \times 10^{11} \times (1 + 0 \times 0.55)^2 = 4.7 \times 10^{11} \text{mm}^6$$

由《门规》式（7.1.4-11）得截面不对称系数 $\beta_{x\eta}$：

$$\beta_{x\eta} = 0.45(1 + \gamma\eta)h_0 \frac{I_{yT} - I_{yB}}{I_y} = 0$$

由《门规》式（7.1.4-10）得等效弯矩系数 C_1：

$$C_1 = 0.46k_M^2\eta_i^{0.346} - 1.32k_M\eta_i^{0.132} + 1.86\eta_i^{0.023}$$

$$= 0.46 \times 0.91^2 \times 1^{0.346} - 1.32 \times 0.91 \times 1^{0.132} + 1.86 \times 1^{0.023} = 1.04 < 2.75$$

由《门规》式（7.1.4-9）得弹性屈曲临界弯矩 M_{cr}：

$$M_{cr} = C_1 \frac{\pi^2 E I_y}{L^2} \left[\beta_{x\eta} + \sqrt{\beta_{x\eta}^2 + \frac{I_{\omega\eta}}{I_y}\left(1 + \frac{GJ_\eta L^2}{\pi^2 E I_{\omega\eta}}\right)} \right]$$

$$= 1.04 \times \frac{\pi^2 \times 2.06 \times 10^5 \times 9.74 \times 10^6}{3000^2} \times$$

$$\left[0 + \sqrt{0^2 + \frac{4.7 \times 10^{11}}{9.74 \times 10^6} \times \left(1 + \frac{7.9 \times 10^4 \times 193387 \times 3000^2}{\pi^2 \times 2.06 \times 10^5 \times 4.7 \times 10^{11}}\right)} \right]$$

$$= 5.38 \times 10^8 \text{N} \cdot \text{mm} = 538 \text{kN} \cdot \text{m}$$

由《门规》式（7.1.4-6）得通用长细比 λ_b：

$$\lambda_b = \sqrt{\frac{\gamma_x W_{x1} f_y}{M_{cr}}} = \sqrt{\frac{1.05 \times 1.01 \times 10^6 \times 235}{538 \times 10^6}} = 0.68$$

由《门规》式（7.1.4-4）得系数 n：

$$n = \frac{1.51}{\lambda_b^{0.1}} \sqrt[3]{b_1/h_1} = \frac{1.51}{0.68^{0.1}} \times \sqrt[3]{180/440} = 1.17$$

由《门规》式（7.1.4-3）得系数 λ_{b0}：

$$\lambda_{b0} = \frac{0.55 - 0.25k_\sigma}{(1 + \gamma)^{0.2}} = \frac{0.55 - 0.25 \times 0.91}{(1 + 0)^{0.2}} = 0.32$$

由《门规》式（7.1.4-2）得整体稳定系数 φ_b：

$$\varphi_b=\frac{1}{(1-\lambda_{b0}^{2n}+\lambda_b^{2n})^{1/n}}=\frac{1}{(1-0.32^{2.34}+0.68^{2.34})^{1/1.17}}=0.78<1.0$$

由《门规》式（7.1.5-1）验算单元②梁平面外的稳定性：

$$\frac{N_1}{\eta_{ty}\varphi_y A_{e1}f}+\left(\frac{M_1}{\varphi_b\gamma_x W_{e1}f}\right)^{1.3-0.3k_\sigma}$$

$$=\frac{31.6\times10^3}{1\times0.683\times7040\times215}+\left(\frac{152.7\times10^6}{0.78\times1.05\times1.01\times10^6\times215}\right)^{1.3-0.3\times0.91}=0.86<1$$

单元②梁平面外的稳定性满足要求。

（3）柱顶侧移值验算

柱顶等效水平力 H：

$$H=0.67W=0.67(w_1+w_4)h=0.67\times(1.95+0.4)\times6.15=9.68\text{kN}$$

刚架梁、柱平均惯性矩：

梁： $\qquad I_b=2.27\times10^8\text{mm}^4$

柱： $\qquad I_c=\frac{I_{c0}+I_{c1}}{2}=\frac{5.42\times10^7+2.08\times10^8}{2}=1.31\times10^8\text{mm}^4$

$$\zeta_t=\frac{I_c L}{I_b h}=\frac{1.31\times10^8\times18000}{2.27\times10^8\times6150}=1.69$$

柱顶侧移：

$$u=\frac{Hh^3}{12EI_c}(2+\zeta_t)=\frac{9.68\times10^3\times6150^3}{12\times2.06\times10^5\times1.31\times10^8}\times(2+1.69)=25.66\text{mm}$$

$$u_{\lim}=\frac{h}{60}=\frac{6150}{60}=102.5\text{mm}>u=25.66\text{mm}$$

柱顶侧移满足限值要求。

6.7.3 节点设计

（1）梁-柱连接节点设计

梁-柱连接节点采用端板竖放连接形式。节点连接处梁端最不利内力组合值为：$M=152.7\text{kN}\cdot\text{m}$，$N=-31.6\text{kN}$，$V=66.8\text{kN}$。

1）螺栓承载力验算

刚架梁-柱连接节点采用高强度螺栓摩擦型连接，初选 10.9 级 M20 高强度螺栓，共 8 个，刚架梁-柱连接节点详图如图 6-14 所示。

构件连接表面采用钢丝刷除锈，$\mu=0.3$，由《钢标》表 11.4.2-2 查得：10.9 级 M20 高强度螺栓的预拉力 $P=155\text{kN}$。由《钢标》式（11.4.2-1）得 1 个螺栓抗剪承载力为：

$$N_v^b=0.9kn_f\mu P=0.9\times1\times1\times0.3\times155=41.85\text{kN}$$

由《钢标》式（11.4.2-2）得 1 个螺栓抗拉承载力为：

$$N_t^b=0.8P=0.8\times155=124\text{kN}$$

假设在剪力 V 和轴力 N 作用下，各螺栓所受力相等，在弯矩 M 作用下端板受力后绕螺栓群形心转动，最上排螺栓所受拉力最大。各排螺栓到螺栓群形心的距离依次为：y_1

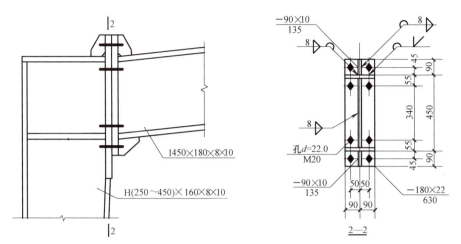

图 6-14 刚架梁-柱连接节点详图（单位：mm）

$=270\text{mm}$，$y_2=170\text{mm}$。

在轴力 N 和弯矩 M 共同作用下，最上排螺栓受力最不利，其承受的最大拉力值为：

$$N_1=\frac{N}{n}+\frac{My_1}{\sum y_i^2}=\frac{-31.6}{8}+\frac{152.7\times0.27}{(0.27^2+0.17^2)\times2\times2}=-3.95+101.25=97.3\text{kN}$$

在剪力 V 作用下，螺栓所受剪力为：

$$N_v=V/n=62.1/8=7.76\text{kN}$$

按《钢标》式（11.4.2-3）验算螺栓承载力：

$$\frac{N_v}{N_v^b}+\frac{N_t}{N_t^b}=\frac{7.76}{41.85}+\frac{97.3}{124}=0.97<1$$

螺栓承载力满足要求。

2）端板厚度的计算

端板厚度 t 根据支承条件计算确定。分别计算各个端板各个区格所需的厚度值，然后取最大的板厚作为端板厚度，且不应小于 16mm 及 0.8 倍高强度螺栓直径。

当端板外伸时，对于两邻边支承类区格（第二排螺栓处）：$e_f=45\text{mm}$，$e_w=46\text{mm}$，$N_t=124\text{kN}$，$b=180\text{mm}$，$f=205\text{N/mm}^2$，端板外伸，则：

$$t\geqslant\sqrt{\frac{6e_fe_wN_t}{[e_wb+2e_f(e_w+e_f)]f}}=\sqrt{\frac{6\times45\times46\times124\times10^3}{[46\times180+2\times45\times(46+45)]\times205}}=21.36\text{mm}$$

取端板厚度为 $t=22\text{mm}$。

3）验算门式刚架斜梁与柱相交的节点域剪应力

节点域 $M=152.7\text{kN}\cdot\text{m}$，$d_b=450\text{mm}$，$d_c=450-20=430\text{mm}$，$t_c=8\text{mm}$，则：

$$\tau=\frac{M}{d_bd_ct_c}=\frac{152.7\times10^6}{450\times430\times8}=98.64\text{N/mm}^2<f_v=125\text{N/mm}^2$$

节点域的剪应力满足要求。

4）验算梁柱连接节点刚度

梁柱连接节点处梁截面 I450×180×8×10，柱截面 H450×160×8×10，端板厚度 $t_p=22\text{mm}$，螺栓规格 M20。端板外伸部分的螺栓中心到其加劲肋外边缘的距离 $e_f=45\text{mm}$。

节点域宽度 $d_c = 450 - 10 \times 2 = 430\text{mm}$，节点域未设腹板斜加劲肋，由《门规》式（10.2.7-11）得：

$$R_1 = Gh_1 d_c t_p = 79 \times 10^3 \times (450-10) \times 430 \times 8 \times 10^{-6} = 119574\text{kN} \cdot \text{m/rad}$$

端板惯性矩：
$$I_e = \frac{180 \times 22^3}{12} = 159720\text{mm}^4$$

由《门规》式（10.2.7-12）得：
$$R_2 = \frac{6EI_e h_1^2}{1.1 e_f^3} = \frac{6 \times 2.06 \times 10^5 \times 159720 \times (450-10)^2}{1.1 \times 45^3} \times 10^{-6} = 381287\text{kN} \cdot \text{m/rad}$$

由《门规》式（10.2.7-10）得梁柱连接节点的整体刚度 R 为：
$$R = \frac{R_1 R_2}{R_1 + R_2} = \frac{119574 \times 381287}{119574 + 381287} = 91027.27\text{kN} \cdot \text{m/rad}$$

梁的截面惯性矩 $I_b = 2.27 \times 10^8 \text{mm}^4$，由《门规》式（10.2.7-9）得：
$$25EI_b/l_b = (25 \times 2.06 \times 10^5 \times 2.27 \times 10^8 / 18000) \times 10^{-6} = 64947.22\text{kN} \cdot \text{m/rad}$$

节点连接刚度 $R = 91027.27\text{kN} \cdot \text{m/rad} > 25EI_b l_b = 64947.22\text{kN} \cdot \text{m/rad}$，故梁柱连接节点达到全刚性要求。

（2）屋脊处梁-梁连接节点设计

屋脊处梁-梁连接计算方法与梁-柱连接节点的计算方法相似。连接处的最不利内力组合值为：$M = 138.4\text{kN} \cdot \text{m}$，$N = -24.7\text{kN}$，$V = -11.8\text{kN}$。

1）螺栓承载力验算

屋脊处梁-梁连接节点采用 10.9 级 M20 高强度螺栓摩擦型连接，节点详图如图 6-15 所示。构件连接表面用钢丝刷除锈，$\mu = 0.3$，由《钢标》表 11.4.2-2 查得 10.9 级 M20 高强度螺栓的预拉应力 $P = 155\text{kN}$。

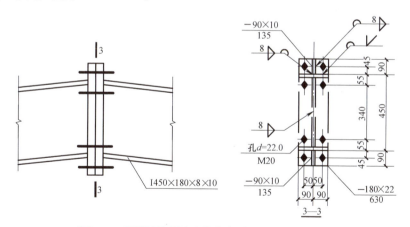

图 6-15　屋脊处梁-梁连接节点详图（单位：mm）

假设在剪力 V 和轴力 N 作用下，各螺栓所受力相等，在弯矩 M 作用下端板受力后绕螺栓群形心转动，最上排螺栓受力最大。各排螺栓到螺栓群形心的距离依次为：$y_1 = 270\text{mm}$，$y_2 = 170\text{mm}$。

每个螺栓抗剪承载力为：
$$N_v^b = 0.9kn_f \mu P = 0.9 \times 1 \times 1 \times 0.3 \times 155 = 41.85\text{kN}$$

每个螺栓抗拉承载力为：

$$N_t^b = 0.8P = 0.8 \times 155 = 124 \text{kN}$$

最上排螺栓所受拉力最大，其大小为：

$$N_1 = \frac{N}{n} + \frac{My_1}{\sum y_i^2} = \frac{-24.7}{8} + \frac{138.4 \times 0.27}{(0.27^2 + 0.17^2) \times 2 \times 2} = 88.68 \text{kN}$$

在剪力 V 作用下，螺栓所受剪力为：

$$N_v = V/n = 11.8/8 = 1.48 \text{kN}$$

按《钢标》式（11.4.2-3）验算螺栓承载力：

$$\frac{N_v}{N_v^b} + \frac{N_t}{N_t^b} = \frac{1.48}{41.85} + \frac{88.68}{124} = 0.75 < 1$$

螺栓承载力满足要求。

2）端板厚度的计算

端板厚度 t 根据支承条件计算确定。分别计算端板各个区格所需的厚度值，然后取最大的板厚作为端板厚度，且不应小于 16mm 及 0.8 倍的高强度螺栓直径。

当端板外伸时，对于两邻边支承区格（第二排螺栓处）：$e_f = 45 \text{mm}$，$e_w = 46 \text{mm}$，$N_t = 124 \text{kN}$，$b = 180 \text{mm}$，$f = 205 \text{N/mm}^2$，则：

$$t \geqslant \sqrt{\frac{6e_f e_w N_t}{[e_w b + 2e_f(e_w + e_f)]f}} = \sqrt{\frac{6 \times 45 \times 46 \times 124 \times 10^3}{[46 \times 180 + 2 \times 45 \times (46 + 45)] \times 205}} = 21.36 \text{mm}$$

取端板厚度为 $t = 22 \text{mm}$。

6.8 柱 脚 设 计

刚架采用铰接柱脚，柱脚内力设计值为：$N = 74.1 \text{kN}$，$V = 24.8 \text{kN}$，$M = 0 \text{kN} \cdot \text{m}$。

柱脚底板尺寸的确定

（1）计算底板面积

柱脚采用 4 个 M24 的锚栓，则底板所需面积为：

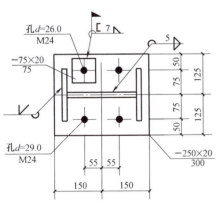

图 6-16 刚架柱铰接柱脚节点（单位：mm）

$$A = BL \geqslant \frac{N}{f_c} + A_0$$

$$= \frac{74.1 \times 10^3}{11.9} + 4 \times \frac{\pi \times (1.5 \times 24)^2}{4}$$

$$= 6226.89 + 4071.50 = 10298.39 \text{mm}^2$$

取 $b = 250 \text{mm}$，$l = 300 \text{mm}$，如图 6-16 所示。$A = 75000 \text{mm}^2 > 10298.39 \text{mm}^2$。

（2）确定底板厚度 t

作用在底板单位面积上的压力 q 为：

$$q = \frac{N}{BL - A_0} = \frac{74.1 \times 10^3}{250 \times 300 - 4071.5} = 1.04 \text{N/mm}^2$$

三边支承板：自由边长度 $a_1 = 250 - 20 = 230 \text{mm}$，垂直于自由边的宽度为：$b_1 =$

$125-4=121$ mm，$b_1/a_1=121/230=0.526$，查表 3-14 得弯矩系数 $\beta=0.06$，则三边支承板单位宽度上最大弯矩 M 为：

$$M=\beta qa_1^2=0.06\times1.04\times230^2=3300.96\text{N}\cdot\text{mm/mm}$$

所需底板厚度为：

$$t\geqslant\sqrt{\frac{6M_{\max}}{f}}=\sqrt{\frac{6\times3300.96}{205}}=9.83\text{mm}$$

取底板厚 $t=20$ mm。

（3）验算柱与底板间连接角焊缝强度

柱翼缘与底板采用坡口全焊透的对接焊缝连接，腹板与底板采用角焊缝连接，焊角尺寸 $h_f=5$ mm，则在 N 和 V 作用下焊缝截面上应力为：

$$\sigma_N=\frac{N}{2A_f+A_{ww}}=\frac{74.1\times10^3}{2\times160\times10+2\times0.7\times5\times230}=15.4\text{N/mm}^2$$

$$\tau_V=\frac{V}{A_{ww}}=\frac{24.8\times10^3}{2\times0.7\times5\times230}=15.41\text{N/mm}^2$$

焊缝强度验算：

$$\sigma_f=\sigma_N=15.4\text{N/mm}^2<f_c^w=215\text{N/mm}^2$$

$$\sqrt{\left(\frac{\sigma_N}{\beta_f}\right)^2+(\tau_V)^2}=\sqrt{\left(\frac{15.4}{1.22}\right)^2+15.41^2}=19.92\text{N/mm}^2<f_f^w=160\text{N/mm}^2$$

焊缝强度满足要求。

（4）抗剪键设计

柱脚处水平剪力 $V=24.8$ kN $<0.4N=0.4\times74.1=29.64$ kN，则柱脚处的水平剪力 V 由柱脚底板与基础顶面间的摩擦力承受，可不设置抗剪键。

柱脚锚栓布置图及柱脚详图如图 6-26 所示，刚架详图如图 6-27 所示。

6.9 隅 撑 设 计

6.9.1 隅撑内力计算

隅撑按轴心受压构件设计，其承受的轴心压力设计值按下式计算：

$$N=\frac{Af}{60\cos\theta}=\frac{1800\times215}{60\times\cos45°}=9121\text{N}=9.12\text{kN}$$

6.9.2 隅撑截面设计

初选隅撑截面为单角钢L50×4，$A=3.9$ cm^2，$i_x=i_y=1.54$ cm，$i_{\min}=0.99$ cm，按轴心受压构件进行截面验算。

（1）强度验算

《钢标》第 7.1.3 条规定：对单边连接的单角钢，按轴心受力构件计算强度时，截面面积应乘以有效截面系数 0.85，则：

$$\sigma = \frac{N}{A} = \frac{9120}{390 \times 0.85} = 27.51 \text{N/mm}^2 < f = 215 \text{N/mm}^2$$

强度验算满足要求。

（2）刚度验算

隔撑长度 $l = \sqrt{h^2 + b^2} = \sqrt{515^2 \times 2} = 728.32 \text{mm}$。《钢标》第 7.4.6 条规定：计算单角钢受压构件的长细比时，采用角钢的最小回转半径，则：

$$\lambda = \frac{728.32}{9.9} = 73.57 < [\lambda] = 220$$

刚度验算满足要求。

（3）整体稳定性验算

按最小回转半径计算的长细比 $\lambda = 73.57$，由《钢标》的式（7.6.1-2）计算折减系数 η：

$$\eta = 0.6 + 0.0015\lambda = 0.6 + 0.0015 \times 73.57 = 0.710$$

由《钢标》的表 7.2.1-1 可知隔撑截面对 x 和 y 轴均属 b 类截面，由《钢标》附表 D.0.2 得：$\varphi = 0.729$，再由《钢标》式（7.6.1-1）得：

$$\frac{N}{\eta \varphi A f} = \frac{9120}{0.710 \times 0.729 \times 390 \times 215} = 0.210 < 1.0$$

整体稳定性验算满足要求。

（4）局部稳定性验算

由《钢标》式（7.3.1-6），当 $\lambda = 73.57 < 80\sqrt{235/f_y} = 80$ 时，等边角钢隔撑肢件宽厚比为：

$$\frac{\omega}{t} = \frac{50 - 2 \times 4}{4} = 10.5 < 15\sqrt{235/f_y} = 15$$

局部稳定性验算满足要求。

隔撑连接大样如图 6-17 所示。

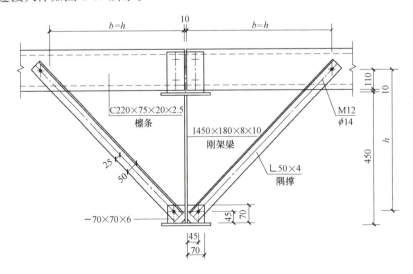

图 6-17　隔撑连接大样（单位：mm）

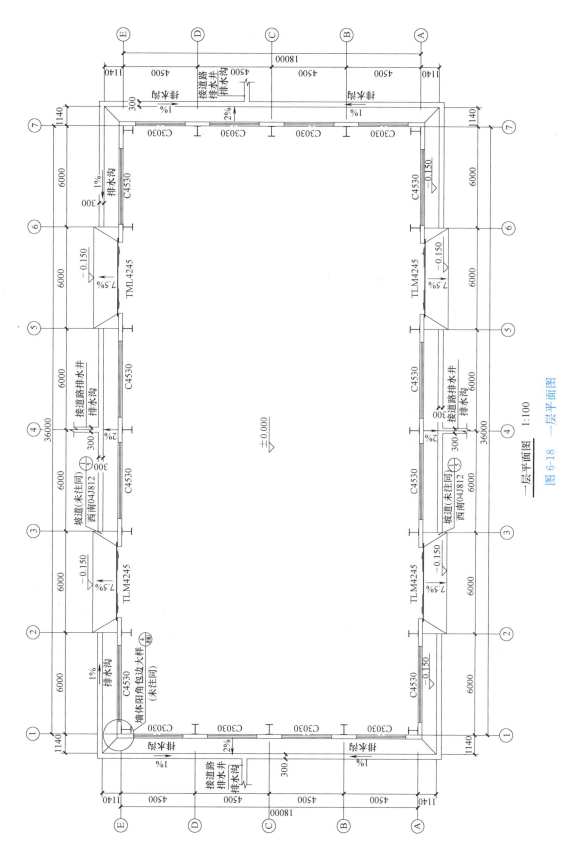

一层平面图 1:100

图 6-18 一层平面图

167

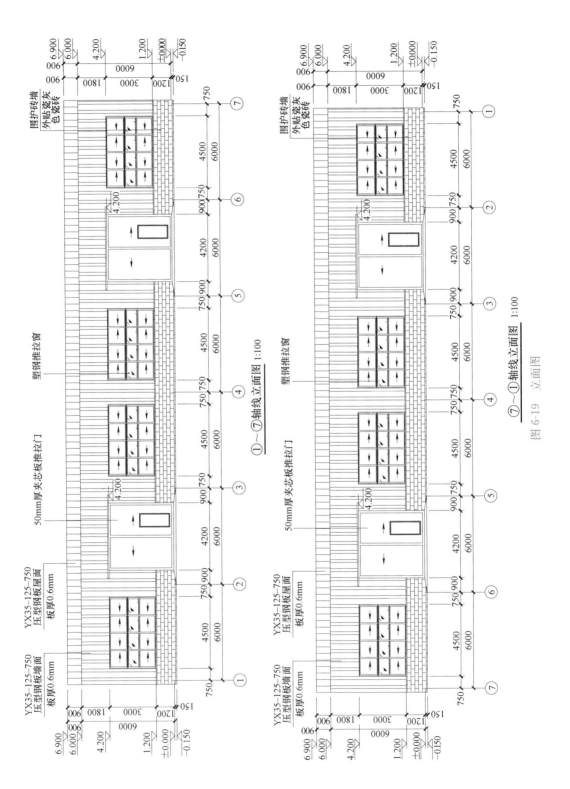

① ～ ⑦轴线立面图 1:100

⑦ ～ ① 轴线立面图 1:100

图 6-19　立面图

168

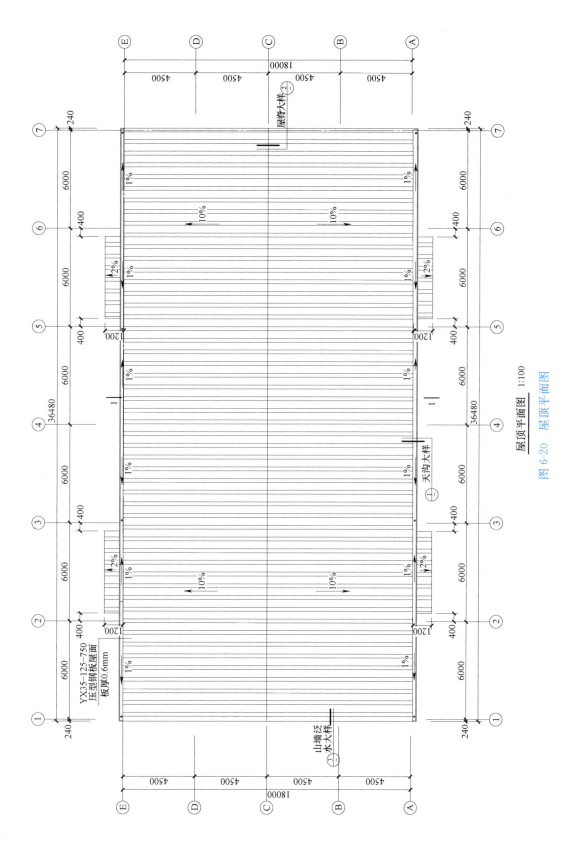

屋顶平面图 1:100

图 6-20　屋顶平面图

169

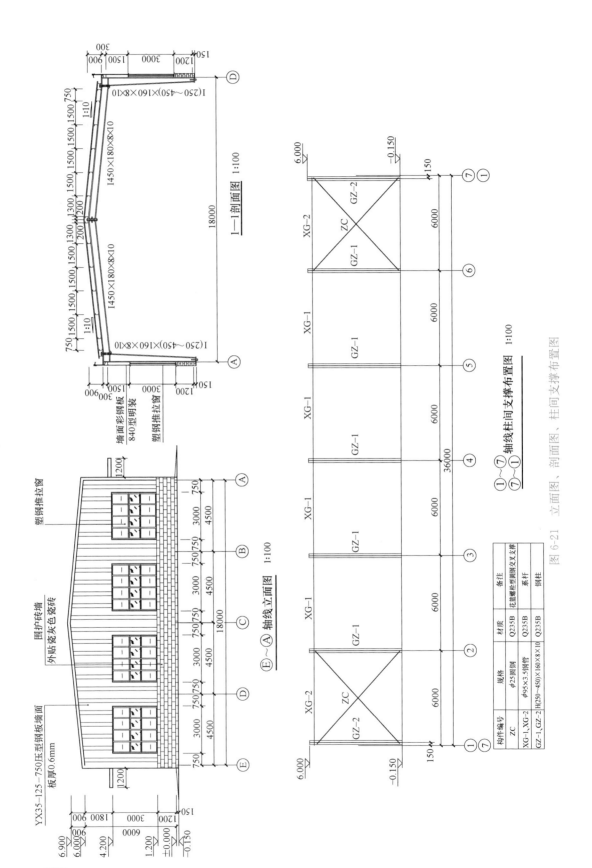

图 6-21 立面图、剖面图、柱间支撑布置图

构件编号	规格	材质	备注
ZC	φ25圆钢	Q235B	花篮螺栓型钢斜交叉支撑
XG-1、XG-2	φ95×3.5钢管	Q235B	系杆
GZ-1、GZ-2	H(250~450)×160×8×10	Q235B	钢柱

① ~ ⑦ 轴线柱间支撑布置图 1:100
⑦ ~ ①

170

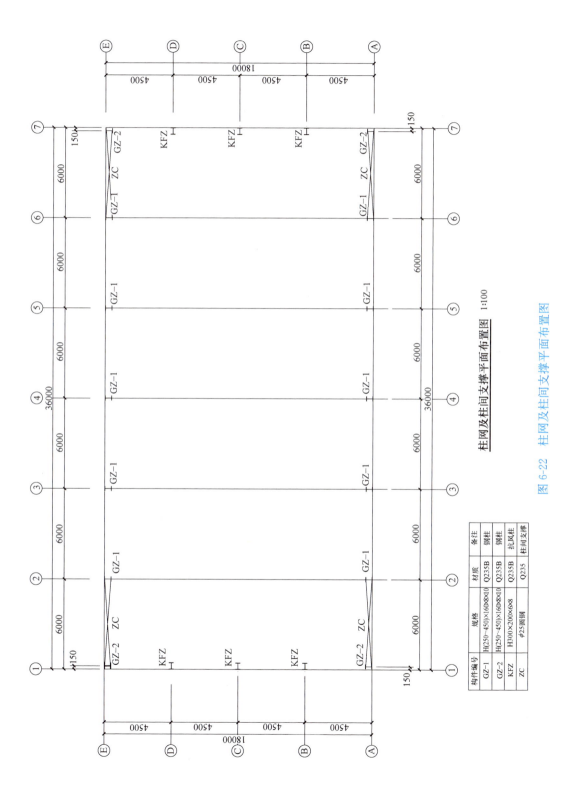

柱网及柱间支撑平面布置图 1:100

构件编号	规格	材质	备注
GZ-1	H(250~450)×160×8×10	Q235B	钢柱
GZ-2	H(250~450)×160×8×10	Q235B	钢柱
KFZ	H300×200×6×8	Q235B	抗风柱
ZC	φ25圆钢	Q235	柱间支撑

图 6-22　柱网及柱间支撑平面布置图

171

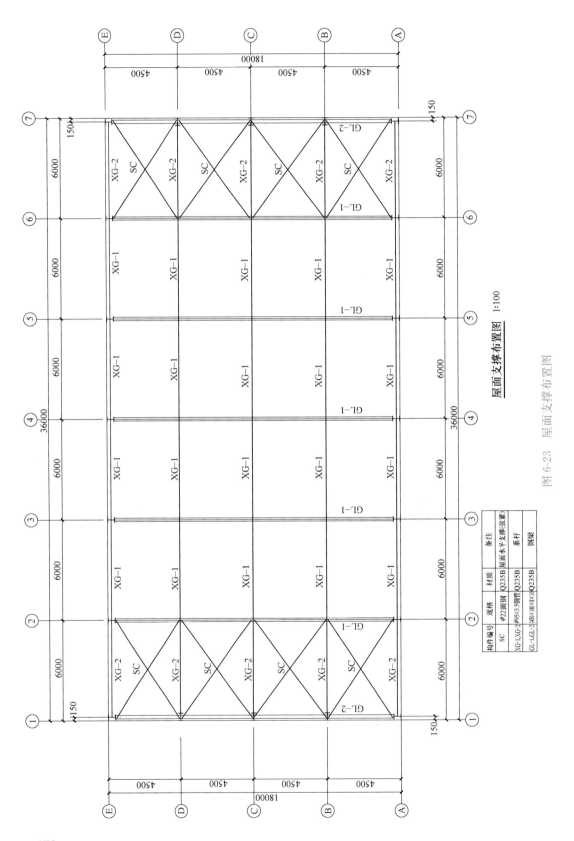

屋面支撑布置图 1:100

构件编号	规格	材质	备注
SC	φ22圆钢	Q235B	屋面水平支撑(张紧)
XG-1、XG-2	φ95×3.5钢管	Q235B	系杆
GL-1、GL-2	I50×I80×8×10	Q235B	钢梁

图6-23 屋面支撑布置图

172

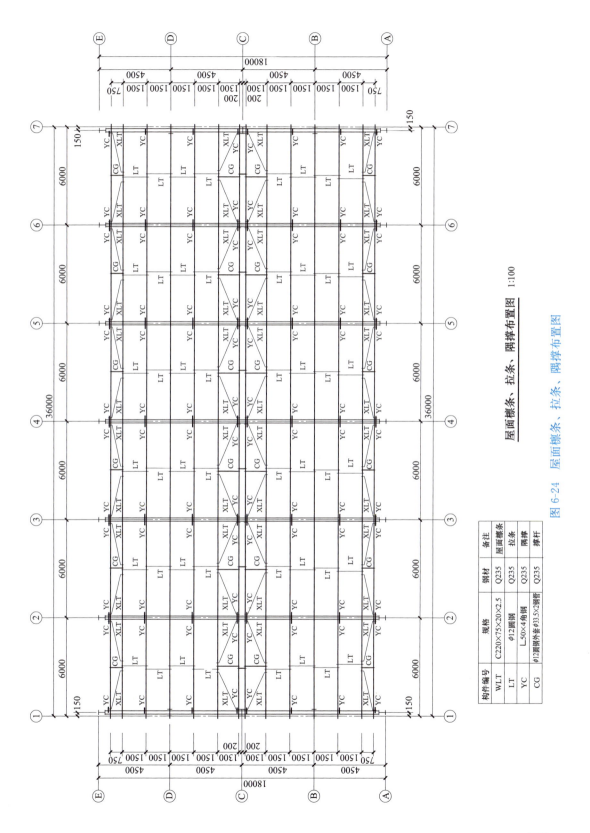

屋面檩条、拉条、隅撑布置图 1:100

构件编号	规格	钢材	备注
WLT	C220×75×20×2.5	Q235	屋面檩条
LT	φ12圆钢	Q235	拉条
YC	L50×4角钢	Q235	隅撑
CG	φ12圆钢外套φ33.5×2圆管	Q235	撑杆

图 6-24 屋面檩条、拉条、隅撑布置图

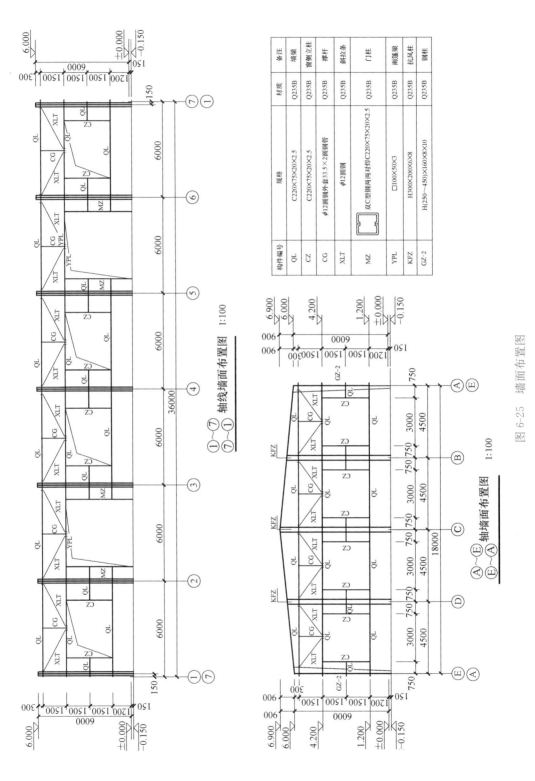

构件编号	规格	材质	备注
QL	C220×75×20×2.5	Q235B	墙梁
CZ	C220×75×20×2.5	Q235B	窗侧立柱
CG	φ12圆钢外套33.5×2圆钢管	Q235B	撑杆
XLT	φ12圆钢	Q235B	斜拉条
MZ	双C型钢两两对焊C220×75×20×2.5	Q235B	门框
YPL	□100×50×3	Q235B	雨篷梁
KFZ	H300×200×6×8	Q235B	抗风柱
GZ-2	H(250~450)×l60×8×10	Q235B	钢柱

①~⑦
⑦~①
轴线墙面布置图 1:100

Ⓐ~Ⓔ
Ⓔ~Ⓐ
轴墙面布置图 1:100

图 6-25 墙面布置图

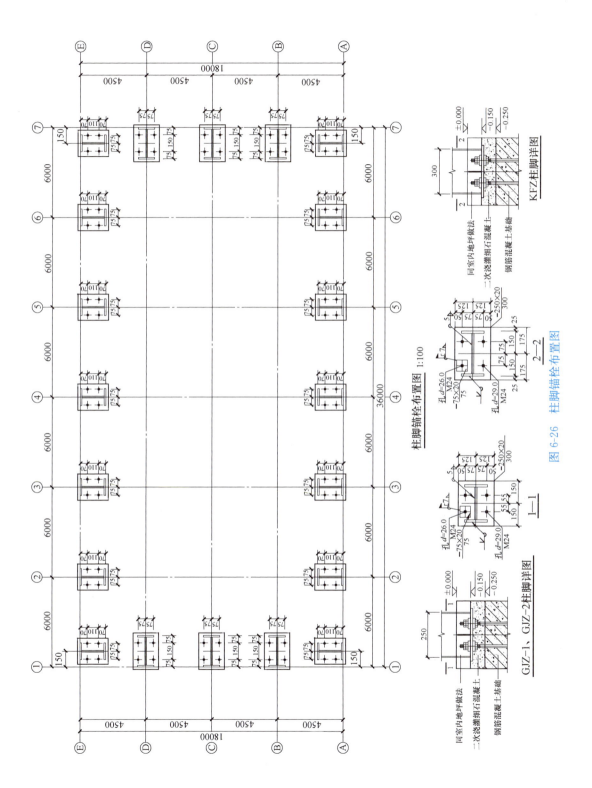

柱脚锚栓布置图 1:100

2—2

1—1

KFZ柱脚详图

GJZ-1、GJZ-2柱脚详图

图 6-26 柱脚锚栓布置图

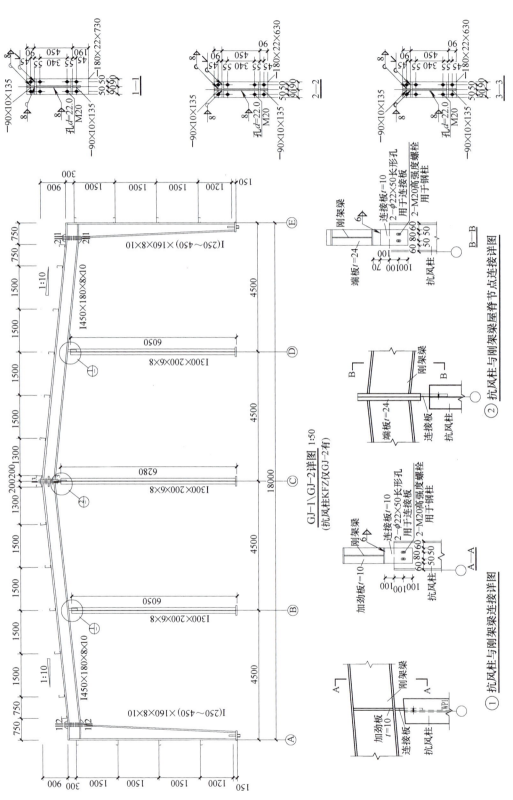

图 6-27 GJ-1\GJ-2 详图

① 抗风柱与刚架梁连接详图

② 抗风柱与刚架梁屋脊节点连接详图

第7章 多层钢框架结构设计案例

7.1 基本资料

某四层钢框架结构房屋，室外地面标高−0.45m，一层层高3.6m，二层层高3.3m，三、四层层高4.8m，女儿墙高1.0m，基础顶面标高−1.03m，其主要建筑施工图如图7-17～图7-23、图7-25所示。

采用现浇钢筋混凝土楼板，楼板上面层按地面用途不同采用多种做法，多数房间为水磨石地面。内外墙体砌体均采用190mm厚混凝土空心砌块。内墙面、顶棚做法为水泥砂浆找平后环保腻子罩乳胶漆，外墙面采用涂料墙面。屋面做法：钢筋混凝土楼板上15mm厚水泥砂浆找平后，上铺膨胀珍珠岩保温层找坡（最薄处60mm），再用25mm厚水泥砂浆找平后，铺SBS改性沥青防水卷材一道，上面再二布六涂聚氨酯防水涂料，上铺30mm厚水泥砂浆保护层，上人屋面再铺面砖。采用塑钢门、铝合金窗。

其所在地基本风压为$0.3kN/m^2$，风振系数取值1.2，基本雪压为$0.5kN/m^2$，地面粗糙度为B类。活荷载取值：楼梯间$3.5kN/m^2$；卫生间、清洁间$2.5kN/m^2$；走道、其他房间$3.0kN/m^2$；上人屋面$2.0kN/m^2$，不上人屋面$0.5kN/m^2$。抗震设防类别丙类，设防烈度为8度，设计基本加速度$0.2g$，Ⅱ类场地，设计地震分组第二组。钢框架结构房屋在8度区高度不大于50m，抗震等级为三级。结构设计工作年限为50年，结构安全等级二级，耐火等级二级。

7.2 结构平面布置及材料选择

框架梁柱及次梁、锚栓连接板材料均为Q345B钢，耳板为235B钢；框架梁柱连接部位及梁拼接部位均采用高强度螺栓摩擦型连接，性能等级为10.9级；柱脚锚栓、安装螺栓、螺母和垫圈采用Q235-B.F钢材制作，性能等级4.6级；加劲板、节点板材料均与其相连的构件材料一致。

试验楼钢柱定位平面布置图如图7-24所示，各层结构平面布置图如图7-26～图7-28所示。在各层结构平面布置图中，梁端带有"▼"符号者表示梁端为刚性连接，无此符号者为铰接。

7.3 构件截面初选

下面以②轴线框架为例，介绍设计一榀钢框架的计算过程。

（1）框架梁截面尺寸初选

框架梁采用工字截面。

主梁边跨（10m）：截面高按 $h=(1/15\sim1/12)L=660\sim833mm$ 计算，取 $h=750mm$。翼缘宽 $b=(1/4\sim1/2)h=375\sim187mm$，考虑翼缘上铺板，且因《建筑抗震设计标准》GB/T 50011—2010（2024 年版）规定：当钢框架结构抗震等级为三级时，工字形截面梁翼缘外伸部分板件宽厚比限值为 10，则取：边框架边跨梁和中框架顶层边跨梁翼缘宽 $b=260mm$，翼缘厚度 16mm；中框架中间层和底层梁翼缘宽 $b=340mm$，翼缘厚度取 20mm。

工字形截面梁腹板板件宽厚比限值为 $(80\sim110)N_b/(Af)$，且 $\leqslant70$，轴力未知，预取腹板厚度 12mm，可满足宽厚比限值小于等于 70 的要求。

② 轴线中，梁截面表示为：I750×260×12×16，表示梁高 750mm，翼缘宽 260mm，腹板厚度 12mm，翼缘梁厚度 16mm，以下同。几何性质参数为：$A=16936mm^2$，$I_x=1.491\times10^9mm^4$。

② 轴线中，梁截面表示为：I750×340×12×20，几何性质参数为：$A=22120mm^2$，$I_x=2.17\times10^9mm^4$。

② 轴线主梁中跨（2.7m），考虑翼缘上铺板，翼缘宽取 $b=220mm$，梁高 $h=(2\sim3)b=440\sim660mm$，取梁高 $h=550mm$，梁翼缘厚度 14mm，腹板厚度 8mm，也可满足限值要求。

② 轴线中梁截面表示为：I550×220×8×14，几何性质参数为：$A=10336mm^2$，$I_x=0.537\times10^9mm^4$。

（2）框架柱的截面尺寸初选

框架柱采用箱形截面，取 $h_c=b_c=550mm\times550mm$，壁板板件的厚度取 18mm。则 $A=38304mm^2$，$I=1.809\times10^9mm^4$，$i=217.3mm$。②轴线框架中①轴线底层柱较高，长细比最大，按两端刚接，查有侧移框架柱的计算长度系数 μ，可得 $\mu=1.1$，$\lambda=\mu l/i=1.1\times4530/217.3=20.85$，根据《建筑抗震设计标准》GB/T 50011—2010（2024 年版），钢框架结构抗震等级为三级时，框架柱的长细比不应大于 $100\sqrt{235/f_{ay}}=100\sqrt{235/335}=83.76$。

GZ 柱截面□550×550×18，表示箱形截面边长均为 550mm，壁板厚度 18mm。

箱形截面柱壁板板件宽厚比 $b_0/t=514/18=28.56<$ 限值 $38\sqrt{235/f_{ay}}=38\sqrt{235/335}=31.83$（厚度 18mm 的 Q345B 钢，$f_{ay}=335MPa$），满足要求。

7.4 荷 载 计 算

（1）屋面荷载标准值

不上人屋面恒荷载：

聚氨酯防水涂料	$0.05kN/m^2$
SBS 改性沥青防水卷材	$0.1kN/m^2$
水泥砂浆找平层、保护层 总计厚度 70mm	$20\times0.07=1.4kN/m^2$
膨胀珍珠岩保温层（2%找坡，最薄处 60mm，平均厚度 260mm）	$7\times0.26=1.82kN/m^2$
120mm 钢筋混凝土屋面板	$25\times0.12=3kN/m^2$
吊顶荷载	$0.5kN/m^2$

不上人屋面恒荷载：　　　　　　　　　　　　　　　　　总计：$6.87kN/m^2$

上人屋面恒荷载：（加面砖层 0.2kN/m²）　　　　　　　　　　　　总计：7.07kN/m²

不上人屋面活荷载：0.5kN/m²；上人屋面活荷载：2.0kN/m²；雪荷载：0.5kN/m²。

（2）楼面荷载标准值

楼面恒荷载：

30mm 厚水磨石地面	0.7kN/m²
100mm 钢筋混凝土楼板	25×0.10=2.5kN/m²
20mm 顶棚抹灰	17×0.02=0.34kN/m²
吊顶荷载	0.5kN/m²

楼面恒荷载总计：　　　　　　　　　　　　　　　　　　　　　　4.04kN/m²

楼面活荷载：楼梯间 3.5kN/m²；卫生间、清洁间 2.5kN/m²；走道、其他房间 3.0kN/m²。

（3）墙面荷载标准值

外墙及隔墙

190mm 厚混凝土空心砌块	0.19×12=2.28kN/m²
内外墙面抹灰	0.04×20=0.8kN/m²

墙面恒荷载总计　　　　　　　　　　　　　　　　　　　　　　　3.08kN/m²

女儿墙（含压顶构造柱）240mm 实心砖	0.24×19=4.56kN/m²
内外墙面抹灰	0.04×20=0.8kN/m²

女儿墙面恒荷载总计　　　　　　　　　　　　　　　　　　　　　5.36kN/m²

（4）其他荷载标准值

钢梁及钢柱自重标准值，考虑加劲肋、垫板等重量，乘以 1.15 的放大系数，则：

GL1 I750×260×12×16 钢梁自重标准值：	0.01694×7.85×1.15=1.529kN/m
GL2 I750×340×12×20 钢梁自重标准值：	0.02212×7.85×1.15=1.997kN/m
GL3 I500×220×8×14 钢梁自重标准值：	0.009934×7.85×1.15=0.897kN/m
GL4 I550×220×8×14 钢梁自重标准值：	0.01034×7.85×1.15=0.933kN/m
GL5 I300×220×8×14 钢梁自重标准值：	0.008336×7.85×1.15=0.753kN/m
GL6 I450×260×8×14 钢梁自重标准值：	0.01066×7.85×1.15= 0.962kN/m
GL7 I300×200×6×8 钢梁自重标准值：	0.005224×7.85×1.15= 0.472kN/m
GL8 I600×240×10×14 钢梁自重标准值：	0.01244×7.85×1.15=1.123kN/m
GZ1 □550×550×20×20 钢柱自重标准值：	0.0424×7.85×1.15=3.828kN/m
GZ2 □550×550×18×18 钢柱自重标准值：	0.0383×7.85×1.15=3.458kN/m
GZ3 □250×250×8×8 钢柱自重标准值：	0.00774×7.85×1.15=0.699kN/m
门窗自重标准值：	0.4kN/m²

（5）水平地震作用的计算

① 重力荷载的计算

重力荷载的汇集见表 7-1，各质点的重力荷载代表值如图 7-1 所示。

重力载荷的汇集表　表 7-1

构件	计 算 公 式	荷载(kN)
四层(屋面)层高＝4.8m		
柱	3.458×22×2.4＋0.699×2×2.4(1/2 层高重)	185.94
屋盖	(30.25×23.3＋3.8×11.9)×6.87	5152.81
梁	1.529×91＋0.897×143.91＋0.933×12.5＋0.753×6.76＋0.962×111.2＋0.472×270	519.39
女儿墙	(7.5×4×2＋22.7×2)×1.0×5.36＋(3.6×2＋11.5×2)×0.3×5.36	613.51
墙	9.1×(4.8－0.75)×8×3.08＋(4.8－0.5)×(10×2＋16×6.95＋2×3.025＋9.1＋9.7)×3.08＋(4.8－0.3)×7×1×3.08＋(4.8－0.45)×(2×7.5＋2×6.8)×3.08＋8×4×0.55×4.8×3.08＋2×2.5×(4.8－0.55)×0.4－(12×2.85＋1.8＋1)×2.1×(3.08－0.4)－(6×1.5＋2×1.8＋3×1＋2)×2.1×(3.08－0.4)(层高重)	3416.45
可变荷载	(30.2×23.3＋3.8×11.9)×0.5×0.5(雪荷载组合值系数＝0.5)	187.22
G4	185.94＋5152.81＋519.39＋613.51＋3416.45/2＋187.22	8367.10
三层层高＝4.8m		
柱	3.458×28×2.4(1/2 层高重)	232.38
楼盖	22.9×30×4.04＋15.2×22.9×7.07	5236.41
梁	1.529×36.4＋1.997×91＋0.897×83.4＋0.933×17.5＋1.123×97.3＋0.962×153.6＋0.472×126.9	645.45
墙	(8×9.1＋6.1)×(4.8－0.75)×3.08＋2×6×6.95×(4.8－0.6)×3.08＋2×6×6.95×(4.8－0.5)×3.08＋(10×3＋5＋4.8＋2×2.5＋1.5＋1.8)×(4.8－0.3)×3.08－(11×1.5＋1.8×3＋3)×2.1×(3.08－0.4)－2×(2.85×8＋2×2.1＋1＋1.35)×2.1×(3.08－0.4)＋2×6×4×0.55×(4.8－0.5)×3.08＋2×2.5×(4.8－0.55)×0.4(层高重)	3721.92
女儿墙	(3.9＋7.5×3＋10＋2.7)×1.0×5.36	209.58
可变荷载	0.5×[5×(10－0.45×2)×(7.5－0.2)×3＋(7.5－0.2＋4.2)×(10－0.45)×3＋(10－2×0.45)×(6.6－0.2)×2.5＋(4.2＋3.6－0.20×2)×(10－0.45)×3.5＋2.5×30×2.5＋(15×22.7－3.6×10)×2](楼面活荷载组合值系数＝0.5)	1257.69
G3	232.38＋185.94＋5236.41＋645.45＋(3416.45/2＋3721.92)/2＋209.58＋1257.69	10482.52
二层层高＝3.3m		
柱	3.458×28×1.65(1/2 层高重)	159.76
楼盖	22.9×45.2×4.04	4181.72
梁	1.529×36.4＋1.997×91＋0.897×83.4＋0.933×17.5＋1.123×97.3＋0.962×153.6＋0.472×126.9	645.45
墙	(8×9.1＋6.1)×(3.3－0.75)×3.08＋2×6×6.95×(3.3－0.6)×3.08＋2×6×6.95×(3.3－0.5)×3.08＋(10×3＋5＋4.8＋2×2.5＋1.5＋1.8)×(3.3－0.3)×3.08－(11×1.5＋1.8×3＋3)×2.1×(3.08－0.4)－2×(2.85×8＋2×2.1＋1＋1.35)×1.7×(3.08－0.4)＋2×6×4×0.55×(3.3－0.5)×3.08＋2×2.5×(3.3－0.55)×0.4(层高重)	2302.52
可变荷载	0.5×[5×(10－0.45×2)×(7.5－0.2)×3＋(7.5－0.2＋4.2)×(10－0.45)×3＋(10－2×0.45)×(6.6－0.2)×2.5＋(4.2＋3.6－0.20×2)×(10－0.45)×3.5＋2.5×30×2.5＋(15×22.7－3.6×10)×3](楼面可变荷载组合值系数＝0.5)	1409.94
G2	232.38＋159.76＋4181.72＋645.45＋(3721.92/2＋2302.52/2)＋1409.94	9641.47

构件	计 算 公 式	荷载(kN)
	一层层高=4.53m	
柱	$(3.458\times20+3.828\times8)\times4.53/2$(1/2层高重)	226.01
楼盖	$22.9\times45.2\times4.04+(8.23\times2.5+2.9\times1.5)\times6.87$	4352.96
梁	$1.529\times36.4+1.997\times91+0.897\times104.3+0.933\times17.5+1.123\times97.3+0.962\times153.6+0.472\times126.9$	664.20
墙	$(10\times9.1+6.1)\times(4.53-0.75)\times3.08+11\times6.95\times(4.53-0.6)\times3.08+2\times6\times6.95\times(4.53-0.5)\times3.08+4.2\times(4.53-0.45)\times3.08+(10\times3+5+4.8+2\times2.5+1.5+1.8)\times(4.53-0.3)\times3.08-(10\times1.5+1.8\times3+3)\times2.1\times(3.08-0.4)-2\times(2.85\times8+2\times2.1+1+1.35)\times2.0\times(3.08-0.4)+2\times6\times4\times0.55\times(4.53-0.5)\times3.08+2\times2.5\times(4.53-0.55)\times0.4$(层高重)	3659.82
可变荷载	$0.5\times[5\times(10-0.45\times2)\times(7.5-0.2)\times3+(7.5-0.2+4.2)\times(10-0.45)\times3+(10-2\times0.45)\times(6.6-0.2)\times2.5+(4.2+3.6-0.20\times2)\times(10-0.45)\times3.5+2.5\times30\times2.5+(15\times22.7-3.6\times10)\times3]$(楼面可变荷载组合值系数=0.5)	1409.94
$G1$	$159.76+226.01+4352.96+664.2+(2302.52+3659.82)/2+1409.94$	9794.04
$\sum Gi$	$G1+G2+G3+G4$	38285.13

② 框架横梁刚度的计算

梁的线刚度计算见表7-2；柱的线刚度及 D 值见表7-3、表7-4；框架总刚度计算见表7-5。

梁的线刚度计算表　表 7-2

类别	截面(mm)	$I_x(\times10^9\mathrm{mm}^4)$	L(mm)	梁线刚度 $i_b=EI_x/L(\mathrm{kN\cdot m})$
大梁1	I750×260×12×16	1.491	9650	31828.60
大梁2	I750×340×12×20	2.17	9650	46323.32
走道梁	I550×220×8×14	0.537	3050	36269.51

注：钢材弹性模量 $E=206000\mathrm{N/mm}^2$

柱的线刚度计算表　表 7-3

类别	截面 (mm)	H (mm)	I_x $(\times10^9\mathrm{mm}^4)$	柱线刚度 $i_c=EI_x/H(\mathrm{kN\cdot m})$
柱1	□550×550×18	4800	1.809	77636.25
柱2	□550×550×18	3300	1.809	112925.45
柱3	□550×550×18	4530	1.809	82263.58
柱4	□550×550×20	4530	1.988	90403.53

层号	截面 (mm)	高度 H(m)	惯性矩 I ($\times10^9$ mm⁴)	线刚度 $i_c = E_c I/H$ (kN·m)	$\overline{K} = \sum i_b/2i_c$ （一般层） $\overline{K} = \sum i_b/i_c$ （首层）	$\alpha = \overline{K}/(2+\overline{K})$ （一般层） $\alpha = \dfrac{(0.5+\overline{K})}{(2+\overline{K})}$ （首层）	$D = 12\alpha i_c/H^2$ (kN/m)
				边框架边柱			
4	□550×550×18	4.8	1.809	77636.25	2×31828.6/(2×77636.25)=0.41	0.41/(2+0.41)=0.17	6874.04
3		4.8	1.809	77636.25	2×31828.6/(2×77636.25)=0.41	0.41/(2+0.41)=0.17	6874.04
2	□550×550×18	3.3	1.809	112925.5	2×31828.6/(2×112925.45)=0.28	0.28/(2+0.28)=0.123	15305.60
1	□550×550×20	4.53	1.988	90403.53	31828.6/90403.53=0.35	(0.5+0.35)/(2+0.35)=0.36	19031.49
				边框架中柱			
4	□550×550×18	4.8	1.809	77636.25	2×(31828.6+36269.51)/(2×77636.25)=0.877	0.877/(2+0.877)=0.305	12332.84
3		4.8	1.809	77636.25	2×(31828.6+36269.51)/(2×77636.25)=0.877	0.877/(2+0.877)=0.305	12332.84
2	□550×550×18	3.3	1.809	112925.5	2×(31828.6+36269.51)/(2×112925.45)=0.603	0.603/(2+0.603)=0.232	28869.10
1	□550×550×20	4.53	1.988	90403.53	(31828.6+36269.51)/90403.53=0.753	(0.5+0.753)/(2+0.753)=0.455	24053.69
				中框架边柱			
4	□550×550×18	4.8	1.809	77636.25	(31828.6+46323.32)/(2×77636.25)=0.5	0.5/(2+0.5)=0.2	8087.11
3		4.8	1.809	77636.25	2×46323.32/(2×77636.25)=0.596	0.596/(2+0.596)=0.23	9300.18
2	□550×550×18	3.3	1.809	112925.5	(2×46323.32)/(2×112925.45)=0.41	0.346/(2+0.346)=0.147	21154.08
1	□550×550×18	4.53	1.809	82263.58	46323.32/82263.58=0.563	(0.5+0.563)/(2+0.563)=0.415	19963.68

层号	截面 (mm)	高度 H(m)	惯性矩 I ($\times 10^9$ mm^4)	线刚度 $i_c = E_c I/H$ (kN·m)	$\overline{K} = \sum i_b/2i_c$ （一般层） $\overline{K} = \sum i_b/i_c$ （首层）	$\alpha = \overline{K}/(2+\overline{K})$ （一般层） $\alpha = \dfrac{(0.5+\overline{K})}{(2+\overline{K})}$ （首层）	$D = 12\alpha i_c/H^2$ (kN/m)
				中框架中柱			
4	□550×550×18	4.8	1.809	77636.25	2×(31828.6+ 36269.51)/(2× 77636.25)=0.877	0.877/(2+ 0.877)=0.305	12332.84
3		4.8	1.809	77636.25	2×(46323.32+ 36269.51)/(2× 77636.25)=1.064	1.064/(2+ 1.064)=0.347	14031.13
2	□550×550×18	3.3	1.809	112925.45	2×(46323.32+ 36269.51)/(2× 112925.45) =0.731	0.731/(2+ 0.731)=0.268	33348.78
1	□550×550×18	4.53	1.809	82263.58	(46323.32+ 36269.51)/ 82263.58=1.004	(0.5+1.004)/ (2+1.004)=0.5	24052.62

框架的总刚度　　　　　　　　　　　　　　　　　　　　　　表 7-5

层号	D(kN/m)				$\sum D$ (kN/m)
	中框架边柱	中框架中柱	边框架边柱	边框架中柱	
4	10×8087.11=80871.1	10×12332.84=123328.4	4×6874.04=27496.16	4×12332.84=49331.36	2.81×10^5
3	10×9300.18=93001.8	10×14031.13=140311.3	4×6874.04=27496.16	4×12332.84=49331.36	3.1×10^5
2	10×21154.08=211540.8	10×33348.78=333487.8	4×15305.6=61222.4	4×28869.1=115476.4	7.22×10^5
1	10×19963.68=199636.8	10×24052.62=240526.2	4×19031.49=76125.96	4×24053.69=96214.76	6.13×10^5

③ 结构基本自振周期计算

结构基本自振周期的计算见表 7-6。

用能量法计算结构基本自振周期　　　　　　　　　　　表 7-6

层号	G_i(kN)	$D(\times 10^5)$ (kN/m)	$\Delta u_i = \dfrac{\sum\limits_{j=i}^{n} G_j}{D_i}$(m)	$u_i = \sum\limits_{j=1}^{i} \Delta u_j$(m)	$G_i \cdot u_i$ (kN·m)	$G_i \cdot u_i^2$ (kN·m^2)
4	8367.1	2.81	0.0298	0.1925	1610.6507	310.0472
3	10482.52	3.1	0.0608	0.1627	1705.7358	277.5606
2	9641.47	7.22	0.0395	0.1019	982.6267	100.1461
1	9794.04	6.13	0.0625	0.0625	611.6902	38.2033
Σ	38285.13		0.1925		4910.7034	725.9572

$$T_1 = 2\varphi_{\overline{\Gamma}} \sqrt{\frac{\sum\limits_{i=1}^{n} G_i u_i^2}{\sum\limits_{i=1}^{n} G_i u_i}} = 2 \times 0.65 \times \sqrt{\frac{725.9572}{4910.7034}} = 0.5s$$

④ 多遇地震影响时的横向水平地震作用计算

高度不超过 40m，质量刚度沿高度分布均匀，可按底部剪力法计算在多遇地震下框架的水平地震作用。

抗震设防类别丙类，设防烈度为 8 度，设计基本加速度 0.2g，Ⅱ 类场地，设计地震分组第二组，查得 $T_g=0.4$s，$\alpha_{max}=0.16$。钢结构抗震计算中的阻尼比，在多遇地震下的计算高度不大于 50m 时可取 0.04，即 $\zeta=0.04$。

$$\eta_2=1+\frac{0.05-\zeta}{0.08+1.6\zeta}=1+\frac{0.05-0.04}{0.08+1.6\times0.04}=1.069$$

$$\gamma=0.9+\frac{0.05-\zeta}{0.3+6\zeta}=0.9+\frac{0.05-0.04}{0.3+6\times0.04}=0.9185$$

因 $T_g=0.4$s$<T_1=0.508$s$<5T_g=2$s，则地震影响系数为：

$$\alpha_1=\left(\frac{T_g}{T_1}\right)^{\gamma}\alpha_{max}=\left(\frac{0.40}{0.5}\right)^{0.9185}\times0.16=0.13$$

等效总重力荷载代表值为：$G_{eq}=0.85G=0.85\times38285.13=32542.36$kN
故结构总水平地震作用为：$F_{Ek}=\alpha_1 G_{eq}=0.13\times32542.36=4230.51$kN
各质点的水平地震作用标准值 F_i 为：

$$F_i=\frac{G_iH_i}{\sum_{j=1}^{n}G_jH_j}(1-\delta_n)F_{Ek}=\frac{G_iH_i}{\sum_{j=1}^{n}G_jH_j}F_{Ek}$$

（由于 $1.4T_g=1.4\times0.4=0.56$s$>T_1=0.5$s，故 $\delta_n=0$）

⑤ 楼层地震剪力标准值

$$V_i=\sum_{j=i}^{n}F_j$$

任一楼层的水平地震剪力应符合 $V_{Eki}>\lambda\sum_{j=i}^{n}G_j$ 的要求，查得 $\lambda=0.032$。

⑥ ②轴线框架楼层地震剪力标准值

$$V_{2i}=\frac{D_{2i}}{D_i}V_i$$

F_i、V_i、V_{2i} 计算过程见表 7-7，多遇地震影响时的横向水平地震作用 F_{2i} 及楼层地震剪力标准值 V_{2i} 如图 7-2 所示。

多遇地震影响时的横向水平地震作用 F_i 及楼层地震剪力标准值 V_i 表 7-7

层号	G_i(kN)	H_i(m)	G_iH_i	$F_i=\dfrac{G_iH_i}{\sum_{j=1}^{n}G_jH_j}F_{Ek}$ (kN)	$V_i=\sum_{j=i}^{n}F_j$ (kN)	D_{2i} (kN/m)	$D_i(\times10^5)$ (kN/m)	$V_{2i}=\dfrac{D_{2i}}{D_i}V_i$ (kN)
4	8367.1	17.43	145838.6	1549.82	1549.82	40839.9	2.81	225.25
3	10482.52	12.63	132394.2	1406.95	2956.77	46662.62	3.1	445.07
2	9641.47	7.83	75492.71	802.26	3759.02	109005.72	7.22	567.53
1	9794.04	4.53	44367	471.49	4230.51	88032.6	6.13	607.54
Σ	38285.13		398092.5	4230.51				

四层：$V_4=1549.82$kN$>0.032\times8367.1=267.75$kN

三层：$V_3 = 2956.77\text{kN} > 0.032 \times (8367.1 + 10482.52) = 603.19\text{kN}$

二层：$V_2 = 3759.02\text{kN} > 0.032 \times (8367.1 + 10482.52 + 9641.47) = 911.63\text{kN}$

底层：$V_1 = 4230.51\text{kN} > 0.032 \times (8367.1 + 10482.52 + 9641.47 + 9794.04) = 1225.12\text{kN}$

故满足任一楼层的水平地震剪力均符合最小地震剪力的要求。

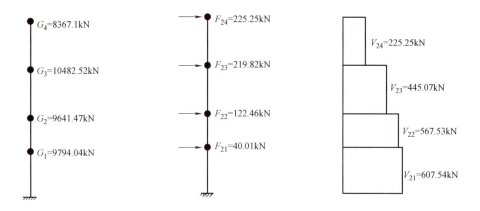

图 7-1　重力荷载代表值　　图 7-2　②轴横向水平地震作用 F_{2i} 及楼层地震剪力标准值 V_{2i}

（6）水平集中风荷载的计算

取②轴横向框架作为计算单元，简化计算各节点处的水平集中风荷载，如图 7-3 所示。

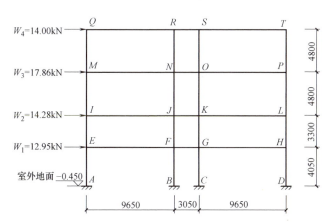

图 7-3　水平集中风荷载计算简图（单位：mm）

所在地基本风压 $w_0 = 0.3\text{kN/m}^2$，风振系数为 $\beta_z = 1.2$，迎风面及背风面的风荷载标准值可按下式计算：

$$w_k = \beta_z \mu_z \mu_s w_0 = 1.2 \times (0.8 + 0.5) \times 0.3\mu_z = 0.47\mu_z$$

各节点处的集中水平风荷载 $W_i = w_k \times 7.5 \times (h_i + h_{i+1})/2$，顶层节点风荷载计算高度取（$h_4/2 +$ 女儿墙高 1.0m）。

由规范，地面粗糙度为 B 类，风压高度变化系数 μ_z 的取值见表 7-8，各节点处的水平集中风荷载 W_i 计算过程见表 7-8。

层号	H(m)	z(m)	μ_z	w_k (kN/m²)	$W_i = w_k \times 7.5 \times (h_i + h_{i+1})/2$ (kN)
女儿墙	1.0	17.95			
4	4.8	16.95	1.169	0.549	14.00
3	4.8	12.15	1.056	0.496	17.86
2	3.3	7.35	1	0.470	14.28
1	4.05	4.05	1	0.470	12.95

水平集中风荷载 W_i 计算　　　　表 7-8

（7）框架梁上的竖向荷载

楼板传到②轴线框架上的荷载近似按由次梁传递给主框架横梁上的集中荷载计算，竖向荷载作用下②轴线框架计算简图如图 7-4 所示。

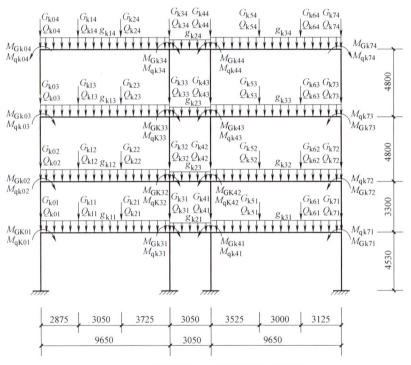

图 7-4　竖向荷载作用下②轴线框架计算简图

图 7-4 中竖向荷载的计算见表 7-9。

竖向荷载汇总表　　　　表 7-9

荷载类型	计 算 公 式	荷载值
四层（屋面）		
永久荷载		
G_{k04}	$7.5 \times (3.05/2 + 0.3) \times 6.87 + 0.897 \times 6.95 + 0.472 \times 3 \times 3.05/2 + 1 \times 7.5 \times 5.36$	142.63kN
M_{Gk04}	$0.175 \times G_{k04}$	24.96kN·m
G_{k14}	$7.5 \times 3.05 \times 6.87 + 0.962 \times 7.5 + 0.472 \times 3 \times 3.05$	168.69kN

186

荷载类型	计 算 公 式	荷载值
G_{k24}	$7.5\times(3.05+3.9)/2\times6.87+0.962\times7.5+0.472\times3\times(3.05+3.9)/2$	191.18kN
G_{k34}	$7.5\times(2.7+3.9)/2\times6.873+0.897\times6.95+0.472\times3\times(2.7+3.9)/2$	181.01kN
M_{Gk34}	$0.175\times G_{k34}$	31.68kN·m
G_{k44}	$7.5\times(2.7+3.7)/2\times6.87+0.897\times6.95+0.472\times3\times(2.7+3.7)/2$	175.65kN
M_{Gk44}	$0.175\times G_{k44}$	30.74kN·m
G_{k54}	$7.5\times(3.7+3)/2\times6.87+0.962\times7.5+0.472\times3\times(3.7+3)/2$	184.57kN
G_{k64}	$7.5\times(3+3.3)/2\times6.87+0.962\times7.5+0.472\times3\times(3+3.3)/2$	173.98kN
G_{k74}	$7.5\times(3.3/2+0.3)\times6.87+0.897\times6.95+0.472\times3\times3.3/2+1\times7.5\times5.36$	149.24kN
M_{Gk74}	$0.175\times G_{k74}$	26.12kN·m
g_{k14}	1.529	1.529kN/m
g_{k24}	0.933	0.933kN/m
g_{k34}	1.529	1.529kN/m
可变荷载		
Q_{k04}	$0.7\times7.5\times(3.05/2+0.3)$	9.58kN
M_{qk04}	$0.175\times Q_{k04}$	1.68kN·m
Q_{k14}	$0.7\times7.5\times3.05$	16.01kN
Q_{k24}	$0.7\times7.5\times(3.05+3.9)/2$	18.24kN
Q_{k34}	$0.7\times7.5\times(2.7+3.9)/2$	17.33kN
M_{qk34}	$0.175\times Q_{k34}$	3.03kN·m
Q_{k44}	$0.7\times7.5\times(2.7+3.7)/2$	16.80kN
M_{qk44}	$0.175\times Q_{k44}$	2.94kN·m
Q_{k54}	$0.7\times7.5\times(3.7+3)/2$	17.59kN
Q_{k64}	$0.7\times7.5\times(3+3.3)/2$	16.54kN
Q_{k74}	$0.7\times7.5\times(3.3/2+0.3)$	10.24kN
M_{qk74}	$0.175\times Q_{k74}$	1.79kN·m
二~三层($i=2\sim3$)		
永久荷载		
G_{k0i}	$7.5\times(3.05/2+0.1)\times4.04+0.891\times6.95+0.472\times3.05/2+6.95\times(4.8-0.5)\times3.08-2\times2.85\times2.1\times(3.08-0.4)+3.05/4\times(4.8-0.3)\times3.08+4\times0.55\times(4.8-0.5)\times3.08$	155.82kN
M_{Gk0i}	$0.165\times G_{k0i}$	25.71kN·m
G_{k1i}	$7.5\times3.05\times4.04+0.962\times7.5+0.472\times3.05+3.05/2\times(4.8-0.3)\times3.08$	122.21kN
G_{k2i}	$7.5\times(3.05+3.9)/2\times4.04+0.962\times7.5+0.472\times[(3.05+3.9)/2+(3.4+1.5)/4]+[(3.05+3.9)/4+(3.4+1.5)/4]\times(4.8-0.3)\times3.08$	155.79kN
G_{k3i}	$7.5\times(2.7+3.9)/2\times4.04+1.123\times6.95+0.472\times2.7/2+0.472\times3.9/2+6.95\times(4.8-0.6)\times3.08-1.5\times2.1\times(3.08-0.4)$	190.82kN
M_{Gk3i}	$0.175\times G_{k3i}$	33.39kN·m
G_{k4i}	$7.5\times(2.7+3.7)/2\times4.04+1.123\times6.95+0.472\times(2.7+3.7)/2+6.95\times(4.8-0.6)\times3.08-1.5\times2.1\times(3.08-0.4)$	187.74kN
M_{Gk4i}	$0.175\times G_{k4i}$	32.85kN·m
G_{k5i}	$7.5\times(3.7+3.0)/2\times4.04+0.962\times7.5+0.472\times(3.7+3.0)/2$	110.30kN
G_{k6i}	$7.5\times(3+3.3)/2\times4.04+0.962\times7.5+0.472\times(3+3.3)/2$	104.15kN

荷载类型	计 算 公 式	荷载值
G_{k7i}	$7.5\times(3.3/2+0.1)\times4.04+0.897\times6.95+0.472\times3.3/2+6.95\times(4.8-0.6)\times$ $3.08-2\times2.85\times2.1\times(3.08-0.4)+4\times0.55\times(4.8-0.5)\times3.08$	147.00kN
M_{Gk7i}	$0.165\times G_{k7i}$	24.26kN·m
g_{k1i}	1.997	1.997kN/m
g_{k2i}	0.933	0.933kN/m
g_{k3i}	1.997	1.997kN/m
可变荷载		
Q_{k0i}	$3\times7.5\times3.05/2$	34.31kN
M_{qk0i}	$0.165\times Q_{k0i}$	5.66kN·m
Q_{k1i}	$3\times7.5\times3.05$	68.63kN
Q_{k2i}	$3\times7.5\times(3.05+3.9)/2$	78.19kN
Q_{k3i}	$2.5\times7.5\times2.7/2+3\times7.5\times3.9/2$	69.19kN
M_{qk3i}	$0.175\times Q_{k3i}$	12.11kN·m
Q_{k4i}	$3\times7.5\times3.7/2+2.5\times7.5\times2.7/2$	66.94kN
M_{qk4i}	$0.175\times Q_{k4i}$	11.71kN·m
Q_{k5i}	$3\times7.5\times(3.7+3.0)/2$	75.38kN
Q_{k6i}	$3\times7.5\times(3.0+3.3)/2$	70.88kN
Q_{k7i}	$3\times7.5\times3.3/2$	37.13kN
M_{qk7i}	$0.165\times Q_{k7i}$	6.13kN·m
一层		
永久荷载		
G_{k01}	$7.5\times(3.05/2+0.1)\times4.04+0.891\times6.95+0.472\times3.05/2+6.95\times(3.3-$ $0.5)\times3.08-2\times2.85\times2.1\times(3.08-0.4)+3.05/4\times(3.3-0.3)\times3.08+4\times$ $0.55\times(3.3-0.5)\times3.08$	110.03kN
M_{Gk01}	$0.165\times G_{k01}$	18.15kN·m
G_{k11}	$7.5\times3.05\times4.04+0.962\times7.5+0.472\times3.05+3.05/2\times(3.3-0.3)\times3.08$	115.16kN
G_{k21}	$7.5\times(3.05+3.9)/2\times4.04+0.962\times7.5+0.472\times[(3.05+3.9)/2+(3.4+$ $1.5)/4]+[(3.05+3.9)/4+(3.4+1.5)/4]\times(3.3-0.3)\times3.08$	142.10kN
G_{k31}	$7.5\times(2.7+3.9)/2\times4.04+1.123\times6.95+0.472\times2.7/2+0.472\times3.9/2+$ $6.95\times(3.3-0.6)\times3.08-1.5\times2.1\times(3.08-0.4)$	158.71kN
M_{Gk31}	$0.175\times G_{k31}$	27.77kN·m
G_{k41}	$7.5\times(2.7+3.7)/2\times4.04+1.123\times6.95+0.472\times(2.7+3.7)/2+6.95\times(3.3-$ $0.6)\times3.08-1.5\times2.1\times(3.08-0.4)$	155.63kN
M_{Gk41}	$0.175\times G_{k41}$	27.24kN·m
G_{k51}	$7.5\times(3.7+3.0)/2\times4.04+0.962\times7.5+0.472\times(3.7+3.0)/2$	110.30kN
G_{k61}	$7.5\times(3+3.3)/2\times4.04+0.962\times7.5+0.472\times(3+3.3)/2$	104.15kN
G_{k71}	$7.5\times(3.3/2+0.1)\times4.04+0.897\times6.95+0.472\times3.3/2+6.95\times(3.3-0.6)\times$ $3.08-2\times2.85\times2.1\times(3.08-0.4)+4\times0.55\times(3.3-0.5)\times3.08$	104.73kN
M_{Gk71}	$0.165\times G_{k71}$	17.28kN·m
g_{k11}	1.997	1.997kN/m
g_{k21}	0.933	0.933kN/m
g_{k31}	1.997	1.997kN/m
可变荷载		
Q_{k01}	$3\times7.5\times3.05/2$	34.31kN
M_{qk01}	$0.165\times Q_{k01}$	5.66kN·m

荷载类型	计算公式	荷载值
Q_{k11}	$3 \times 7.5 \times 3.05$	68.63kN
Q_{k21}	$3 \times 7.5 \times (3.05+3.9)/2$	78.19kN
Q_{k31}	$2.5 \times 7.5 \times 2.7/2+3 \times 7.5 \times 3.9/2$	69.19kN
M_{qk31}	$0.175 \times Q_{k31}$	12.11kN·m
Q_{k41}	$3 \times 7.5 \times 3.7/2+2.5 \times 7.5 \times 2.7/2$	66.94kN
M_{qk41}	$0.175 \times Q_{k41}$	11.71kN·m
Q_{k51}	$3 \times 7.5 \times (3.7+3.0)/2$	75.38kN
Q_{k61}	$3 \times 7.5 \times (3.0+3.3)/2$	70.88kN
Q_{k71}	$3 \times 7.5 \times 3.3/2$	37.13kN
M_{qk71}	$0.165 \times Q_{k71}$	6.13kN·m

7.5 内 力 计 算

用 PKPM 系列设计软件中的 PK 模块，交互输入计算②轴线的框架在恒载、活载、左风荷载及左水平地震作用下的内力标准值，见图 7-5～图 7-16。风荷载及水平地震作用要考虑两个方向，由于该平面框架结构梁柱对称布置，右风荷载及右水平地震作用下的内力值与左向作用下大小相等方向相反，左向作用时的内力图如图 7-11～图 7-16 所示，右向作用的内力图从略。

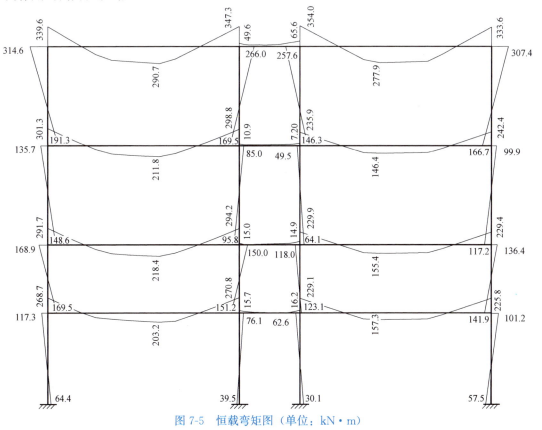

图 7-5 恒载弯矩图（单位：kN·m）

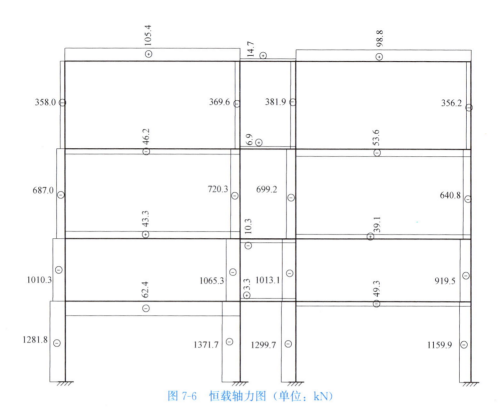

图 7-6　恒载轴力图（单位：kN）

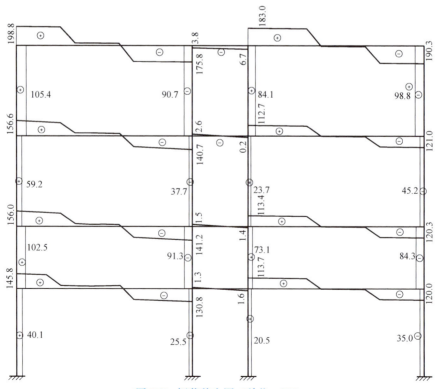

图 7-7　恒载剪力图（单位：kN）

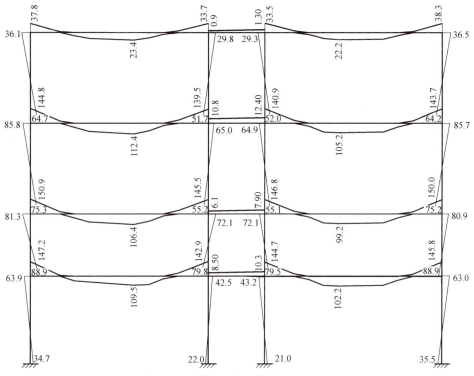

图 7-8　活载弯矩图（单位：kN·m）

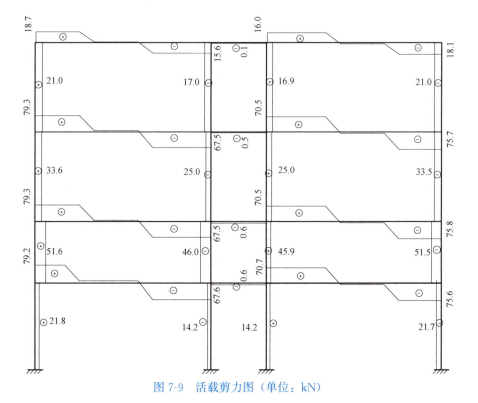

图 7-9　活载剪力图（单位：kN）

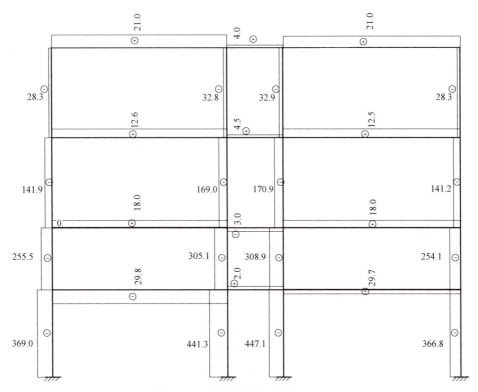

图 7-10 活载轴力图（单位：kN）

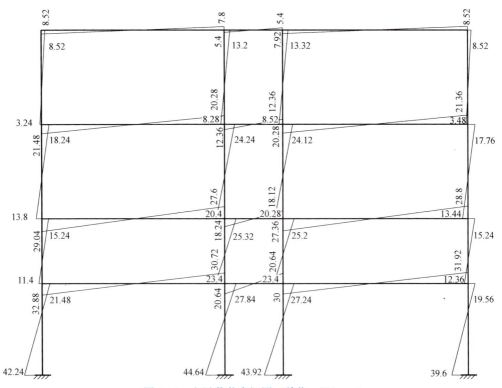

图 7-11 左风荷载弯矩图（单位：kN·m）

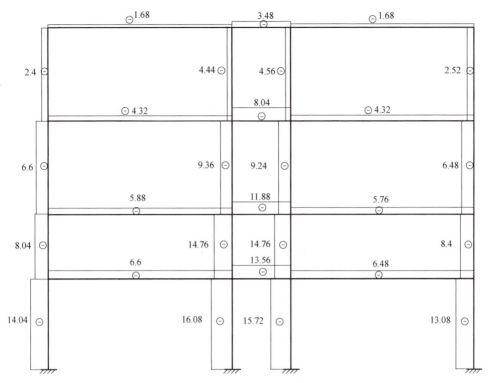

图 7-12　左风荷载剪力图（单位：kN）

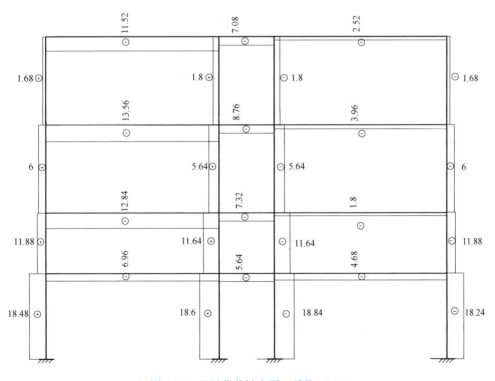

图 7-13　左风荷载轴力图（单位：kN）

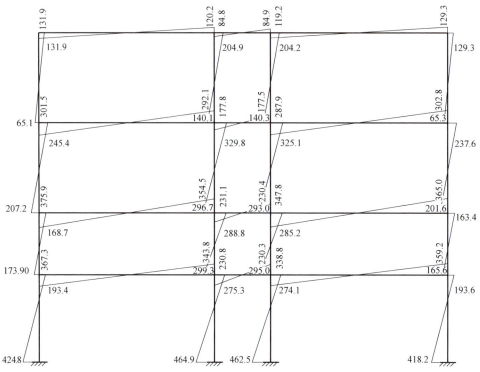

图 7-14　左水平地震作用弯矩图（单位：kN·m）

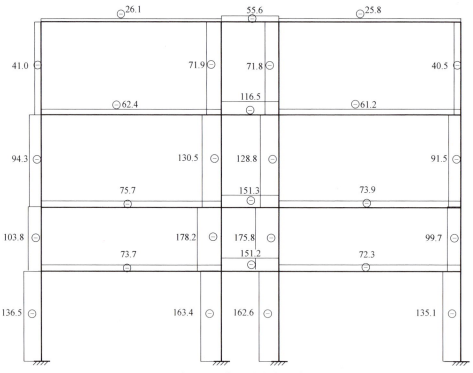

图 7-15　左水平地震作用剪力图（单位：kN）

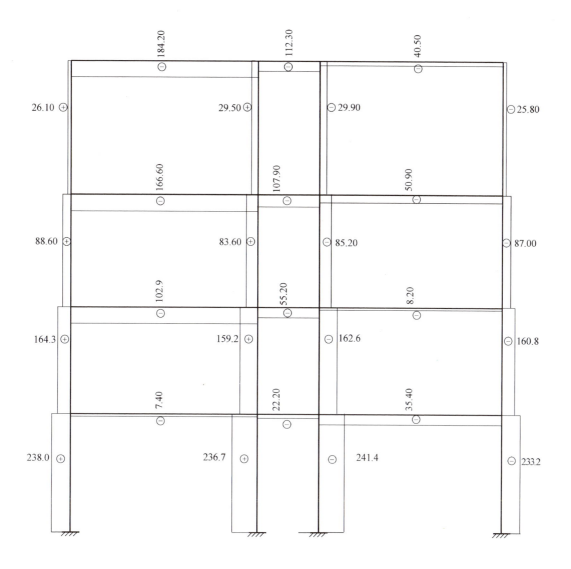

图 7-16　左水平地震作用轴力图（单位：kN）

7.6　荷载效应组合

　　雪荷载不与屋面活荷载同时考虑，由于本工程雪荷载较小，荷载组合时取活荷载进行组合，不考虑雪荷载组合。作为示例，计算表中没有将所有荷载组合类型全部列出，只列举了9种主要的组合类型，由于不考虑活荷载不利布置，按满跨布置活荷载，跨中弯矩偏小，为此跨中弯矩放大1.1倍。梁柱内力组合及最不利内力组合见表7-10～表7-13。

　　荷载效应组合完成后，即可进行构件截面验算、节点连接设计及水平荷载作用下的水平侧移验算等。

表 7-10

框架梁内力组合表

杆件	截面	荷载效应种类	永久荷载		楼(屋)面活荷载			风荷载				地震作用	
								左风		右风		左震	右震
			$1.0G_k$ 效应值	$1.3G_k$ 效应值	$1.5L_k$ 效应值	$0.7×1.5L_k$ 效应值	$1.3×0.5L_k$ 效应值	$1.5W_{Lk}$ 效应值	$0.6×1.5W_{Lk}$ 效应值	$1.5W_{Rk}$ 效应值	$0.6×1.5W_{Rk}$ 效应值	$1.4E_{Lk}$ 效应值	$1.4E_{Rk}$ 效应值
			(1)	(2)	(3)	(4)	(5)	(6)	(7)	(8)	(9)	(10)	(11)
底层梁 EF	梁端 E	$M(kN·m)$	−268.70	−349.31	−220.80	−154.56	−95.68	49.32	29.59	−47.88	−28.73	514.22	−502.88
		$V(kN)$	145.80	189.54	118.80	83.16	51.48	−9.90	−5.94	9.72	5.83	−103.18	101.22
	梁端 F	$M(kN·m)$	270.80	352.04	214.35	150.05	92.89	46.08	27.65	−45.00	−27.00	481.32	−474.32
		$V(kN)$	−130.80	−170.04	−101.40	−70.98	−43.94	−9.90	−5.94	9.72	5.83	−103.18	101.22
	跨内	$N(kN)$	−62.40	−81.12	−44.70	−31.29	−19.37	−10.44	−6.26	7.02	4.21	−10.36	49.56
	跨中	$M(kN·m)$	203.20	264.16	164.25	114.98	71.18	1.62	0.97	−1.44	−0.86	16.45	−14.28
底层梁 FG	梁端 F	$M(kN·m)$	−15.70	−20.41	−12.75	−8.93	−5.53	30.96	18.58	−30.96	−18.58	323.12	−322.42
		$V(kN)$	1.30	1.69	−0.90	−0.63	−0.39	−20.34	−12.20	20.34	12.20	−211.68	211.68
	梁端 G	$M(kN·m)$	16.20	21.06	15.45	10.82	6.70	30.96	18.58	−30.96	−18.58	322.42	−323.12
		$V(kN)$	−1.60	−2.08	−0.90	−0.63	−0.39	−20.34	−12.20	20.34	12.20	−211.68	211.68
	跨内	$N(kN)$	3.30	4.29	3.00	2.10	1.30	−8.46	−5.08	8.46	5.08	−31.08	31.08
	跨中	$M(kN·m)$	−14.87	−19.32	−14.10	−9.87	−6.11	0.00	0.00	0.00	0.00	0.35	0.35
底层梁 GH	梁端 G	$M(kN·m)$	−229.10	−297.83	−217.05	−151.94	−94.06	45.00	27.00	−46.08	−27.65	474.32	−481.32
		$V(kN)$	113.70	147.81	106.05	74.24	45.96	−9.72	−5.83	9.90	5.94	−101.22	103.18
	梁端 H	$M(kN·m)$	225.80	293.54	218.70	153.09	94.77	47.88	28.73	−49.32	−29.59	502.88	−514.22
		$V(kN)$	−120.00	−156.00	−113.40	−79.38	−49.14	−9.72	−5.83	9.90	5.94	−101.22	103.18
	跨内	$N(kN)$	−49.30	−64.09	−44.55	−31.19	−19.31	−7.02	−4.21	10.44	6.26	−49.56	10.36
	跨中	$M(kN·m)$	157.30	204.49	153.30	107.31	66.43	−1.44	−0.86	1.62	0.97	−14.28	16.45
二层梁 IJ	梁端 I	$M(kN·m)$	−291.70	−379.21	−226.35	−158.45	−98.09	43.56	26.14	−43.20	−25.92	526.26	−511
		$V(kN)$	156.00	202.80	118.95	83.27	51.55	−8.82	−5.29	8.64	5.18	−105.98	103.46

杆件	截面	荷载效应种类	永久荷载 1.0G_k 效应值 (1)	永久荷载 1.3G_k 效应值 (2)	楼(屋)面活荷载 1.5L_k 效应值 (3)	楼(屋)面活荷载 0.7×1.5L_k 效应值 (4)	楼(屋)面活荷载 1.3×0.5L_k 效应值 (5)	风荷载 左风 1.5W_{Lk} 效应值 (6)	风荷载 左风 0.6×1.5W_{Lk} 效应值 (7)	风荷载 右风 1.5W_{Rk} 效应值 (8)	风荷载 右风 0.6×1.5W_{Rk} 效应值 (9)	地震作用 左震 1.4E_{Lk} 效应值 (10)	地震作用 右震 1.4E_{Rk} 效应值 (11)
二层梁 IJ	梁端 J	M(kN·m)	294.20	382.46	218.25	152.78	94.58	41.40	24.84	-41.04	-24.62	496.30	-486.92
		V(kN)	-141.20	-183.56	-101.25	-70.88	-43.88	-8.82	-5.29	8.64	5.18	-105.98	103.46
	跨内	N(kN)	43.30	56.29	27.00	18.90	11.70	-19.26	-11.56	2.70	1.62	-144.06	11.48
	跨中	M(kN·m)	218.40	283.92	159.60	111.72	69.16	1.08	0.65	-1.08	-0.65	14.98	-12.04
	梁端 J	M(kN·m)	-15.00	-19.50	-9.15	-6.41	-3.97	27.36	16.42	-27.18	-16.31	323.54	-322.56
		V(kN)	1.50	1.95	-0.90	-0.63	-0.39	-17.82	-10.69	17.82	10.69	-211.82	211.82
二层梁 JK	梁端 K	M(kN·m)	14.90	19.37	11.85	8.30	5.14	27.18	16.31	-27.36	-16.42	322.56	-323.54
		V(kN)	-1.40	-1.82	-0.90	-0.63	-0.39	-17.82	-10.69	17.82	10.69	-211.82	211.82
	跨内	N(kN)	-10.30	-13.39	-4.50	-3.15	-1.95	-10.98	-6.59	10.98	6.59	-77.28	77.28
	跨中	M(kN·m)	-13.87	-18.02	-10.50	-7.35	-4.55	0.09	0.05	-0.09	-0.05	0.49	-0.49
	梁端 K	M(kN·m)	-229.90	-298.87	-220.20	-154.14	-95.42	41.04	24.62	-41.40	-24.84	486.92	-496.3
		V(kN)	113.40	147.42	105.75	74.03	45.83	-8.64	-5.18	8.82	5.29	-103.46	105.98
二层梁 KL	梁端 L	M(kN·m)	229.40	298.22	225.00	157.50	97.50	43.20	25.92	-43.56	-26.14	511.00	-526.26
		V(kN)	-120.30	-156.39	-113.70	-79.59	-49.27	-8.64	-5.18	8.82	5.29	-103.46	105.98
	跨内	N(kN)	39.10	50.83	27.00	18.90	11.70	-2.70	-1.62	19.26	11.56	-11.48	144.06
	跨中	M(kN·m)	155.40	202.02	148.80	104.16	64.48	-1.08	-0.65	1.08	0.65	-12.04	14.98
三层梁 MN	梁端 M	M(kN·m)	-301.30	-391.69	-217.20	-152.04	-94.12	32.22	19.33	-32.04	-19.22	422.10	-423.92
		V(kN)	156.60	203.58	118.95	83.27	51.55	-6.48	-3.89	6.48	3.89	-87.36	85.68
	梁端 N	M(kN·m)	298.80	388.44	209.25	146.48	90.68	30.42	18.25	-30.42	-18.25	408.94	-403.06
		V(kN)	-140.70	-182.91	-101.25	-70.88	-43.88	-6.48	-3.89	6.48	3.89	-87.36	85.68

杆件	截面	荷载效应种类	永久荷载		楼(屋)面活荷载			风荷载				地震作用	
								左风		右风		左震	右震
			1.0G_k 效应值	1.3G_k 效应值	1.5L_k 效应值	0.7×1.5L_k 效应值	1.3×0.5L_k 效应值	1.5W_{Lk} 效应值	0.6×1.5W_{Lk} 效应值	1.5W_{Rk} 效应值	0.6×1.5W_{Rk} 效应值	1.4E_{Lk} 效应值	1.4E_{Rk} 效应值
			(1)	(2)	(3)	(4)	(5)	(6)	(7)	(8)	(9)	(10)	(11)
三层梁 MN	跨内	N(kN)	−46.20	−60.06	18.90	13.23	8.19	−20.34	−12.20	5.94	3.56	−233.24	71.26
	跨中	M(kN·m)	211.80	275.34	168.60	118.02	73.06	0.90	0.54	−0.81	−0.49	6.58	−10.43
	梁端 N	M(kN·m)	−10.90	−14.17	−16.20	−11.34	−7.02	18.54	11.12	−18.54	−11.12	248.92	−248.5
		V(kN)	2.60	3.38	−0.75	−0.53	−0.33	−12.06	−7.24	12.06	7.24	−163.10	163.1
三层梁 NO	梁端 O	M(kN·m)	7.20	9.36	18.60	13.02	8.06	18.54	11.12	−18.54	−11.12	248.50	−248.92
		V(kN)	−0.20	−0.26	−0.75	−0.53	−0.33	−12.06	−7.24	12.06	7.24	−163.10	163.1
	跨内	N(kN)	6.90	8.97	6.75	4.73	2.93	−13.14	−7.88	13.14	7.88	−151.06	151.06
	跨中	M(kN·m)	−7.97	−10.35	−17.40	−12.18	−7.54	0.00	0.00	0.00	0.00	0.21	−0.21
三层梁 OP	梁端 O	M(kN·m)	−235.90	−306.67	−211.35	−147.95	−91.59	30.42	18.25	−30.42	−18.25	403.06	−408.94
		V(kN)	112.70	146.51	105.75	74.03	45.83	−6.48	−3.89	6.48	3.89	−85.68	87.36
	梁端 P	M(kN·m)	242.40	315.12	215.55	150.89	93.41	32.04	19.22	−32.22	−19.33	423.92	−422.1
		V(kN)	−121.00	−157.30	−113.55	−79.49	−49.21	−6.48	−3.89	6.48	3.89	−85.68	87.36
四层梁 QR	跨内	N(kN)	−53.60	−69.68	18.75	13.13	8.13	−5.94	−3.56	20.34	12.20	−71.26	233.24
	跨中	M(kN·m)	146.40	190.32	157.80	110.46	68.38	−0.81	−0.49	0.90	0.54	−10.43	6.58
	梁端 Q	M(kN·m)	−339.60	−441.48	−56.70	−39.69	−24.57	12.78	7.67	−12.78	−7.67	184.66	−181.02
		V(kN)	198.80	258.44	28.05	19.64	12.16	−2.52	−1.51	2.52	1.51	−36.54	36.12
	梁端 R	M(kN·m)	347.30	451.49	50.55	35.39	21.91	11.70	7.02	−11.88	−7.13	168.28	−166.88
		V(kN)	−175.80	−228.54	−23.40	−16.38	−10.14	−2.52	−1.51	2.52	1.51	−36.54	36.12
	跨内	N(kN)	105.40	137.02	31.50	22.05	13.65	−17.28	−10.37	3.78	2.27	−257.88	56.7
	跨中	M(kN·m)	290.70	377.91	35.10	24.57	15.21	0.54	0.32	−0.45	−0.27	8.19	−7.07

杆件	截面	荷载效应种类	永久荷载		楼(屋)面活荷载			风荷载				地震作用	
								左风		右风		左震	右震
			$1.0G_k$ 效应值	$1.3G_k$ 效应值	$1.5L_k$ 效应值	$0.7\times1.5L_k$ 效应值	$1.3\times0.5L_k$ 效应值	$1.5W_{Lk}$ 效应值	$0.6\times1.5W_{Lk}$ 效应值	$1.5W_{Rk}$ 效应值	$0.6\times1.5W_{Rk}$ 效应值	$1.4E_{Lk}$ 效应值	$1.4E_{Rk}$ 效应值
			(1)	(2)	(3)	(4)	(5)	(6)	(7)	(8)	(9)	(10)	(11)
四层梁 RS	梁端 R	$M(kN\cdot m)$	−49.60	−64.48	−1.35	−0.95	−0.59	8.10	4.86	−8.10	−4.86	118.72	−118.86
		$V(kN)$	−3.80	−4.94	−0.15	−0.11	−0.07	−5.22	−3.13	5.22	3.13	−77.84	77.84
	梁端 S	$M(kN\cdot m)$	65.60	85.28	1.95	1.37	0.85	8.10	4.86	−8.10	−4.86	118.86	−118.72
		$V(kN)$	−6.70	−8.71	−0.15	−0.11	−0.07	−5.22	−3.13	5.22	3.13	−77.84	77.84
	跨内	$N(kN)$	14.70	19.11	6.00	4.20	2.60	−10.62	−6.37	10.62	6.37	−157.22	157.22
	跨中	$M(kN\cdot m)$	−56.52	−73.47	−1.65	−1.16	−0.72	0.00	0.00	0.00	0.00	−0.07	0.07
四层梁 ST	梁端 S	$M(kN\cdot m)$	−354.00	−460.20	−50.25	−35.18	−21.78	11.88	7.13	−11.70	−7.02	166.88	−168.28
		$V(kN)$	183.00	237.90	24.00	16.80	10.40	−2.52	−1.51	2.52	1.51	−36.12	36.54
	梁端 T	$M(kN\cdot m)$	333.60	433.68	57.45	40.22	24.90	12.78	7.67	−12.78	−7.67	181.02	−184.66
		$V(kN)$	−190.30	−247.39	−27.15	−19.01	−11.77	−2.52	−1.51	2.52	1.51	−36.12	36.54
	跨内	$N(kN)$	98.80	128.44	31.50	22.05	13.65	−3.78	−2.27	17.28	10.37	−56.70	257.88
	跨中	$M(kN\cdot m)$	277.90	361.27	33.30	23.31	14.43	−0.45	−0.27	0.54	0.32	−7.07	8.19

内力组合

杆件	截面	组合类型 荷载效应种类	1	2	3	4	5	6	7	8	9
			$1.3G_k+1.5L_k$	$1.3G_k+1.5W_{Lk}$	$1.3G_k+1.5W_{Rk}$	$1.3G_k+1.5L_k+0.6\times1.5W_{Lk}$	$1.3G_k+1.5L_k+0.6\times1.5W_{Rk}$	$1.3G_k+0.7\times1.5L_k+1.5W_{Lk}$	$1.3G_k+0.7\times1.5L_k+1.5W_{Rk}$	$1.3G_k+1.3\times0.5L_k+1.4E_{Lk}$	$1.3G_k+1.3\times0.5L_k+1.4E_{Rk}$
			(2)+(3)	(2)+(6)	(2)+(8)	(2)+(3)+(7)	(2)+(3)+(9)	(2)+(4)+(6)	(2)+(4)+(8)	(2)+(5)+(10)	(2)+(5)+(11)
底层梁 EF	梁端 E	$M(kN\cdot m)$	−570.11	−299.99	−397.19	−540.52	−598.84	−454.55	−551.75	69.23	−947.87
		$V(kN)$	308.34	179.64	199.26	302.40	314.17	262.80	282.42	137.84	342.24
	梁端 F	$M(kN\cdot m)$	566.39	398.12	307.04	594.04	539.39	548.17	457.09	926.25	−29.40

内力组合

杆件	截面	荷载效应种类	1 $1.3G_k + 1.5L_k$ (2)+(3)	2 $1.3G_k + 1.5W_{Lk}$ (2)+(6)	3 $1.3G_k + 1.5W_{Rk}$ (2)+(8)	4 $1.3G_k + 0.6×1.5W_{Lk}$ (2)+(3)+(7)	5 $1.3G_k + 1.5L_k + 0.6×1.5W_{Rk}$ (2)+(3)+(9)	6 $1.3G_k + 0.7×1.5L_k + 1.5W_{Lk}$ (2)+(4)+(6)	7 $1.3G_k + 0.7×1.5L_k + 1.5W_{Rk}$ (2)+(4)+(8)	8 $1.3G_k + 1.3×0.5L_k + 1.4E_{Lk}$ (2)+(5)+(10)	9 $1.3G_k + 1.3×0.5L_k + 1.4E_{Rk}$ (2)+(5)+(11)
底层梁 EF	梁端 F	$V(kN)$	−271.44	−179.94	−160.32	−277.38	−265.61	−250.92	−231.30	−317.16	−112.76
	跨内	$N(kN)$	−125.82	−91.56	−74.10	−132.08	−121.61	−122.85	−105.39	−110.85	−50.93
	跨中	$M(kN·m)$	428.41	265.78	262.72	429.38	427.55	380.76	377.70	351.79	321.06
	梁端 F	$M(kN·m)$	−33.16	10.55	−51.37	−14.58	−51.74	1.62	−60.30	297.19	−348.36
		$V(kN)$	0.79	−18.65	22.03	−11.41	12.99	−19.28	21.40	−210.38	212.98
底层梁 FG	梁端 G	$M(kN·m)$	36.51	52.02	−9.90	55.09	17.93	62.84	0.92	350.18	−295.37
	跨内	$V(kN)$	−2.98	−22.42	18.26	−15.18	9.22	−23.05	17.63	−214.15	209.21
	跨中	$N(kN)$	7.29	−4.17	12.75	2.21	12.37	−2.07	14.85	−25.49	36.67
	梁端	$M(kN·m)$	−33.42	−19.32	−19.32	−33.42	−33.42	−29.19	−29.19	−25.08	−25.08
底层梁 GH	梁端 G	$M(kN·m)$	−514.88	−252.83	−343.91	−487.88	−542.53	−404.77	−495.85	82.44	−873.21
		$V(kN)$	253.86	138.09	157.71	248.03	259.80	212.33	231.95	92.55	296.95
	梁端 H	$M(kN·m)$	512.24	341.42	244.22	540.97	482.65	494.51	397.31	891.19	−125.91
	跨内	$V(kN)$	−269.40	−165.72	−146.10	−275.23	−263.46	−245.10	−225.48	−306.36	−101.96
	跨内	$N(kN)$	−108.64	−71.11	−53.65	−112.85	−102.38	−102.30	−84.84	−132.96	−73.04
	跨中	$M(kN·m)$	357.79	203.05	206.11	356.93	358.76	310.36	313.42	256.64	287.37
二层梁 IJ	梁端 I	$M(kN·m)$	−605.56	−335.65	−422.41	−579.42	−631.48	−494.10	−580.86	48.97	−988.30
		$V(kN)$	321.75	193.98	211.44	316.46	326.93	277.25	294.71	148.37	357.81
	梁端 J	$M(kN·m)$	600.71	423.86	341.42	625.55	576.09	576.64	494.20	973.34	−9.88
	跨内	$V(kN)$	−284.81	−192.38	−174.92	−290.10	−279.63	−263.26	−245.80	−333.42	−123.98
	跨内	$N(kN)$	83.29	37.03	58.99	71.73	84.91	55.93	77.89	−76.07	79.47
	跨中	$M(kN·m)$	443.52	285.00	282.84	444.17	442.87	396.72	394.56	368.06	341.04

内力组合

杆件	截面	组合类型 荷载效应种类	1 $1.3G_k+1.5L_k$ (2)+(3)	2 $1.3G_k+1.5W_{Lk}$ (2)+(6)	3 $1.3G_k+1.5W_{Rk}$ (2)+(8)	4 $1.3G_k+1.5L_k+0.6×1.5W_{Lk}$ (2)+(3)+(7)	5 $1.3G_k+1.5L_k+0.6×1.5W_{Rk}$ (2)+(3)+(9)	6 $1.3G_k+0.7×1.5L_k+1.5W_{Lk}$ (2)+(4)+(6)	7 $1.3G_k+0.7×1.5L_k+1.5W_{Rk}$ (2)+(4)+(8)	8 $1.3G_k+1.3×0.5L_k+1.4E_{Lk}$ (2)+(5)+(10)	9 $1.3G_k+1.3×0.5L_k+1.4E_{Rk}$ (2)+(5)+(11)
二层梁 JK	梁端 J	M(kN·m)	−28.65	7.86	−46.68	−12.23	−44.96	1.46	−53.09	300.08	−346.03
		V(kN)	1.05	−15.87	19.77	−9.64	11.74	−16.50	19.14	−210.26	213.38
	梁端 K	M(kN·m)	31.22	46.55	−7.99	47.53	14.80	54.85	0.31	347.07	−299.04
		V(kN)	−2.72	−19.64	16.00	−13.41	7.97	−20.27	15.37	−214.03	209.61
	跨内	N(kN)	−17.89	−24.37	−2.41	−24.48	−11.30	−27.52	−5.56	−92.62	61.94
	跨中	M(kN·m)	−28.52	−17.93	−18.11	−28.47	−28.58	−25.28	−25.46	−22.08	−23.06
二层梁 KL	梁端 K	M(kN·m)	−519.07	−257.83	−340.27	−494.45	−543.91	−411.97	−494.41	92.63	−890.59
		V(kN)	253.17	138.78	156.24	247.99	258.46	212.81	230.27	89.79	299.23
	梁端 L	M(kN·m)	523.22	341.42	254.66	549.14	497.08	498.92	412.16	906.72	−130.54
		V(kN)	−270.09	−165.03	−147.57	−275.27	−264.80	−244.62	−227.16	−309.12	−99.68
	跨内	N(kN)	77.83	48.13	70.09	76.21	89.39	67.03	88.99	51.05	206.59
	跨中	M(kN·m)	350.82	200.94	203.10	350.17	351.47	305.10	307.26	254.46	281.48
三层梁 MN	梁端 M	M(kN·m)	−608.89	−359.47	−423.73	−589.56	−628.11	−511.51	−575.77	−63.71	−909.73
		V(kN)	322.53	197.10	210.06	318.64	326.42	280.37	293.33	167.77	340.81
	梁端 N	M(kN·m)	597.69	418.86	358.02	615.94	579.44	565.34	504.50	888.06	76.06
		V(kN)	−284.16	−189.39	−176.43	−288.05	−280.27	−260.27	−247.31	−314.15	−141.11
	跨内	N(kN)	−41.16	−80.40	−54.12	−53.36	−37.60	−67.17	−40.89	−285.11	19.39
	跨中	M(kN·m)	443.94	276.24	274.53	444.48	443.45	394.26	392.55	354.98	337.97
三层梁 NO	梁端 N	M(kN·m)	−30.37	4.37	−32.71	−19.25	−41.49	−6.97	−44.05	227.73	−269.69
		V(kN)	2.63	−8.68	15.44	−4.61	9.87	−9.21	14.92	−160.05	166.16
	梁端 O	M(kN·m)	27.96	27.90	−9.18	39.08	16.84	40.92	3.84	265.92	−231.50

内力组合

杆件	截面	荷载效应种类	1 1.3G_k+1.5L_k (2)+(3)	2 1.3G_k+1.5W_{Lk} (2)+(6)	3 1.3G_k+1.5W_{Rk} (2)+(8)	4 1.3G_k+1.5L_k+0.6×1.5W_{Lk} (2)+(3)+(7)	5 1.3G_k+1.5L_k+0.6×1.5W_{Rk} (2)+(3)+(9)	6 1.3G_k+0.7×1.5L_k+1.5W_{Lk} (2)+(4)+(6)	7 1.3G_k+0.7×1.5L_k+1.5W_{Rk} (2)+(4)+(8)	8 1.3G_k+1.3×0.5L_k+1.4E_{Lk} (2)+(5)+(10)	9 1.3G_k+1.3×0.5L_k+1.4E_{Rk} (2)+(5)+(11)
三层梁 NO	梁端 O	V(kN)	-1.01	-12.32	11.80	-8.25	6.23	-12.85	11.28	-163.69	162.52
	跨内	N(kN)	15.72	-4.17	22.11	7.84	23.60	0.56	26.84	-139.17	162.96
	跨中	M(kN·m)	-27.75	-10.35	-10.35	-27.75	-27.75	-22.53	-22.53	-17.68	-18.10
	梁端 O	M(kN·m)	-518.02	-276.25	-337.09	-499.77	-536.27	-424.20	-485.04	4.80	-807.20
		V(kN)	252.26	140.03	152.99	248.37	256.15	214.06	227.02	106.66	279.70
三层梁 OP	梁端 P	M(kN·m)	530.67	347.16	282.90	549.89	511.34	498.05	433.79	832.45	-13.58
		V(kN)	-270.85	-163.78	-150.82	-274.74	-266.96	-243.27	-230.31	-292.19	-119.15
	跨内	N(kN)	-50.93	-75.62	-49.34	-54.49	-38.73	-62.50	-36.22	-132.82	171.69
	跨中	M(kN·m)	348.12	189.51	191.22	347.63	348.66	299.97	301.68	248.27	265.28
四层梁 QR	梁端 Q	M(kN·m)	-498.18	-428.70	-454.26	-490.51	-505.85	-468.39	-493.95	-281.39	-647.07
		V(kN)	286.49	255.92	260.96	284.98	288.00	275.56	280.60	234.06	306.72
	梁端 R	M(kN·m)	502.04	463.19	439.61	509.06	494.91	498.58	475.00	641.68	306.52
		V(kN)	-251.94	-231.06	-226.02	-253.45	-250.43	-247.44	-242.40	-275.22	-202.56
	跨内	N(kN)	168.52	119.74	140.80	158.15	170.79	141.79	162.85	-107.21	207.37
	跨中	M(kN·m)	413.01	378.45	377.46	413.33	412.74	403.02	402.03	401.31	386.05
四层梁 RS	梁端 R	M(kN·m)	-65.83	-56.38	-72.58	-60.97	-70.69	-57.33	-73.53	53.66	-183.93
		V(kN)	-5.09	-10.16	0.28	-8.22	-1.96	-10.27	0.18	-82.85	72.84
	梁端 S	M(kN·m)	87.23	93.38	77.18	92.09	82.37	94.75	78.55	204.99	-32.60
	跨内	N(kN)	-8.86	-13.93	-3.49	-11.99	-5.73	-14.04	-3.60	-86.62	69.07
	跨中	M(kN·m)	25.11	8.49	29.73	18.74	31.48	12.69	33.93	-135.51	178.93
		M(kN·m)	-75.12	-73.47	-73.47	-75.12	-75.12	-74.62	-74.62	-74.25	-74.11

内力组合

杆件	截面	组合类型 荷载效应种类	1 $1.3G_k+$ $1.5L_k$ (2)+(3)	2 $1.3G_k+$ $1.5W_{Lk}$ (2)+(6)	3 $1.3G_k+$ $1.5W_{Rk}$ (2)+(8)	4 $1.3G_k+1.5L_k+$ $0.6×1.5W_{Lk}$ (2)+(3)+(7)	5 $1.3G_k+1.5L_k+$ $0.6×1.5W_{Rk}$ (2)+(3)+(9)	6 $1.3G_k+0.7×$ $1.5L_k+1.5W_{Lk}$ (2)+(4)+(6)	7 $1.3G_k+0.7×$ $1.5L_k+1.5W_{Rk}$ (2)+(4)+(8)	8 $1.3G_k+1.3×$ $0.5L_k+1.4E_{Lk}$ (2)+(5)+(10)	9 $1.3G_k+1.3×$ $0.5L_k+1.4E_{Rk}$ (2)+(5)+(11)
四层梁 *ST*	梁端 *S*	$M(\text{kN·m})$	−510.45	−448.32	−471.90	−503.32	−517.47	−483.50	−507.08	−315.10	−650.26
		$V(\text{kN})$	261.90	235.38	240.42	260.39	263.41	252.18	257.22	212.18	284.84
	梁端 *T*	$M(\text{kN·m})$	491.13	446.46	420.90	498.80	483.46	486.68	461.12	639.60	273.92
		$V(\text{kN})$	−274.54	−249.91	−244.87	−276.05	−273.03	−268.92	−263.88	−295.28	−222.62
	跨内	$N(\text{kN})$	159.94	124.66	145.72	157.67	170.31	146.71	167.77	85.39	399.97
	跨中	$M(\text{kN·m})$	394.57	360.82	361.81	394.30	394.89	384.13	385.12	368.63	383.89

表7-11

框架柱内力组合表

杆件	截面	荷载效应 种类	永久荷载 $1.0G_k$ 效应值 (1)	永久荷载 $1.3G_k$ 效应值 (2)	楼(屋)面活荷载 $1.5L_k$ 效应值 (3)	楼(屋)面活荷载 $0.7×1.5L_k$ 效应值 (4)	楼(屋)面活荷载 $1.3×0.5L_k$ 效应值 (5)	风荷载 左风 $1.5W_{Lk}$ 效应值 (6)	风荷载 左风 $0.6×1.5W_{Lk}$ 效应值 (7)	风荷载 右风 $1.5W_{Rk}$ 效应值 (8)	风荷载 右风 $0.6×1.5W_{Rk}$ 效应值 (9)	地震作用 左震 $1.4E_{Lk}$ 效应值 (10)	地震作用 右震 $1.4E_{Rk}$ 效应值 (11)
底层柱 *AE*	柱端 *A*	$M(\text{kN·m})$	64.40	83.72	52.05	36.44	22.56	−63.36	−38.02	59.40	35.64	−594.72	585.48
		$N(\text{kN})$	−1281.80	−1666.34	−553.50	−387.45	−239.85	27.72	16.63	−27.36	−16.42	333.20	−326.48
		$V(\text{kN})$	40.10	52.13	32.70	22.89	14.17	−21.06	−12.64	19.62	11.77	−191.10	189.14
	柱端 *E*	$M(\text{kN·m})$	117.30	152.49	95.85	67.10	41.54	−32.22	−19.33	29.34	17.60	−270.76	271.04
		$N(\text{kN})$	−1281.80	−1666.34	−553.50	−387.45	−239.85	27.72	16.63	−27.36	−16.42	333.20	−326.48
		$V(\text{kN})$	40.10	52.13	32.70	22.89	14.17	−21.06	−12.64	19.62	11.77	−191.10	189.14
底层柱 *BF*	柱端 *B*	$M(\text{kN·m})$	−39.50	−51.35	−33.00	−23.10	−14.30	−66.96	−40.18	65.88	39.53	−650.86	647.5
		$N(\text{kN})$	−1371.70	−1783.21	−661.95	−463.37	−286.85	27.90	16.74	−28.26	−16.96	331.38	−337.96
		$V(\text{kN})$	−25.50	−33.15	−21.30	−14.91	−9.23	−24.12	−14.47	23.58	14.15	−228.76	227.64

杆件	截面	荷载效应种类	永久荷载		楼(屋)面活荷载			风荷载				地震作用	
								左风		右风		左震	右震
			(1) 1.0G_k 效应值	(2) 1.3G_k 效应值	(3) 1.5L_k 效应值	(4) 0.7×1.5L_k 效应值	(5) 1.3×0.5L_k 效应值	(6) 1.5W_{Lk} 效应值	(7) 0.6×1.5W_{Lk} 效应值	(8) 1.5W_{Rk} 效应值	(9) 0.6×1.5W_{Rk} 效应值	(10) 1.4E_{Lk} 效应值	(11) 1.4E_{Rk} 效应值
底层柱 BF	柱端 F	M(kN·m)	-76.10	-98.93	-63.75	-44.63	-27.63	-41.76	-25.06	40.86	24.52	-385.42	383.74
		N(kN)	-1371.70	-1783.21	-661.95	-463.37	-286.85	27.90	16.74	-28.26	-16.96	331.38	-337.96
		V(kN)	-25.50	-33.15	-21.30	-14.91	-9.23	-24.12	-14.47	23.58	14.15	-228.76	227.64
	柱端 C	M(kN·m)	30.10	39.13	31.50	22.05	13.65	-65.88	-39.53	66.96	40.18	-647.50	650.86
		N(kN)	-1299.70	-1689.61	-670.65	-469.46	-290.62	-28.26	-16.96	27.90	16.74	-337.96	331.38
		V(kN)	20.50	26.65	21.30	14.91	9.23	-23.58	-14.15	24.12	14.47	-227.64	228.76
底层柱 CG	柱端 G	M(kN·m)	62.60	81.38	64.80	45.36	28.08	-40.86	-24.52	41.76	25.06	-383.74	385.42
		N(kN)	-1299.70	-1689.61	-670.65	-469.46	-290.62	-28.26	-16.96	27.90	16.74	-337.96	331.38
		V(kN)	20.50	26.65	21.30	14.91	9.23	-23.58	-14.15	24.12	14.47	-227.64	228.76
	柱端 D	M(kN·m)	-57.50	-74.75	-53.25	-37.28	-23.08	-59.40	-35.64	63.36	38.02	-585.48	594.72
		N(kN)	-1159.90	-1507.87	-550.20	-385.14	-238.42	-27.36	-16.42	27.72	16.63	-326.48	333.2
		V(kN)	-35.00	-45.50	-32.55	-22.79	-14.11	-19.62	-11.77	21.06	12.64	-189.14	191.1
底层柱 DH	柱端 H	M(kN·m)	-101.20	-131.56	-94.50	-66.15	-40.95	-29.34	-17.60	32.22	19.33	-271.04	270.76
		N(kN)	-1159.90	-1507.87	-550.20	-385.14	-238.42	-27.36	-16.42	27.72	16.63	-326.48	333.2
		V(kN)	-35.00	-45.50	-32.55	-22.79	-14.11	-19.62	-11.77	21.06	12.64	-189.14	191.1
二层柱 EI	柱端 E	M(kN·m)	169.50	220.35	133.35	93.35	57.79	-17.10	-10.26	18.54	11.12	-243.46	231.84
		N(kN)	-1010.30	-1313.39	-383.25	-268.28	-166.08	17.82	10.69	-17.82	-10.69	230.02	-225.12
		V(kN)	102.50	133.25	77.40	54.18	33.54	-12.06	-7.24	12.60	7.56	-145.32	139.58
	柱端 I	M(kN·m)	168.90	219.57	121.95	85.37	52.85	-22.86	-13.72	22.86	13.72	-236.18	228.76
		N(kN)	-1010.30	-1313.39	-383.25	-268.28	-166.08	17.82	10.69	-17.82	-10.69	230.02	-225.12
		V(kN)	102.50	133.25	77.40	54.18	33.54	-12.06	-7.24	12.60	7.56	-145.32	139.58

杆件	截面	荷载效应种类	永久荷载		楼(屋)面活荷载			风荷载				地震作用	
								左风		右风		左震	右震
			$1.0G_k$ 效应值	$1.3G_k$ 效应值	$1.5L_k$ 效应值	$0.7 \times 1.5L_k$ 效应值	$1.3 \times 0.5L_k$ 效应值	$1.5W_{Lk}$ 效应值	$0.6 \times 1.5W_{Lk}$ 效应值	$1.5W_{Rk}$ 效应值	$0.6 \times 1.5W_{Rk}$ 效应值	$1.4E_{Lk}$ 效应值	$1.4E_{Rk}$ 效应值
			(1)	(2)	(3)	(4)	(5)	(6)	(7)	(8)	(9)	(10)	(11)
二层柱 FJ	柱端 F	$M(kN \cdot m)$	-151.20	-196.56	-119.70	-83.79	-51.87	-35.10	-21.06	35.10	21.06	-419.02	413
		$N(kN)$	-1065.30	-1384.89	-457.65	-320.36	-198.32	17.46	10.48	-17.46	-10.48	222.88	-227.64
		$V(kN)$	-91.30	-118.69	-69.00	-48.30	-29.90	-22.14	-13.28	22.14	13.28	-249.48	246.12
	柱端 J	$M(kN \cdot m)$	-150.00	-195.00	-108.15	-75.71	-46.87	-37.80	-22.68	37.80	22.68	-404.32	399.28
		$N(kN)$	-1065.30	-1384.89	-457.65	-320.36	-198.32	17.46	10.48	-17.46	-10.48	222.88	-227.64
		$V(kN)$	-91.30	-118.69	-69.00	-48.30	-29.90	-22.14	-13.28	22.14	13.28	-249.48	246.12
二层柱 GK	柱端 G	$M(kN \cdot m)$	123.10	160.03	119.25	83.48	51.68	-35.10	-21.06	35.10	21.06	-413.00	419.02
		$N(kN)$	-1013.10	-1317.03	-463.35	-324.35	-200.79	-17.46	-10.48	17.46	10.48	-227.64	222.88
		$V(kN)$	73.10	95.03	68.85	48.20	29.84	-22.14	-13.28	22.14	13.28	-246.12	249.48
	柱端 K	$M(kN \cdot m)$	118.00	153.40	108.15	75.71	46.87	-37.80	-22.68	37.80	22.68	-399.28	404.32
		$N(kN)$	-1013.10	-1317.03	-463.35	-324.35	-200.79	-17.46	-10.48	17.46	10.48	-227.64	222.88
		$V(kN)$	73.10	95.03	68.85	48.20	29.84	-22.14	-13.28	22.14	13.28	-246.12	249.48
三层柱 HL	柱端 H	$M(kN \cdot m)$	-141.90	-184.47	-133.35	-93.35	-57.79	-18.54	-11.12	17.10	10.26	-231.84	243.46
		$N(kN)$	-919.50	-1195.35	-381.15	-266.81	-165.17	-17.82	-10.69	17.82	10.69	-225.12	230.02
		$V(kN)$	-84.30	-109.59	-77.25	-54.08	-33.48	-12.60	-7.56	12.06	7.24	-139.58	145.32
	柱端 L	$M(kN \cdot m)$	-136.40	-177.32	-121.35	-84.95	-52.59	-22.86	-13.72	22.86	13.72	-228.76	236.18
		$N(kN)$	-919.50	-1195.35	-381.15	-266.81	-165.17	-17.82	-10.69	17.82	10.69	-225.12	230.02
		$V(kN)$	-84.30	-109.59	-77.25	-54.08	-33.48	-12.60	-7.56	12.06	7.24	-139.58	145.32
三层柱 IM	柱端 I	$M(kN \cdot m)$	148.60	193.18	112.95	79.07	48.95	-20.70	-12.42	20.16	12.10	-290.08	282.24
		$N(kN)$	-687.00	-893.10	-212.85	-149.00	-92.24	9.00	5.40	-9.00	-5.40	124.04	-121.8
		$V(kN)$	59.20	76.96	50.40	35.28	21.84	-9.90	-5.94	9.72	5.83	-132.02	128.1

杆件	截面	荷载效应种类	永久荷载		楼(屋)面活荷载			风荷载				地震作用	
								左风		右风		左震	右震
			$1.0G_k$效应值	$1.3G_k$效应值	$1.5L_k$效应值	$0.7×1.5L_k$效应值	$1.3×0.5L_k$效应值	$1.5W_{Lk}$效应值	$0.6×1.5W_{Lk}$效应值	$1.5W_{Rk}$效应值	$0.6×1.5W_{Rk}$效应值	$1.4E_{Lk}$效应值	$1.4E_{Rk}$效应值
			(1)	(2)	(3)	(4)	(5)	(6)	(7)	(8)	(9)	(10)	(11)
三层柱 IM	柱端 M	$M(kN·m)$	135.70	176.41	128.70	90.09	55.77	-27.36	-16.42	26.64	15.98	-343.56	332.64
		$N(kN)$	-687.00	-893.10	-212.85	-149.00	-92.24	9.00	5.40	-9.00	-5.40	124.04	-121.8
		$V(kN)$	59.20	76.96	50.40	35.28	21.84	-9.90	-5.94	9.72	5.83	-132.02	128.1
	柱端 J	$M(kN·m)$	-95.80	-124.54	-82.80	-57.96	-35.88	-30.60	-18.36	30.42	18.25	-415.38	410.2
		$N(kN)$	-720.30	-936.39	-253.50	-177.45	-109.85	8.46	5.08	-8.46	-5.08	117.04	-119.28
		$V(kN)$	-37.70	-49.01	-37.50	-26.25	-16.25	-14.04	-8.42	13.86	8.32	-182.70	180.32
三层柱 JN	柱端 N	$M(kN·m)$	-85.00	-110.50	-97.50	-68.25	-42.25	-36.36	-21.82	36.18	21.71	-461.72	455.14
		$N(kN)$	-720.30	-936.39	-253.50	-177.45	-109.85	8.46	5.08	-8.46	-5.08	117.04	-119.28
		$V(kN)$	-37.70	-49.01	-37.50	-26.25	-16.25	-14.04	-8.42	13.86	8.32	-182.70	180.32
	柱端 K	$M(kN·m)$	64.10	83.33	82.65	57.86	35.82	-30.42	-18.25	30.60	18.36	-410.20	415.38
		$N(kN)$	-699.20	-908.96	-256.35	-179.45	-111.09	-8.46	-5.08	8.46	5.08	-119.28	117.04
		$V(kN)$	23.70	30.81	37.50	26.25	16.25	-13.86	-8.32	14.04	8.42	-180.32	182.7
三层柱 KO	柱端 O	$M(kN·m)$	49.50	64.35	97.35	68.15	42.19	-36.18	-21.71	36.36	21.82	-455.14	461.72
		$N(kN)$	-699.20	-908.96	-256.35	-179.45	-111.09	-8.46	-5.08	8.46	5.08	-119.28	117.04
		$V(kN)$	23.70	30.81	37.50	26.25	16.25	-13.86	-8.32	14.04	8.42	-180.32	182.7
三层柱 LP	柱端 L	$M(kN·m)$	-117.20	-152.36	-112.80	-78.96	-48.88	-20.16	-12.10	20.70	12.42	-282.24	290.08
		$N(kN)$	-640.80	-833.04	-211.80	-148.26	-91.78	-9.00	-5.40	9.00	5.40	-121.80	124.04
		$V(kN)$	-45.20	-58.76	-50.25	-35.18	-21.78	-9.72	-5.83	9.90	5.94	-128.10	132.02

续表

杆件	截面	荷载效应种类	永久荷载		楼(屋)面活荷载			风荷载				地震作用	
								左风		右风		左震	右震
			1.0G_k 效应值	1.3G_k 效应值	1.5L_k 效应值	0.7×1.5L_k 效应值	1.3×0.5L_k 效应值	1.5W_Lk 效应值	0.6×1.5W_Lk 效应值	1.5W_Rk 效应值	0.6×1.5W_Rk 效应值	1.4E_Lk 效应值	1.4E_Rk 效应值
			(1)	(2)	(3)	(4)	(5)	(6)	(7)	(8)	(9)	(10)	(11)
三层柱 LP	柱端 P	M(kN·m)	-99.90	-129.87	-128.55	-89.99	-55.71	-26.64	-15.98	27.36	16.42	-332.64	343.56
		N(kN)	-640.80	-833.04	-211.80	-148.26	-91.78	-9.00	-5.40	9.00	5.40	-121.80	124.04
		V(kN)	-45.20	-58.76	-50.25	-35.18	-21.78	-9.72	-5.83	9.90	5.94	-128.10	132.02
四层柱 MQ	柱端 M	M(kN·m)	191.30	248.69	97.05	67.94	42.06	-4.86	-2.92	5.22	3.13	-91.14	91.42
		N(kN)	-358.00	-465.40	-42.45	-29.72	-18.40	2.52	1.51	-2.52	-1.51	36.54	-36.12
		V(kN)	105.40	137.02	31.50	22.05	13.65	-3.60	-2.16	3.78	2.27	-57.40	56.7
	柱端 Q	M(kN·m)	314.60	408.98	54.15	37.91	23.47	-12.78	-7.67	12.78	7.67	-184.66	181.02
		N(kN)	-358.00	-465.40	-42.45	-29.72	-18.40	2.52	1.51	-2.52	-1.51	36.54	-36.12
		V(kN)	105.40	137.02	31.50	22.05	13.65	-3.60	-2.16	3.78	2.27	-57.40	56.7
四层柱 NR	柱端 N	M(kN·m)	-169.50	-220.35	-77.55	-54.29	-33.61	-12.42	-7.45	12.78	7.67	-196.14	196.42
		N(kN)	-369.60	-480.48	-49.20	-34.44	-21.32	2.70	1.62	-2.70	-1.62	41.30	-41.86
		V(kN)	-90.70	-117.91	-25.50	-17.85	-11.05	-6.66	-4.00	6.84	4.10	-100.66	100.52
	柱端 R	M(kN·m)	-266.00	-345.80	-44.70	-31.29	-19.37	-19.80	-11.88	19.98	11.99	-286.86	285.88
		N(kN)	-369.60	-480.48	-49.20	-34.44	-21.32	2.70	1.62	-2.70	-1.62	41.30	-41.86
		V(kN)	-90.70	-117.91	-25.50	-17.85	-11.05	-6.66	-4.00	6.84	4.10	-100.66	100.52
四层柱 OS	柱端 O	M(kN·m)	146.30	190.19	78.00	54.60	33.80	-12.78	-7.67	12.42	7.45	-196.42	196.14
		N(kN)	-381.90	-496.47	-49.35	-34.55	-21.39	-2.70	-1.62	2.70	1.62	-41.86	41.3
		V(kN)	84.10	109.33	25.35	17.75	10.99	-6.84	-4.10	6.66	4.00	-100.52	100.66
	柱端 S	M(kN·m)	257.60	334.88	43.95	30.77	19.05	-19.98	-11.99	19.80	11.88	-285.88	286.86
		N(kN)	-381.90	-496.47	-49.35	-34.55	-21.39	-2.70	-1.62	2.70	1.62	-41.86	41.3
		V(kN)	84.10	109.33	25.35	17.75	10.99	-6.84	-4.10	6.66	4.00	-100.52	100.66

杆件	截面	荷载效应种类	永久荷载		楼(屋)面活荷载			风荷载				地震作用	
								左风		右风		左震	右震
			$1.0G_k$ 效应值	$1.3G_k$ 效应值	$1.5L_k$ 效应值	$0.7\times1.5L_k$ 效应值	$1.3\times0.5L_k$ 效应值	$1.5W_{Lk}$ 效应值	$0.6\times1.5W_{Lk}$ 效应值	$1.5W_{Rk}$ 效应值	$0.6\times1.5W_{Rk}$ 效应值	$1.4E_{Lk}$ 效应值	$1.4E_{Rk}$ 效应值
			(1)	(2)	(3)	(4)	(5)	(6)	(7)	(8)	(9)	(10)	(11)
四层柱 PT	柱端 P	$M(kN\cdot m)$	-166.70	-216.71	-96.30	-67.41	-41.73	-5.22	-3.13	4.86	2.92	-91.42	91.14
		$N(kN)$	-356.20	-463.06	-42.45	-29.72	-18.40	-2.52	-1.51	2.52	1.51	-36.12	36.54
		$V(kN)$	-98.80	-128.44	-31.50	-22.05	-13.65	-3.78	-2.27	3.60	2.16	-56.70	57.4
	柱端 T	$M(kN\cdot m)$	-307.40	-399.62	-54.75	-38.33	-23.73	-12.78	-7.67	12.78	7.67	-181.02	184.66
		$N(kN)$	-356.20	-463.06	-42.45	-29.72	-18.40	-2.52	-1.51	2.52	1.51	-36.12	36.54
		$V(kN)$	-98.80	-128.44	-31.50	-22.05	-13.65	-3.78	-2.27	3.60	2.16	-56.70	57.4

内力组合

杆件	截面	组合类型	1	2	3	4	5	6	7	8	9
		荷载效应种类	$1.3G_k+1.5L_k$	$1.3G_k+1.5W_{Lk}$	$1.3G_k+1.5W_{Rk}$	$1.3G_k+1.5L_k+0.6\times1.5W_{Lk}$	$1.3G_k+1.5L_k+0.6\times1.5W_{Rk}$	$1.3G_k+0.7\times1.5L_k+1.5W_{Lk}$	$1.3G_k+0.7\times1.5L_k+1.5W_{Rk}$	$1.3G_k+1.3\times0.5L_k+1.4E_{Lk}$	$1.3G_k+1.3\times0.5L_k+1.4E_{Rk}$
			(2)+(3)	(2)+(6)	(2)+(8)	(2)+(3)+(7)	(2)+(3)+(9)	(2)+(4)+(6)	(2)+(4)+(8)	(2)+(5)+(10)	(2)+(5)+(11)
底层柱 AE	柱端 A	$M(kN\cdot m)$	135.77	20.36	143.12	97.75	171.41	56.80	179.56	-488.45	691.76
		$N(kN)$	-2219.84	-1638.62	-1693.70	-2203.21	-2236.26	-2026.07	-2081.15	-1572.99	-2232.67
		$V(kN)$	84.83	31.07	71.75	72.19	96.60	53.96	94.64	-124.80	255.44
	柱端 E	$M(kN\cdot m)$	248.34	120.27	181.83	229.01	265.94	187.37	248.93	-76.74	465.07
		$N(kN)$	-2219.84	-1638.62	-1693.70	-2203.21	-2236.26	-2026.07	-2081.15	-1572.99	-2232.67
		$V(kN)$	84.83	31.07	71.75	72.19	96.60	53.96	94.64	-124.80	255.44
底层柱 BF	柱端 B	$M(kN\cdot m)$	-84.35	-118.31	14.53	-124.53	-44.82	-141.41	-8.57	-716.51	581.85
		$N(kN)$	-2445.16	-1755.31	-1811.47	-2428.42	-2462.12	-2218.68	-2274.84	-1738.68	-2408.02
		$V(kN)$	-54.45	-57.27	-9.57	-68.92	-40.30	-72.18	-24.48	-271.14	185.26

杆件	截面	荷载效应种类	内力组合								
		组合类型	1	2	3	4	5	6	7	8	9
			$1.3G_k+1.5L_k$	$1.3G_k+1.5W_{Lk}$	$1.3G_k+1.5W_{Rk}$	$1.3G_k+1.5L_k+0.6×1.5W_{Lk}$	$1.3G_k+1.5L_k+0.6×1.5W_{Rk}$	$1.3G_k+0.7×1.5L_k+1.5W_{Lk}$	$1.3G_k+0.7×1.5L_k+1.5W_{Rk}$	$1.3G_k+1.3×0.5L_k+1.4E_{Lk}$	$1.3G_k+1.3×0.5L_k+1.4E_{Rk}$
			(2)+(3)	(2)+(6)	(2)+(8)	(2)+(3)+(7)	(2)+(3)+(9)	(2)+(4)+(6)	(2)+(4)+(8)	(2)+(5)+(10)	(2)+(5)+(11)
底层柱 BF	柱端 F	M(kN·m)	−162.68	−140.69	−58.07	−187.74	−138.16	−185.32	−102.70	−511.98	257.19
		N(kN)	−2445.16	−1755.31	−1811.47	−2428.42	−2462.12	−2218.68	−2274.84	−1738.68	−2408.02
		V(kN)	−54.45	−57.27	−9.57	−68.92	−40.30	−72.18	−24.48	−271.14	185.26
底层柱 CG	柱端 C	M(kN·m)	70.63	−26.75	106.09	31.10	110.81	−4.70	128.14	−594.72	703.64
		N(kN)	−2360.26	−1717.87	−1661.71	−2377.22	−2343.52	−2187.33	−2131.17	−2318.19	−1648.85
		V(kN)	47.95	3.07	50.77	33.80	62.42	17.98	65.68	−191.76	264.64
	柱端 G	M(kN·m)	146.18	40.52	123.14	121.66	171.24	85.88	168.50	−274.28	494.88
		N(kN)	−2360.26	−1717.87	−1661.71	−2377.22	−2343.52	−2187.33	−2131.17	−2318.19	−1648.85
		V(kN)	47.95	3.07	50.77	33.80	62.42	17.98	65.68	−191.76	264.64
底层柱 DH	柱端 D	M(kN·m)	−128.00	−134.15	−11.39	−163.64	−89.98	−171.43	−48.67	−683.31	496.90
		N(kN)	−2058.07	−1535.23	−1480.15	−2074.49	−2041.44	−1920.37	−1865.29	−2072.77	−1413.09
		V(kN)	−78.05	−65.12	−24.44	−89.82	−65.41	−87.91	−47.23	−248.75	131.50
	柱端 H	M(kN·m)	−226.06	−160.90	−99.34	−243.66	−206.73	−227.05	−165.49	−443.55	98.25
		N(kN)	−2058.07	−1535.23	−1480.15	−2074.49	−2041.44	−1920.37	−1865.29	−2072.77	−1413.09
		V(kN)	−78.05	−65.12	−24.44	−89.82	−65.41	−87.91	−47.23	−248.75	131.50
二层柱 EI	柱端 E	M(kN·m)	353.70	203.25	238.89	343.44	364.82	296.60	332.24	34.68	509.98
		N(kN)	−1696.64	−1295.57	−1331.21	−1685.95	−1707.33	−1563.85	−1599.49	−1249.45	−1704.59
		V(kN)	210.65	121.19	145.85	203.41	218.21	175.37	200.03	21.47	306.37
	柱端 I	M(kN·m)	341.52	196.71	242.43	327.80	355.24	282.08	327.80	36.24	501.18
		N(kN)	−1696.64	−1295.57	−1331.21	−1685.95	−1707.33	−1563.85	−1599.49	−1249.45	−1704.59
		V(kN)	210.65	121.19	145.85	203.41	218.21	175.37	200.03	21.47	306.37

杆件	截面	组合类型 荷载效应种类	1 $1.3G_k+1.5L_k$ (2)+(3)	2 $1.3G_k+1.5W_{Lk}$ (2)+(6)	3 $1.3G_k$ $1.5W_{Rk}$ (2)+(8)	4 $1.3G_k+1.5L_k+0.6\times1.5W_{Lk}$ (2)+(3)+(7)	5 $1.3G_k+1.5L_k+0.6\times1.5W_{Rk}$ (2)+(3)+(9)	6 $1.3G_k+0.7\times1.5L_k+1.5W_{Lk}$ (2)+(4)+(6)	7 $1.3G_k+0.7\times1.5L_k+1.5W_{Rk}$ (2)+(4)+(8)	8 $1.3G_k+1.3\times0.5L_k+1.4E_{Lk}$ (2)+(5)+(10)	9 $1.3G_k+1.3\times0.5L_k+1.4E_{Rk}$ (2)+(5)+(11)
二层柱 FJ	柱端 F	M(kN·m)	−316.26	−231.66	−161.46	−337.32	−295.20	−315.45	−245.25	−667.45	164.57
		N(kN)	−1842.54	−1367.43	−1402.35	−1832.06	−1853.02	−1687.79	−1722.71	−1360.33	−1810.85
		V(kN)	−187.69	−140.83	−96.55	−200.97	−174.41	−189.13	−144.85	−398.07	97.53
	柱端 J	M(kN·m)	−303.15	−232.80	−157.20	−325.83	−280.47	−308.51	−232.91	−646.19	157.42
		N(kN)	−1842.54	−1367.43	−1402.35	−1832.06	−1853.02	−1687.79	−1722.71	−1360.33	−1810.85
		V(kN)	−187.69	−140.83	−96.55	−200.97	−174.41	−189.13	−144.85	−398.07	97.53
二层柱 GK	柱端 G	M(kN·m)	279.28	124.93	195.13	258.22	300.34	208.41	278.61	−201.30	630.73
		N(kN)	−1780.38	−1334.49	−1299.57	−1790.86	−1769.90	−1658.84	−1623.92	−1745.46	−1294.94
		V(kN)	163.88	72.89	117.17	150.60	177.16	121.09	165.37	−121.26	374.35
	柱端 K	M(kN·m)	261.55	115.60	191.20	238.87	284.23	191.31	266.91	−199.02	604.59
		N(kN)	−1780.38	−1334.49	−1299.57	−1790.86	−1769.90	−1658.84	−1623.92	−1745.46	−1294.94
		V(kN)	163.88	72.89	117.17	150.60	177.16	121.09	165.37	−121.26	374.35
二层柱 HL	柱端 H	M(kN·m)	−317.82	−203.01	−167.37	−328.94	−307.56	−296.36	−260.72	−474.10	1.20
		N(kN)	−1576.50	−1213.17	−1177.53	−1587.19	−1565.81	−1479.98	−1444.34	−1585.64	−1130.50
		V(kN)	−186.84	−122.19	−97.53	−194.40	−179.60	−176.27	−151.61	−282.65	2.26
	柱端 L	M(kN·m)	−298.67	−200.18	−154.46	−312.39	−284.95	−285.13	−239.41	−458.67	6.27
		N(kN)	−1576.50	−1213.17	−1177.53	−1587.19	−1565.81	−1479.98	−1444.34	−1585.64	−1130.50
		V(kN)	−186.84	−122.19	−97.53	−194.40	−179.60	−176.27	−151.61	−282.65	2.26
三层柱 IM	柱端 I	M(kN·m)	306.13	172.48	213.34	293.71	318.23	251.55	292.41	−47.96	524.37
		N(kN)	−1105.95	−884.10	−902.10	−1100.55	−1111.35	−1033.10	−1051.10	−861.30	−1107.14
		V(kN)	127.36	67.06	86.68	121.42	133.19	102.34	121.96	−33.22	226.90

内力组合

杆件	截面	组合类型	荷载效应种类	内力组合								
				1	2	3	4	5	6	7	8	9
				$1.3G_k + 1.5L_k$	$1.3G_k + 1.5W_{Lk}$	$1.3G_k + 1.5W_{Rk}$	$1.3G_k + 1.5L_k + 0.6\times1.5W_{Lk}$	$1.3G_k + 1.5L_k + 0.6\times1.5W_{Rk}$	$1.3G_k + 0.7\times1.5L_k + 1.5W_{Lk}$	$1.3G_k + 0.7\times1.5L_k + 1.5W_{Rk}$	$1.3G_k + 1.3\times0.5L_k + 1.4E_{Lk}$	$1.3G_k + 1.3\times0.5L_k + 1.4E_{Rk}$
				$(2)+(3)$	$(2)+(6)$	$(2)+(8)$	$(2)+(3)+(7)$	$(2)+(3)+(9)$	$(2)+(4)+(6)$	$(2)+(4)+(8)$	$(2)+(5)+(10)$	$(2)+(5)+(11)$
三层柱 IM	柱端 M		M(kN·m)	305.11	149.05	203.05	288.69	321.09	239.14	293.14	−111.38	564.82
			N(kN)	−1105.95	−884.10	−902.10	−1100.55	−1111.35	−1033.10	−1051.10	−861.30	−1107.14
			V(kN)	127.36	67.06	86.68	121.42	133.19	102.34	121.96	−33.22	226.90
三层柱 JN	柱端 J		M(kN·m)	−207.34	−155.14	−94.12	−225.70	−189.09	−213.10	−152.08	−575.80	249.78
			N(kN)	−1189.89	−927.93	−944.85	−1184.81	−1194.97	−1105.38	−1122.30	−929.20	−1165.52
			V(kN)	−86.51	−63.05	−35.15	−94.93	−78.19	−89.30	−61.40	−247.96	115.06
	柱端 N		M(kN·m)	−208.00	−146.86	−74.32	−229.82	−186.29	−215.11	−142.57	−614.47	302.39
			N(kN)	−1189.89	−927.93	−944.85	−1184.81	−1194.97	−1105.38	−1122.30	−929.20	−1165.52
			V(kN)	−86.51	−63.05	−35.15	−94.93	−78.19	−89.30	−61.40	−247.96	115.06
三层柱 KO	柱端 K		M(kN·m)	165.98	52.91	113.93	147.73	184.34	110.77	171.79	−291.06	534.53
			N(kN)	−1165.31	−917.42	−900.50	−1170.39	−1160.23	−1096.87	−1079.95	−1139.33	−903.01
			V(kN)	68.31	16.95	44.85	59.99	76.73	43.20	71.10	−133.26	229.76
	柱端 O		M(kN·m)	161.70	28.17	100.71	139.99	183.52	96.32	168.86	−348.61	568.26
			N(kN)	−1165.31	−917.42	−900.50	−1170.39	−1160.23	−1096.87	−1079.95	−1139.33	−903.01
			V(kN)	68.31	16.95	44.85	59.99	76.73	43.20	71.10	−133.26	229.76
三层柱 LP	柱端 L		M(kN·m)	−265.16	−172.52	−131.66	−277.26	−252.74	−251.48	−210.62	−483.48	88.84
			N(kN)	−1044.84	−842.04	−824.04	−1050.24	−1039.44	−990.30	−972.30	−1046.62	−800.78
			V(kN)	−109.01	−68.48	−48.86	−114.84	−103.07	−103.66	−84.04	−208.64	51.49
	柱端 P		M(kN·m)	−258.42	−156.51	−102.51	−274.40	−242.00	−246.50	−192.50	−518.22	157.99
			N(kN)	−1044.84	−842.04	−824.04	−1050.24	−1039.44	−990.30	−972.30	−1046.62	−800.78
			V(kN)	−109.01	−68.48	−48.86	−114.84	−103.07	−103.66	−84.04	−208.64	51.49

杆件	截面	组合类型 荷载效应种类	1 1.3G_k+1.5L_k (2)+(3)	2 1.3G_k+1.5W_{Lk} (2)+(6)	3 1.3G_k+1.5W_{Rk} (2)+(8)	4 1.3G_k+1.5L_k+0.6×1.5W_{Lk} (2)+(3)+(7)	5 1.3G_k+1.5L_k+0.6×1.5W_{Rk} (2)+(3)+(9)	6 1.3G_k+0.7×1.5L_k+1.5W_{Lk} (2)+(4)+(6)	7 1.3G_k+0.7×1.5L_k+1.5W_{Rk} (2)+(4)+(8)	8 1.3G_k+1.3×0.5L_k+1.4E_{Lk} (2)+(5)+(10)	9 1.3G_k+1.3×0.5L_k+1.4E_{Rk} (2)+(5)+(11)
四层柱 MQ	柱端 M	M(kN·m)	345.74	243.83	253.91	342.82	348.87	311.77	321.85	199.61	382.17
		N(kN)	−507.85	−462.88	−467.92	−506.34	−509.36	−492.60	−497.64	−447.26	−519.92
		V(kN)	168.52	133.42	140.80	166.36	170.79	155.47	162.85	93.27	207.37
	柱端 Q	M(kN·m)	463.13	396.20	421.76	455.46	470.80	434.11	459.67	247.79	613.47
		N(kN)	−507.85	−462.88	−467.92	−506.34	−509.36	−492.60	−497.64	−447.26	−519.92
		V(kN)	168.52	133.42	140.80	166.36	170.79	155.47	162.85	93.27	207.37
四层柱 NR	柱端 N	M(kN·m)	−297.90	−232.77	−207.57	−305.35	−290.23	−287.06	−261.86	−450.10	−57.54
		N(kN)	−529.68	−477.78	−483.18	−528.06	−531.30	−512.22	−517.62	−460.50	−543.66
		V(kN)	−143.41	−124.57	−111.07	−147.41	−139.31	−142.42	−128.92	−229.62	−28.44
	柱端 R	M(kN·m)	−390.50	−365.60	−325.82	−402.38	−378.51	−396.89	−357.11	−652.03	−79.29
		N(kN)	−529.68	−477.78	−483.18	−528.06	−531.30	−512.22	−517.62	−460.50	−543.66
		V(kN)	−143.41	−124.57	−111.07	−147.41	−139.31	−142.42	−128.92	−229.62	−28.44
四层柱 OS	柱端 O	M(kN·m)	268.19	177.41	202.61	260.52	275.64	232.01	257.21	27.57	420.13
		N(kN)	−545.82	−499.17	−493.77	−547.44	−544.20	−533.72	−528.32	−559.72	−476.56
		V(kN)	134.68	102.49	115.99	130.58	138.68	120.24	133.74	19.80	220.98
	柱端 S	M(kN·m)	378.83	314.90	354.68	366.84	390.71	345.67	385.45	68.05	640.79
		N(kN)	−545.82	−499.17	−493.77	−547.44	−544.20	−533.72	−528.32	−559.72	−476.56
		V(kN)	134.68	102.49	115.99	130.58	138.68	120.24	133.74	19.80	220.98
四层柱 PT	柱端 P	M(kN·m)	−313.01	−221.93	−211.85	−316.14	−310.09	−289.34	−279.26	−349.86	−167.30
		N(kN)	−505.51	−465.58	−460.54	−507.02	−504.00	−495.30	−490.26	−517.58	−444.92
		V(kN)	−159.94	−132.22	−124.84	−162.21	−157.78	−154.27	−146.89	−198.79	−84.69
	柱端 T	M(kN·m)	−454.37	−412.40	−386.84	−462.04	−446.70	−450.73	−425.17	−604.37	−238.69
		N(kN)	−505.51	−465.58	−460.54	−507.02	−504.00	−495.30	−490.26	−517.58	−444.92
		V(kN)	−159.94	−132.22	−124.84	−162.21	−157.78	−154.27	−146.89	−198.79	−84.69

构件	截面位置	组合号	组合	M(kN·m)	N(kN)	V(kN)
底层柱	柱上端	5(无地震作用组合)	M_{max}	265.94	-2236.26	96.60
		8(有地震作用组合)	M_{max}	-511.98	-1738.68	-271.14
	柱下端	7(无地震作用组合)	M_{max}	179.56	-2081.15	94.64
		8(有地震作用组合)	M_{max}	-716.51	-1738.68	-271.14
底层柱	柱上端	5(无地震作用组合)	N_{max}	-138.16	-2462.12	-40.30
		9(有地震作用组合)	N_{max}	257.19	-2408.02	185.26
	柱下端	5(无地震作用组合)	N_{max}	-44.82	-2462.12	-40.30
		9(有地震作用组合)	N_{max}	581.85	-2408.02	185.26
	柱下端	3(无地震作用组合)	N_{min}	-99.34	-1480.15	-24.44
		9(有地震作用组合)	N_{min}	496.90	-1413.09	131.50
二层柱	柱上端	5(无地震作用组合)	M_{max}	355.24	-1707.33	218.21
		8(有地震作用组合)	M_{max}	-646.19	-1360.33	-398.07
	柱下端	5(无地震作用组合)	M_{max}	364.82	-1707.33	218.21
		8(有地震作用组合)	M_{max}	-667.45	-1360.33	-398.07
二层柱	柱上端	5(无地震作用组合)	N_{max}	-280.47	-1853.02	-174.41
		9(有地震作用组合)	N_{max}	157.42	-1810.85	97.53
	柱下端	5(无地震作用组合)	N_{max}	-295.20	-1853.02	-174.41
		9(有地震作用组合)	N_{max}	164.57	-1810.85	97.53
三层柱	柱上端	5(无地震作用组合)	M_{max}	321.09	-1111.35	133.19
		8(有地震作用组合)	M_{max}	-614.47	-929.20	-247.96
	柱下端	5(无地震作用组合)	M_{max}	318.23	-1111.35	133.19
		8(有地震作用组合)	M_{max}	-575.80	-929.20	-247.96
三层柱	柱上端	5(无地震作用组合)	N_{max}	-186.29	-1194.97	-78.19
		9(有地震作用组合)	N_{max}	302.39	-1165.52	115.06
	柱下端	5(无地震作用组合)	N_{max}	-189.09	-1194.97	-78.19
		9(有地震作用组合)	N_{max}	249.78	-1165.52	115.06
四层柱	柱上端	5(无地震作用组合)	M_{max}	470.80	-509.36	170.79
		8(有地震作用组合)	M_{max}	-652.03	-460.50	-229.62
	柱下端	5(无地震作用组合)	M_{max}	348.87	-509.36	170.79
		8(有地震作用组合)	M_{max}	-450.10	-460.50	-229.62
四层柱	柱上端	4(无地震作用组合)	N_{max}	366.84	-547.44	130.58
		8(有地震作用组合)	N_{max}	68.05	-559.72	19.80
	柱下端	4(无地震作用组合)	N_{max}	260.52	-547.44	130.58
		8(有地震作用组合)	N_{max}	27.57	-559.72	19.80

构件	截面位置	组合号	组合	M(kN·m)	N(kN)	V(kN)
底层边梁	跨内	4(无地震作用组合)	M_{max}	429.38	—	-132.08
		8(有地震作用组合)	M_{max}	351.79	—	-110.85
	梁端	5(无地震作用组合)	M_{max}	-598.84	314.17	-121.61
		9(有地震作用组合)	M_{max}	-947.87	342.24	-50.93
		5(无地震作用组合)	V_{max}	-598.84	314.17	-21.61
		9(有地震作用组合)	V_{max}	-947.87	342.24	-50.93

构件	截面位置	组合号	组合	$M(kN \cdot m)$	$N(kN)$	$V(kN)$
底层中梁	跨内	5（无地震作用组合）	M_{max}	-33.42	—	12.37
		8（有地震作用组合）	M_{max}	-25.08	—	-25.49
	梁端	6（无地震作用组合）	M_{max}	62.84	-23.05	-2.07
		8（有地震作用组合）	M_{max}	350.18	-214.15	-25.49
		6（无地震作用组合）	V_{max}	62.84	-23.05	-2.07
		8（有地震作用组合）	V_{max}	350.18	-214.15	-25.49
二层边梁	跨内	4（无地震作用组合）	M_{max}	444.17	—	71.73
		8（有地震作用组合）	M_{max}	368.06	—	-76.07
	梁端	5（无地震作用组合）	M_{max}	-631.48	326.93	84.91
		9（有地震作用组合）	M_{max}	-988.30	357.81	79.47
		5（无地震作用组合）	V_{max}	-631.48	326.93	84.91
		9（有地震作用组合）	V_{max}	-988.30	357.81	79.47
二层中梁	跨内	5（无地震作用组合）	M_{max}	-28.58	—	-11.30
		9（有地震作用组合）	M_{max}	-23.06	—	61.94
	梁端	6（无地震作用组合）	M_{max}	54.85	-20.27	-27.52
		8（有地震作用组合）	M_{max}	347.07	-214.03	-92.62
		6（无地震作用组合）	V_{max}	54.85	-20.27	-27.52
		9（有地震作用组合）	V_{max}	347.07	-214.03	-92.62
三层边梁	跨内	4（无地震作用组合）	M_{max}	444.48	—	-53.36
		8（有地震作用组合）	M_{max}	354.98	—	285.11
	梁端	5（无地震作用组合）	M_{max}	-628.11	326.42	-37.60
		9（有地震作用组合）	M_{max}	-909.73	340.81	19.39
		5（无地震作用组合）	V_{max}	-628.11	326.42	-37.60
		9（有地震作用组合）	V_{max}	-909.73	340.81	19.39
三层中梁	跨内	5（无地震作用组合）	M_{max}	-27.75	—	23.60
		9（有地震作用组合）	M_{max}	-18.10	—	162.96
	梁端	7（无地震作用组合）	M_{max}	-44.05	14.92	26.84
		9（有地震作用组合）	M_{max}	-269.69	166.16	162.96
		3（无地震作用组合）	V_{max}	-32.71	15.44	22.11
		9（有地震作用组合）	V_{max}	-269.69	166.16	162.96
四层边梁	跨内	4（无地震作用组合）	M_{max}	413.33	—	158.15
		8（有地震作用组合）	M_{max}	401.31	—	-107.21
	梁端	5（无地震作用组合）	M_{max}	-517.47	263.41	170.31
		9（有地震作用组合）	M_{max}	-650.26	284.84	399.97
		5（无地震作用组合）	V_{max}	-505.85	288.00	170.79
		9（有地震作用组合）	V_{max}	-647.07	306.72	207.37
四层中梁	跨内	5（无地震作用组合）	M_{max}	-75.12	—	31.48
		8（有地震作用组合）	M_{max}	-74.25	—	-135.51
	梁端	6（无地震作用组合）	M_{max}	94.75	-14.04	12.69
		8（有地震作用组合）	M_{max}	204.99	-86.62	-135.51
		6（无地震作用组合）	V_{max}	94.75	-14.04	12.69
		8（有地震作用组合）	V_{max}	204.99	-86.62	135.51

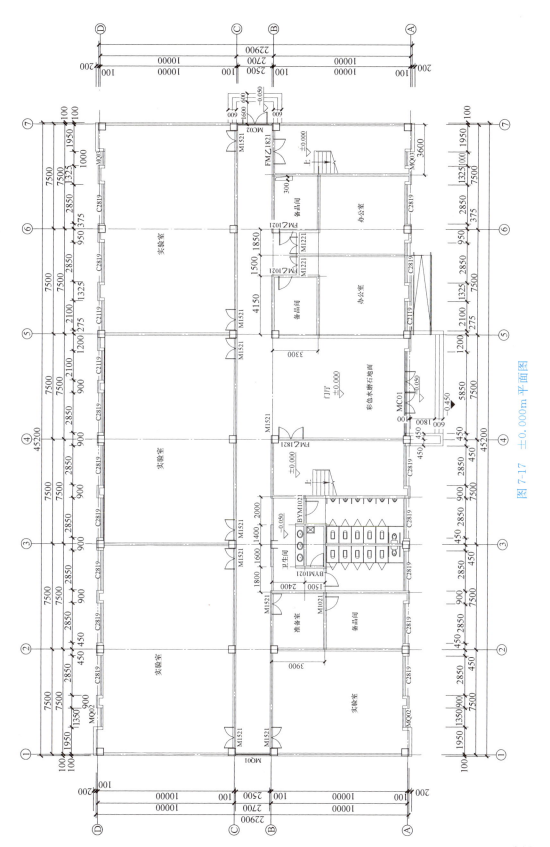

图 7-17 ±0.000m 平面图

215

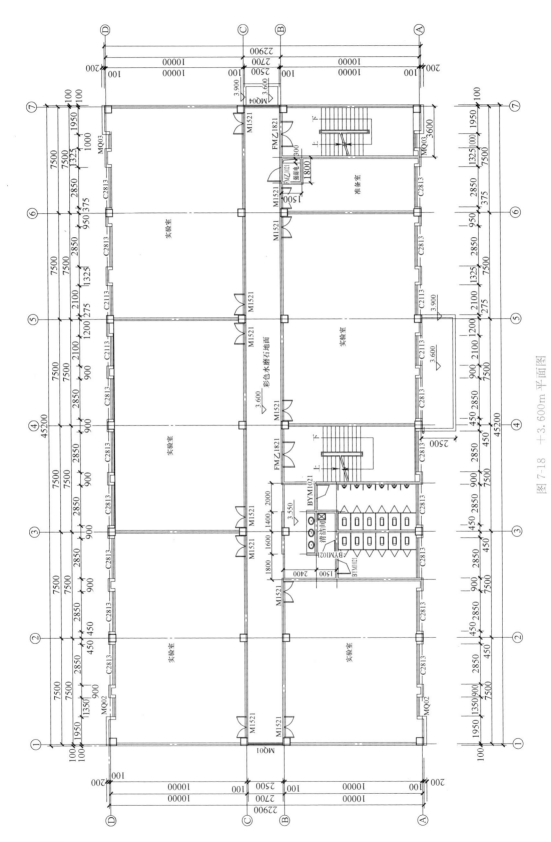

图 7-18 +3.600m 平面图

216

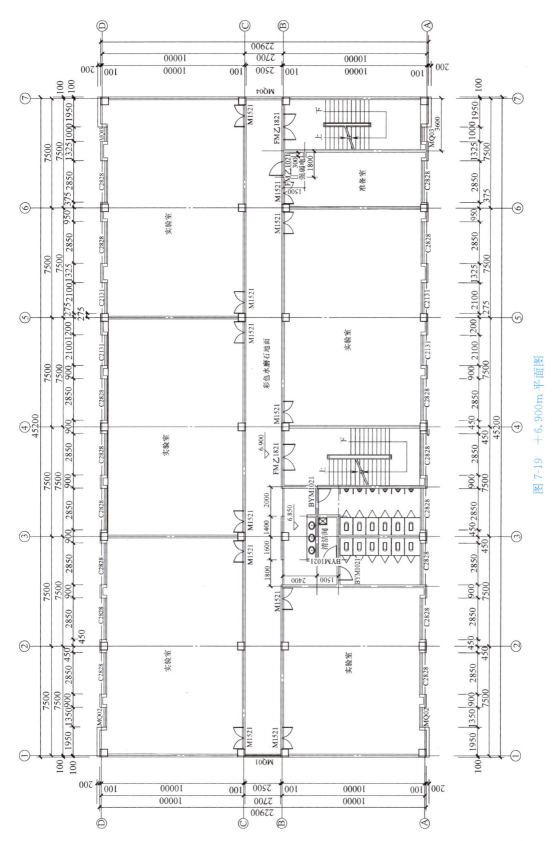

图 7-19 +6.900m 平面图

217

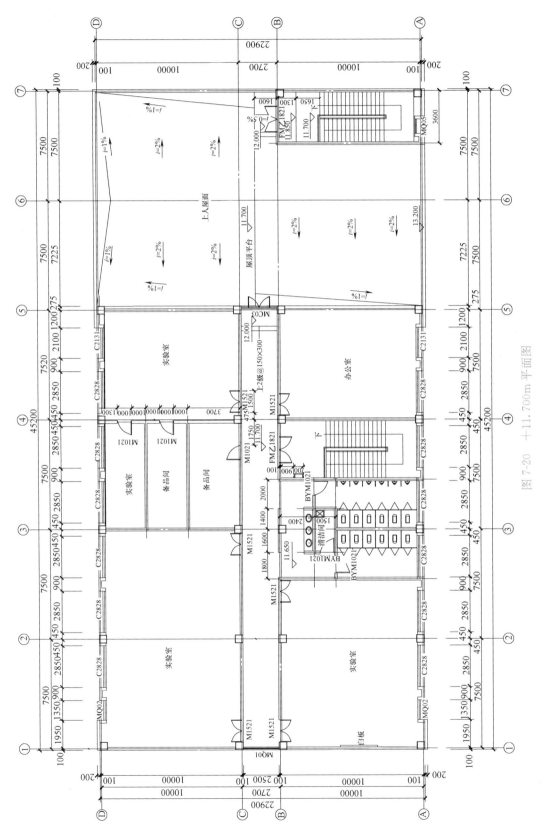

图 7-20 +11.700m 平面图

218

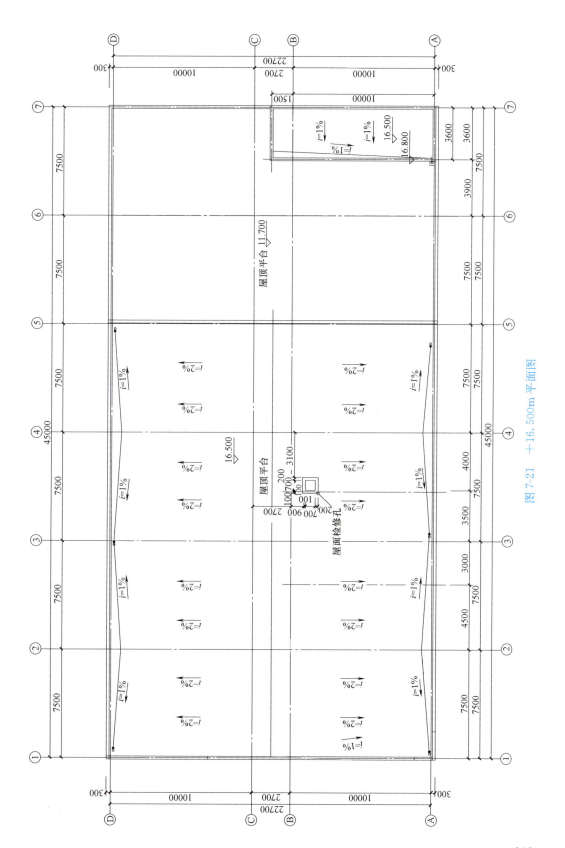

图 7-21 +16.500m 平面图

219

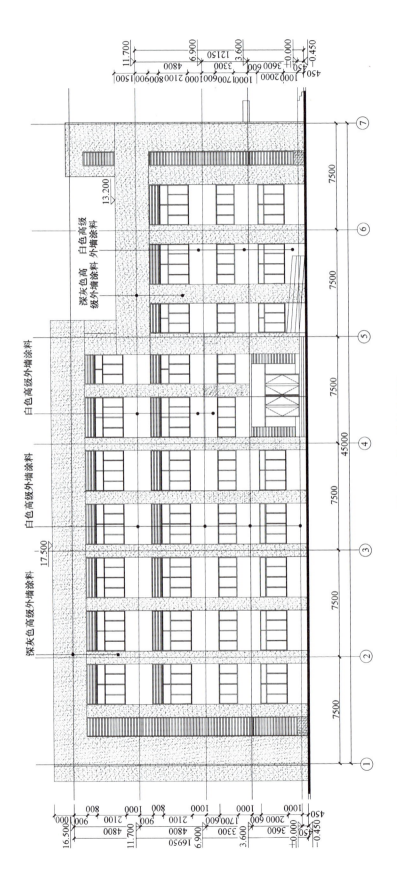

图 7-22 ①~⑦轴立面图

220

门窗表

类型	门窗编号	门窗名称	洞口尺寸(mm)	一层	二层	三层	四层	屋顶	合计	立檐	备注
门	FMZ1021	乙级防火门	1000×2100	1	1	1	0		3		成品现货
	M1021	百页塑钢门	1000×2100	1	0	0	3		4		成品现货
	M1221	百页塑钢门	1200×2100	2	0	0	0		2		成品现货
	M1521	百页塑钢门	1500×2100	8	11	11	6		36		成品现货
	FMZ1821	乙级防火门	1500×2100	2	2	2	2		8		成品现货
	BYM1021	百页塑钢门	1000×2100	3	3	3	3		12		成品现货
窗	C2113	白铝白玻维拉窗	2100×1700	0	4	0	0		4	1000	定做
	C2119	白铝白玻维拉窗	2100×2000	3	0	0	0		3	1000	定做
	C2131	白铝白玻维拉窗	2100×2100	0	0	4	0		4	1000	定做
	C2813	白铝白玻维拉窗	2850×1700	0	16	0	0		16	1000	定做
	C2819	白铝白玻维拉窗	2850×2000	15	0	0	0		15	1000	定做
	C2828	白铝白玻维拉窗	2850×2100	0	0	16	12		28	1000	定做
幕墙	MQ01	铝合金白玻推拉窗	2500×15300						1	300	定做
	MQ02	铝合金白玻推拉窗	1350×15300						2	300	定做
	MQ03	铝合金白玻推拉窗	1000×10500						2	300	定做
	MQ04	铝合金白玻推拉窗	2500×7200						1	300	定做
	MQ05	铝合金白玻推拉窗	2500×3830						1	300	定做
门带窗	MC01	铝合金白玻门带窗	5850×3000						1	300	定做
	MC02	铝合金白玻门带窗	2850×2650						1	300	定做
	MC03	铝合金白玻门带窗	2500×4150						1	300	定做

白色高级外墙涂料　深灰色高级外墙涂料

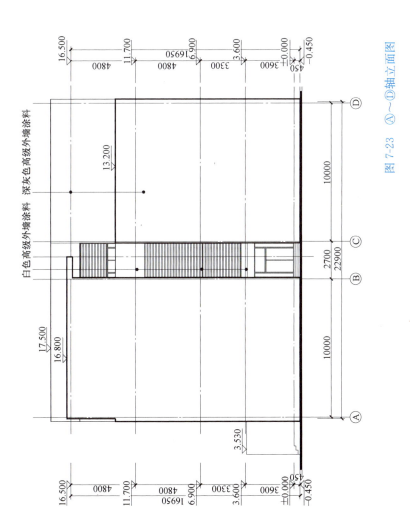

图7-23 Ⓐ～Ⓓ轴立面图

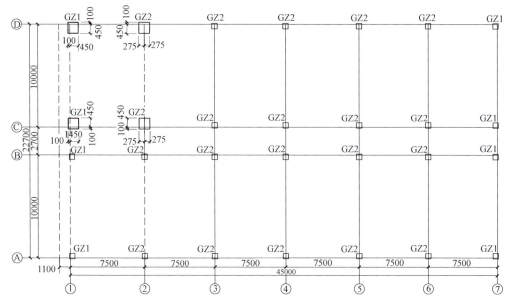

图 7-24　钢柱定位平面布置图

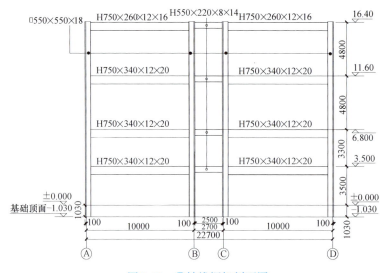

图 7-25　②轴线框架剖面图

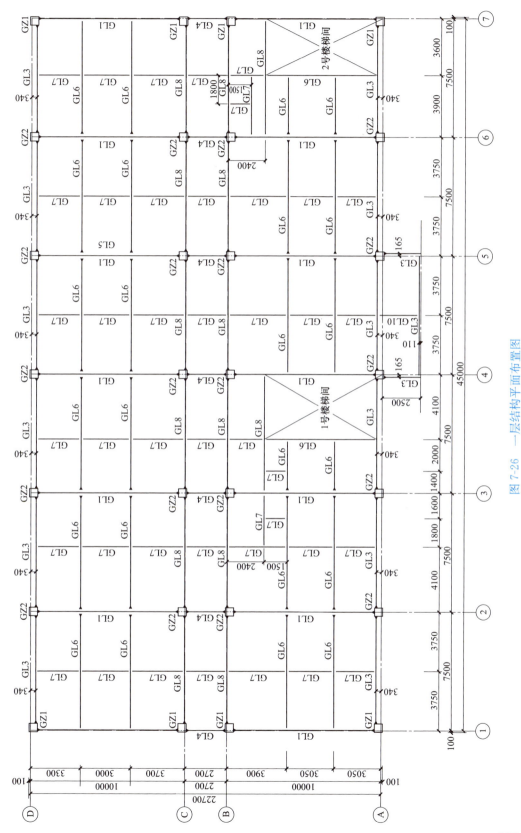

图 7-26 一层结构平面布置图

223

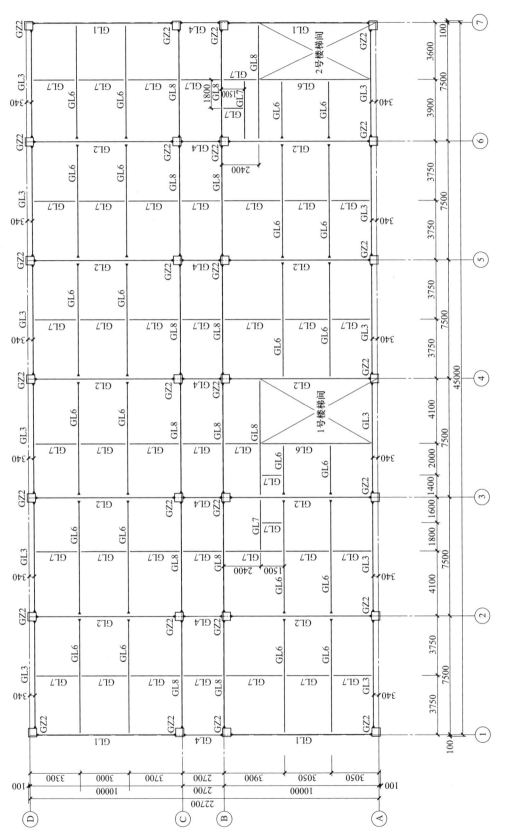

图 7-27 二、三层结构平面布置图

224

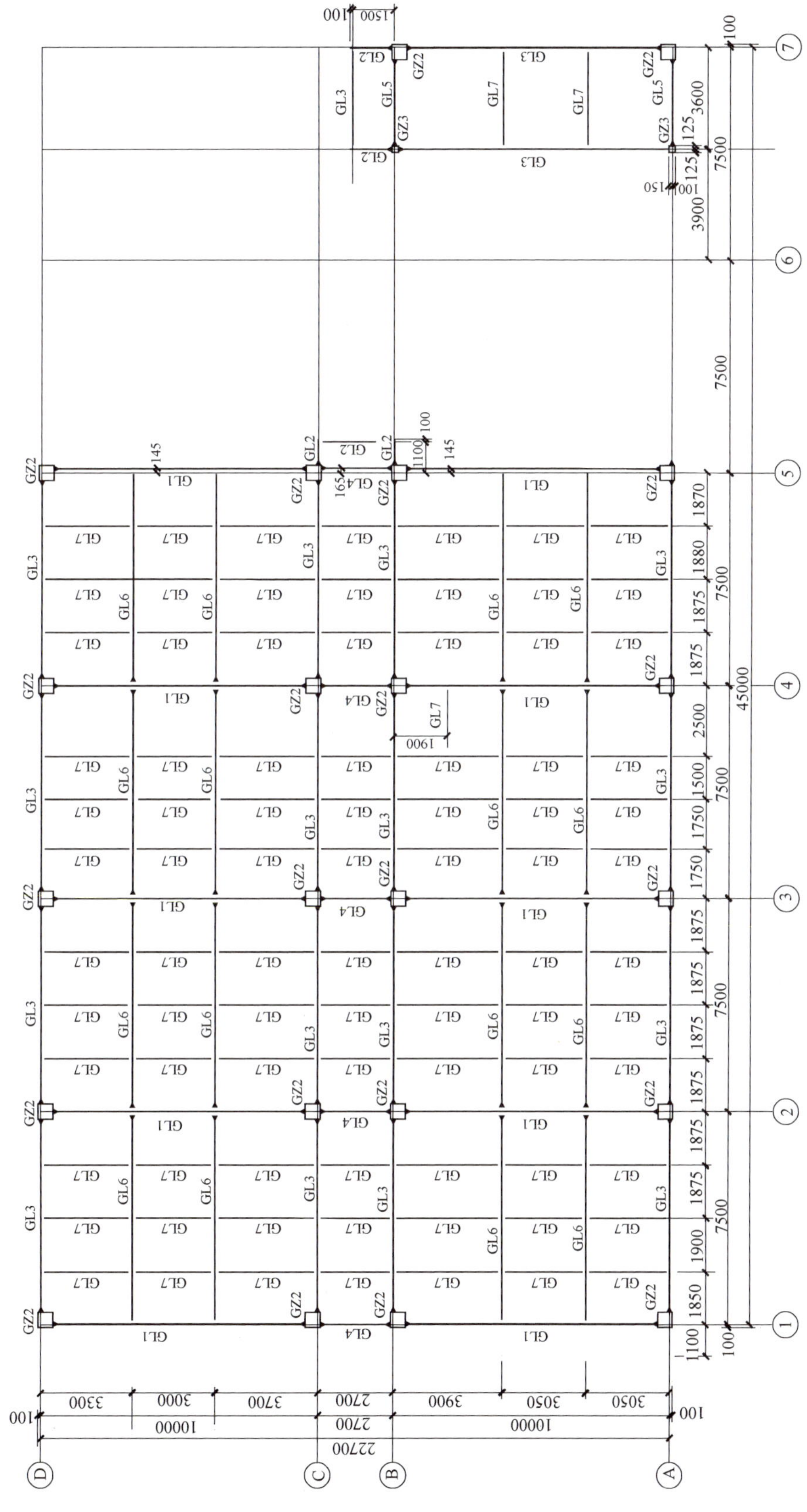

图 7-28 顶层结构平面布置图

225

附录1 钢材和连接强度设计值

钢材的设计用强度指标（单位：N/mm²）　　　　　　附表 1-1

钢材牌号		钢材厚度或直径(mm)	强度设计值			屈服强度 f_y	抗拉强度 f_u
			抗拉、抗压、抗弯 f	抗剪 f_v	端面承压（刨平顶紧）f_{ce}		
碳素结构钢	Q235	≤16	215	125	320	235	370
		>16,≤40	205	120		225	
		>40,≤100	200	115		215	
低合金高强度结构钢	Q345	≤16	300	175	400	345	470
		>16,≤40	295	170		335	
		>40,≤63	290	165		325	
		>63,≤80	280	160		315	
		>80,≤100	270	155		305	
	Q390	≤16	345	200	415	390	490
		>16,≤40	330	190		370	
		>40,≤63	310	180		350	
		>63,≤100	295	170		330	
	Q420	≤16	375	215	440	420	520
		>16,≤40	355	205		400	
		>40,≤63	320	185		380	
		>63,≤100	305	175		360	
	Q460	≤16	410	235	470	460	550
		>16,≤40	390	225		440	
		>40,≤63	355	205		420	
		>63,≤100	340	195		400	

注：1. 表中直径指实芯棒材，厚度指计算点的钢材或钢管壁厚度，对轴心受拉和轴心受压构件指截面中较厚板件的厚度；

2. 冷弯型材和冷弯钢管，其强度设计值应按现行有关国家标准的规定采用。

建筑结构用钢板的设计用强度指标（单位：N/mm²） 附表1-2

建筑结构用钢板	钢材厚度或直径（mm）	强度设计值			屈服强度 f_y	抗拉强度 f_u
		抗拉、抗压、抗弯 f	抗剪 f_v	端面承压（刨平顶紧）f_{ce}		
Q345GJ	>16，≤50	325	190	415	345	490
	>50，≤100	300	175		335	

结构设计用无缝钢管的强度指标（单位：N/mm²） 附表1-3

钢管钢材牌号	壁厚（mm）	强度设计值			屈服强度 f_y	抗拉强度 f_u
		抗拉、抗压和抗弯 f	抗剪 f_v	端面承压（刨平顶紧）f_{ce}		
Q235	≤16	215	125	320	235	375
	>16，≤30	205	120		225	
	>30	195	115		215	
Q345	≤16	305	175	400	345	470
	>16，≤30	290	170		325	
	>30	260	150		295	
Q390	≤16	345	200	415	390	490
	>16，≤30	330	190		370	
	>30	310	180		350	
Q420	≤16	375	220	445	420	520
	>16，≤30	355	205		400	
	>30	340	195		380	
Q460	≤16	410	240	470	460	550
	>16，≤30	390	225		440	
	>30	355	205		420	

焊缝强度设计指标（单位：N/mm²） 附表1-4

焊接方法和焊条型号	构件钢材		对接焊缝强度设计值				角焊缝强度设计值	对接焊缝抗拉强度 f_u^w	角焊缝抗拉、抗压和抗剪强度 f_u^f
	牌号	厚度或直径（mm）	抗压 f_c^w	焊缝质量为下列等级时，抗拉 f_t^w		抗剪 f_v^w	抗拉、抗压和抗剪 f_f^w		
				一级、二级	三级				
自动焊、半自动焊和 E43 型焊条手工焊	Q235	≤16	215	215	185	125	160	415	240
		>16，≤40	205	205	175	120			
		>40，≤100	200	200	170	115			

焊接方法和焊条型号	构件钢材		对接焊缝强度设计值				角焊缝强度设计值	对接焊缝抗拉强度 f_u^w	角焊缝抗拉、抗压和抗剪强度 f_u^f
	牌号	厚度或直径 (mm)	抗压 f_c^w	焊缝质量为下列等级时,抗拉 f_t^w		抗剪 f_v^w	抗拉、抗压和抗剪 f_f^w		
				一级、二级	三级				
自动焊、半自动焊和E50、E55型焊条手工焊	Q345	≤16	305	305	260	175	200	480(E50) 540(E55)	280(E50) 315(E55)
		>16,≤40	295	295	250	170			
		>40,≤63	290	290	245	165			
		>63,≤80	280	280	240	160			
		>80,≤100	270	270	230	155			
	Q390	≤16	345	345	295	200	200(E50) 220(E55)		
		>16,≤40	330	330	280	190			
		>40,≤63	310	310	265	180			
		>63,≤100	295	295	250	170			
自动焊、半自动焊和E55、E60型焊条手工焊	Q420	≤16	375	375	320	215	220(E55) 240(E60)	540(E55) 590(E60)	315(E55) 340(E60)
		>16,≤40	355	355	300	205			
		>40,≤63	320	320	270	185			
		>63,≤100	305	305	260	175			
自动焊、半自动焊和E55、E60型焊条手工焊	Q460	≤16	410	410	350	235	220(E55) 240(E60)	540(E55) 590(E60)	315(E55) 340(E60)
		>16,≤40	390	390	330	225			
		>40,≤63	355	355	300	205			
		>63,≤100	340	340	290	195			
自动焊、半自动焊和E50、E55型焊条手工焊	Q345GJ	>16,≤35	310	310	265	180	200	480(E50) 540(E55)	280(E50) 315(E55)
		>35,≤50	290	290	245	170			
		>50,≤100	285	285	240	165			

注：1. 手工焊用焊条、自动焊和半自动焊所采用的焊丝和焊剂，应保证其熔敷金属的力学性能不低于母材的性能；

2. 焊缝质量等级应符合现行国家标准《钢结构焊接规范》GB 50661 的规定，其检验方法应符合现行国家标准《钢结构工程施工质量验收标准》GB 50205 的规定。其中厚度小于 6mm 钢材的对接焊缝，不应采用超声波探伤确定焊缝质量等级；

3. 对接焊缝在受压区的抗弯强度设计值取 f_c^w，在受拉区的抗弯强度设计值取 f_t^w；

4. 表中直径指实芯棒材，厚度指计算点的钢材厚度，对轴心受拉和轴心受压构件指截面中较厚板件的厚度；

5. 计算下列情况的连接时，上表规定的强度设计值应乘以相应的折减系数；几种情况同时存在时，其折减系数应连乘。

(1) 施工条件较差的高空安装焊缝应乘以系数 0.9；

(2) 进行无垫板的单面施焊对接焊缝的连接计算应乘折减系数 0.85。

螺栓连接的强度指标（单位：N/mm²）　　　　　附表 1-5

螺栓的性能等级、锚栓和构件钢材的牌号	强度设计值										高强度螺栓的抗拉强度 f_u^b
	普通螺栓						锚栓	承压型连接或网架用高强度螺栓			
	C级螺栓			A级、B级螺栓							
	抗拉 f_t^b	抗剪 f_v^b	承压 f_c^b	抗拉 f_t^b	抗剪 f_v^b	承压 f_c^b	抗拉 f_t^b	抗拉 f_t^b	抗剪 f_v^b	承压 f_c^b	
普通螺栓　4.6级、4.8级	170	140	—	—	—	—	—	—	—	—	—
普通螺栓　5.6级	—	—	—	210	190	—	—	—	—	—	—
普通螺栓　8.8级	—	—	—	400	320	—	—	—	—	—	—
锚栓　Q235	—	—	—	—	—	—	140	—	—	—	—
锚栓　Q345	—	—	—	—	—	—	180	—	—	—	—
锚栓　Q390	—	—	—	—	—	—	185	—	—	—	—
承压型连接高强度螺栓　8.8级	—	—	—	—	—	—	—	400	250	—	830
承压型连接高强度螺栓　10.9级	—	—	—	—	—	—	—	500	310	—	1040
螺栓球节点高强度螺栓　9.8级	—	—	—	—	—	—	—	385	—	—	—
螺栓球节点高强度螺栓　10.9级	—	—	—	—	—	—	—	430	—	—	—
构件钢材牌号　Q235	—	—	305	—	—	405	—	—	—	470	—
构件钢材牌号　Q345	—	—	385	—	—	510	—	—	—	590	—
构件钢材牌号　Q390	—	—	400	—	—	530	—	—	—	615	—
构件钢材牌号　Q420	—	—	425	—	—	560	—	—	—	655	—
构件钢材牌号　Q460	—	—	450	—	—	595	—	—	—	695	—
构件钢材牌号　Q345GJ	—	—	400	—	—	530	—	—	—	615	—

注：1. A级螺栓用于 $d \leqslant 24$mm 和 $L \leqslant 10d$ 或 $L \leqslant 150$mm（按较小值）的螺栓；B级螺栓用于 $d > 24$mm 和 $L >$ 10d 或 $L > 150$mm（按较小值）的螺栓；d 为公称直径，L 为螺栓公称长度；

2. A、B级螺栓孔的精度和孔壁表面粗糙度，C级螺栓孔的允许偏差和孔壁表面粗糙度，均应符合现行国家标准《钢结构工程施工质量验收标准》GB 50205 的要求；

3. 用于螺栓球节点网架的高强度螺栓，M12～M36 为 10.9 级，M39～M64 为 9.8 级。

附录 2 型 钢 表

普通工字钢

符号 h—高度
　　 b—翼缘宽度
　　 t_w—腹板厚度
　　 t—翼缘平均厚度
　　 I—惯性矩
　　 W—截面模量

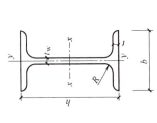

i—回转半径
S—半截面面积的面积矩
长度：型号 10~18,长 5~19m
　　　型号 20~63,长 6~19m

型号	尺寸					截面积	质量	x-x 轴				y-y 轴		
	h	b	t_w	t	R	A	q	I_x	W_x	i_x	I_x/S_x	I_y	W_y	i_y
	mm					cm²	kg/m	cm⁴	cm³	cm	cm	cm⁴	cm³	cm
10	100	68	4.5	7.6	6.5	14.3	11.2	245	49	4.14	8.69	33	9.6	1.51
12.6	126	74	5.0	8.4	7.0	18.1	14.2	488	77	5.19	11.0	47	12.7	1.61
14	140	80	5.5	9.1	7.5	21.5	16.9	712	102	5.57	12.2	64	16.1	1.73
16	160	88	6.0	9.9	8.0	26.1	20.5	1127	141	6.57	13.9	93	21.1	1.89
18	180	94	6.5	10.7	8.5	30.7	24.1	1699	185	7.37	15.4	123	26.2	2.00
20 a	200	100	7.0	11.4	9.0	35.5	27.9	2369	237	8.16	17.4	158	31.6	2.11
20 b		102	9.0			39.5	31.1	2502	250	7.95	17.1	169	33.1	2.07
22 a	220	110	7.5	12.3	9.5	42.1	33.0	3406	310	8.99	19.2	226	41.1	2.32
22 b		112	9.5			46.5	36.5	3583	326	8.78	18.9	240	42.9	2.27
25 a	250	116	8.0	13.0	10.0	48.5	38.1	5017	401	10.2	21.7	280	48.4	2.40
25 b		118	10.0			53.5	42.0	5278	422	9.93	21.4	297	50.4	2.36
28 a	280	122	8.5	13.7	10.5	48.5	43.5	7115	508	11.3	24.3	344	56.4	2.49
28 b		124	10.5			61.0	47.9	7481	534	11.1	24.0	364	58.7	2.44

型号	尺寸					截面积	质量	x-x 轴				y-y 轴		
	h	b	t_w	t	R	A	q	I_x	W_x	i_x	I_x/S_x	I_y	W_y	i_y
			mm			cm²	kg/m	cm⁴	cm³	cm	cm	cm⁴	cm³	cm
a	320	130	9.5	15.0	11.5	67.1	52.7	11080	692	12.8	27.7	459	70.6	2.62
32b		132	11.5	15.0	11.5	73.5	57.7	11626	727	12.6	27.3	484	73.3	2.57
c		134	13.5	15.0	11.5	79.9	62.7	12173	761	12.3	26.9	510	76.1	2.53
a	360	136	10.0	15.8	12.0	76.4	60.0	15796	878	14.4	31.0	555	81.6	2.69
36b		138	12.0	15.8	12.0	83.6	65.6	16574	921	14.1	30.6	584	84.6	2.64
c		140	14.0	15.8	12.0	90.8	71.3	17351	964	13.8	30.2	614	87.8	2.60
a	400	142	10.5	16.5	12.5	86.1	67.6	21714	1086	15.9	34.4	660	92.9	2.77
40b		144	12.5	16.5	12.5	94.1	73.8	22780	1139	15.6	33.9	693	96.2	2.71
c		146	14.5	16.5	12.5	102	80.1	23847	1192	15.3	33.5	727	99.7	2.67
a	450	150	11.5	18.0	13.5	102	80.4	32241	1143	17.7	38.5	855	114	2.89
45b		152	13.5	18.0	13.5	111	87.4	33759	1500	17.4	38.1	895	118	2.84
c		154	15.5	18.0	13.5	120	94.5	35278	1568	17.1	37.6	938	122	2.79
a	500	158	12.0	20	14	119	93.6	46472	1859	19.7	42.9	1122	142	2.07
50b		160	14.0	20	14	129	101	48556	1942	19.4	42.3	1171	146	3.01
c		162	16.0	20	14	139	109	50639	2026	19.1	41.9	1224	151	2.96
a	560	166	12.5	21	14.5	135	106	65576	2342	22.0	47.9	1366	165	3.18
56b		168	14.5	21	14.5	147	115	68503	2447	21.6	47.3	1424	170	3.12
c		170	16.5	21	14.5	158	124	71430	2551	21.3	46.8	1458	175	3.07
a	630	176	13.0	22	15	155	122	94004	2984	24.7	53.8	1702	194	3.32
63b		178	15.0	22	15	167	131	98171	3117	24.2	53.2	1771	199	3.25
c		180	17.0	22	15	180	141	102339	3249	23.9	52.6	1842	205	3.20

H 型钢和 T 型钢

附表 2-2

符号：

H 型钢；h—截面高度；b₁—翼缘宽度；t—翼缘厚度；t_w—腹板厚度；t₁—翼缘厚度；W—截面模量；i—回转半径；I—惯性矩。

T 型钢截面面积、质量，对 Y 轴的惯性矩均等于相应 H 型钢的 1/2；

HW,HM,HN—分别代表宽翼缘、中翼缘、窄翼缘 H 型钢；

TW,TM,TN—分别代表各自 H 型钢剖分的 T 型钢。

类别	H 型钢 $h \times b_1 \times t_w \times t_1 \times t$ mm	截面积 A cm²	质量 q kg/m	r mm	$x-x$ 轴 I_x cm⁴	W_x cm³	i_x cm	$y-y$ 轴 I_y cm⁴	W_y cm³	$i_y \cdot i_{yT}$ cm	重心 C_x cm	x_T-x_T 轴 I_{xT} cm⁴	i_{xT} cm	T 型钢规格 $h_T \times b_1 \times t_1 \times t_2$ mm	类别
HW	100×100×6×8	21.90	17.2	10	383	76.5	4.18	134	26.7	2.47	1.00	16.1	1.21	50×100×6×8	TW
	125×125×6.5×9	30.31	23.8	10	847	136	5.29	294	49.0	3.11	1.19	35.0	1.52	62.5×125×7×10	
	150×150×7×10	40.55	31.9	13	1660	221	6.39	564	75.1	3.73	1.37	66.4	1.81	75×150×7×10	
	175×175×7.5×11	51.43	40.3	13	2900	331	7.50	954	112	4.37	1.55	115	2.11	87.5×175×7.5×11	
	200×200×8×12	64.28	50.5	16	4770	477	8.61	1600	160	4.99	1.73	185	2.40	100×200×8×12	
	♯200×204×12×12	72.28	56.7	16	5030	503	8.35	1700	167	4.85	2.09	256	2.66	♯100×204×12×12	
	250×250×9×14	92.18	72.4	16	10800	857	10.8	3650	292	6.29	2.08	412	2.99	125×250×9×14	
	♯250×255×14×14	104.7	82.2	16	11500	919	10.5	3880	304	6.09	2.58	589	3.36	♯125×255×14×14	
	♯294×302×12×12	108.3	85.0	20	17000	1160	12.5	5520	365	7.14	2.83	858	3.98	♯417×302×12×12	
	300×300×10×15	120.4	94.5	20	20500	1370	13.1	6760	450	7.49	2.47	798	3.64	150×300×10×15	
	300×305×15×15	135.4	106	20	21600	1440	12.6	7100	466	7.24	3.02	1110	4.05	150×305×15×15	
	♯344×348×10×16	146.0	115	20	33300	1940	15.1	11200	646	8.78	2.67	1230	4.11	♯172×348×10×16	
	350×350×12×19	173.9	137	20	40300	2300	15.2	13600	776	8.84	2.86	1520	4.18	175×350×12×19	

类别	H型钢 h×b₁×tw×t (mm)	截面积 A (cm²)	质量 q (kg/m)	r (mm)	x-x轴 Ix (cm⁴)	Wx (cm³)	ix (cm)	y-y轴 Iy (cm⁴)	Wy (cm³)	iy·iyT (cm)	重心 Cx (cm)	xT-xT轴 IxT (cm⁴)	ixT (cm)	T型钢规格 hT×b₁×t₁×t₂ (mm)	类别
HW	#388×402×15×15	179.2	141	24	49200	2540	16.6	16300	809	9.52	3.69	2480	5.26	#194×402×15×18	TW
	#394×398×11×18	187.6	147	24	56400	2860	17.3	18900	951	10.0	3.01	2050	4.67	#197×398×11×18	
	400×400×13×21	219.5	197	24	71100	3560	16.8	23800	1170	9.73	4.07	3650	5.39	200×400×13×21	
	#400×408×21×21	251.5	197	24	71100	3560	16.8	23800	1170	9.73	4.07	3650	5.39	200×408×21×21	
	#414×405×18×28	296.2	233	24	93000	4490	17.7	31000	1530	10.2	3.68	3620	4.95	#207×405×18×28	
	#428×407×20×35	361.4	284	24	119000	5580	18.2	39400	1930	10.4	3.90	4380	4.92	#214×407×20×35	
HM	148×100×6×9	27.25	21.4	13	1040	140	6.17	151	30.2	2.35	1.55	51.7	1.95	74×100×6×9	TM
	194×150×6×9	39.76	31.2	16	2740	283	8.30	508	67.7	3.57	1.78	125	2.50	97×150×6×9	
	244×175×7×11	56.24	44.1	16	6120	502	10.4	958	113	4.18	2.27	289	3.20	122×175×7×11	
	294×200×8×12	73.03	57.3	20	11400	779	12.5	1600	160	4.69	2.82	572	3.96	147×200×8×12	
	340×250×9×14	101.5	79.7	20	21700	1280	14.6	3650	292	6.00	3.09	1020	4.48	170×250×9×17	
	390×300×10×16	136.7	107	24	38900	2000	16.9	7210	481	7.26	3.40	1730	5.03	195×300×10×16	
	440×300×11×18	157.4	124	24	56100	2550	18.9	8110	541	7.18	4.05	2680	5.84	220×300×11×18	
	482×300×11×15	146.4	115	28	60800	2520	20.4	3770	451	6.80	4.90	3420	6.83	241×300×11×15	
	488×300×11×18	164.4	129	28	71400	2930	20.8	8120	541	7.03	4.65	3620	6.64	244×300×11×18	
	582×300×12×17	174.5	137	28	103000	3530	24.3	7670	511	6.63	6.39	6360	8.54	291×300×12×17	
	588×300×12×20	192.5	151	28	118000	4020	24.8	9020	601	6.85	6.08	6710	8.35	294×300×12×20	
	#594×302×14×23	222.4	175	28	137000	4620	24.9	10600	701	6.90	6.22	7920	8.44	#297×302×14×23	
HN	100×50×5×7	12.16	9.54	10	192	38.5	3.98	14.9	5.96	1.11	1.27	11.9	1.40	50×50×5×7	TN
	125×60×6×8	17.01	13.3	10	417	66.8	4.95	29.3	9.75	1.31	1.63	27.5	1.80	62.5×60×6×8	
	150×75×5×7	18.16	14.3	10	679	90.6	6.12	49.6	13.2	1.65	1.78	42.7	2.17	75×75×5×7	
	175×90×5×8	23.21	18.2	10	1220	140	7.26	97.6	21.7	2.05	1.92	70.7	2.47	87.5×90×5×8	

类别	H型钢 h×b₁×t_w×t (mm)	截面积 A (cm²)	质量 q (kg/m)	r (mm)	x-x轴 I_x (cm⁴)	x-x轴 W_x (cm³)	x-x轴 i_x (cm)	y-y轴 I_y (cm⁴)	y-y轴 W_y (cm³)	y-y轴 i_y, i_yT (cm)	重心 C_x (cm)	x_T-x_T轴 I_xT (cm⁴)	x_T-x_T轴 i_xT (cm)	T型钢规格 h_T×b₁×t₁×t₂ (mm)	类别
	198×99×4.5×7	23.59	18.5	13	1610	163	8.27	114	23.0	2.20	2.13	94.0	2.82	99×99×4.5×7	
	200×100×5.5×8	27.57	21.7	13	1880	188	8.25	134	26.8	2.21	2.27	115	2.88	100×100×5.5×8	
	248×124×5×8	32.89	25.8	13	3560	287	10.4	255	41.1	2.78	2.62	208	3.56	124×124×5×8	
	250×125×6×9	37.87	29.7	13	7080	326	10.4	294	47.0	2.79	2.78	249	3.62	125×125×6×9	TN
	298×149×5.5×8	41.55	32.6	16	6460	433	12.4	443	59.4	3.26	3.22	395	4.36	149×149×5.5×8	
	300×150×6.5×9	47.53	37.3	16	7350	490	12.4	508	67.7	3.27	3.38	465	4.42	150×150×6.5×9	
	346×174×6×9	53.19	41.8	16	11200	649	14.5	792	91.0	3.86	3.68	681	5.06	173×174×6×9	
	350×175×7×11	63.66	50.0	16	13700	782	14.7	985	113	3.93	3.74	816	5.06	175×175×7×11	
HN	#400×150×8×13	71.13	55.8	16	18800	942	16.3	734	97.9	3.21	—	—	—	—	
	396×199×7×11	72.16	56.7	16	20000	1010	16.7	1450	145	4.48	4.17	1190	5.76	198×199×7×11	
	400×200×8×13	84.12	66.0	16	23700	1190	16.8	1740	174	4.54	4.23	1400	5.76	200×200×8×13	
	#450×150×9×14	83.41	65.5	20	27100	1200	18.0	793	106	3.08	—	—	—	—	
	446×199×8×12	84.95	66.7	20	29000	1300	18.5	1580	159	4.31	5.07	1880	6.62	223×199×8×12	
	450×200×9×14	97.41	76.5	20	33700	1500	18.6	1870	187	4.38	5.13	2160	6.66	225×200×9×14	
	#500×150×10×16	98.23	77.1	20	28500	1540	19.8	907	121	3.04	—	—	—	—	
	496×199×9×14	101.3	79.5	20	41900	1690	20.3	1840	185	4.27	5.90	2840	7.49	248×199×9×14	
	500×200×10×16	114.2	89.6	20	47800	1910	20.5	2140	214	4.33	5.96	3210	7.49	250×200×10×16	
	#506×201×11×19	131.3	103	20	56500	2230	20.8	2580	257	4.43	5.95	3670	7.48	#253×201×11×19	
	596×199×10×15	121.2	95.1	24	69300	2330	23.9	1980	199	4.04	7.76	5200	9.27	298×199×10×19	
	600×200×11×17	135.2	106	24	78200	2610	24.1	2280	228	4.11	7.81	5820	9.28	300×200×11×17	
	#606×201×12×20	153.3	120	24	91000	3000	24.4	2720	271	4.21	7.76	6580	9.26	#303×201×12×20	
	#692×300×13×20	211.5	166	28	172000	4980	28.6	9020	602	6.53	—	—	—	—	
	700×300×13×24	235.5	185	28	201000	5760	29.3	10800	722	6.75	—	—	—	—	

注："#"表示的规格为非常用规格。

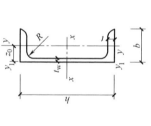

普通槽钢

符号：同普通工字型钢，但 W_y 为对应于翼缘肢尖的截面模量。

长度：型号 5～8，长 5～12m；
型号 10～18，长 5～19m；
型号 20～40，长 6～19m。

型号	尺寸					截面积	质量	x-x 轴			y-y 轴			y1-y1 轴	Z_0
	h	b	t_w	t	R	A	q	I_x	W_x	i_x	I_y	W_y	i_y	I_{y1}	Z_0
	mm					cm²	kg/m	cm⁴	cm³	cm	cm⁴	cm³	cm	cm⁴	cm
5	50	37	4.5	7.0	7.0	6.92	5.44	26	10.4	1.94	8.3	3.5	1.10	20.9	1.35
6.3	63	40	4.8	7.5	7.5	8.45	6.63	51	16.3	2.46	11.9	4.6	1.19	28.3	1.39
8	80	43	5.0	8.0	8.0	10.24	8.04	101	25.3	3.14	16.6	5.8	1.27	37.4	1.42
10	100	48	5.3	8.5	8.5	12.74	10.00	198	39.7	3.94	25.6	7.8	1.42	54.9	1.52
12.6	126	53	5.5	9.0	9.0	15.69	12.31	389	61.7	4.98	38.0	10.3	1.56	77.8	1.59
14 a	140	58	6.0	9.5	9.5	18.51	14.53	564	80.5	5.52	53.2	13.0	1.70	107.2	1.71
14 b		60	8.0	9.5	9.5	21.31	16.73	609	87.1	5.35	61.2	14.1	1.69	120.6	1.67
16 a	160	63	6.5	10.0	10.0	21.95	17.23	866	108.3	6.28	73.4	16.3	1.83	144.1	1.79
16 b		63	8.5	10.0	10.0	25.15	19.75	935	116.8	6.10	83.4	17.6	1.82	160.8	1.75
18 a	180	68	7.0	10.5	10.5	25.69	20.17	1273	141.4	7.04	98.6	20.0	1.96	189.7	1.88
18 b		70	9.0	10.5	10.5	29.29	22.99	1370	152.2	6.84	111.0	21.5	1.95	210.1	1.84

型号	尺寸 mm					截面积 A cm²	质量 q kg/m	x-x轴			y-y轴			y₁-y₁轴 I_{y1} cm⁴	Z₀ cm
	h	b	t_w	t	R			I_x cm⁴	W_x cm³	i_x cm	I_y cm⁴	W_y cm³	i_y cm		
20a	200	73	7.0	11.0	11.0	28.83	22.63	1780	178.0	7.86	128.0	24.2	2.11	244.0	2.01
20b		75	9.0	11.0	11.0	32.83	25.77	1914	191.4	7.64	143.6	25.9	2.09	268.4	1.95
22a	220	77	7.0	11.5	11.5	31.84	24.99	2394	217.6	8.67	157.8	28.2	2.23	298.2	2.10
22b		79	9.0	11.5	11.5	36.24	28.45	2571	233.8	8.42	176.5	30.1	2.21	326.3	2.03
25a	250	78	7.0	12.0	12.0	34.91	27.4	3359	268.7	9.81	175.9	30.7	2.24	324.8	2.07
25b		80	9.0	12.0	12.0	39.91	31.33	3619	289.6	9.52	196.4	32.7	2.22	355.1	1.99
25c		82	11.0	12.0	12.0	44.91	35.25	3880	310.4	9.30	215.9	34.6	2.19	388.6	1.96
28a	280	82	7.5	12.5	12.5	40.02	31.42	4753	339.5	10.90	217.9	35.7	2.33	393.3	2.09
28b		84	9.5	12.5	12.5	45.62	35.81	5118	365.6	10.59	241.5	37.9	2.30	428.5	2.02
28c		86	11.5	12.5	12.5	51.22	40.21	5484	391.7	10.35	264.1	40.0	2.27	467.3	1.99
32a	320	88	8.0	14.0	14.0	48.50	38.07	7511	469.4	12.44	304.7	46.4	2.51	547.5	2.24
32b		90	10.0	14.0	14.0	54.90	43.10	8057	503.5	12.11	335.6	49.1	2.47	292.9	2.16
32c		92	12.0	14.0	14.0	61.30	48.12	8603	537.7	11.85	365.0	51.6	2.44	642.7	2.13
36a	360	96	9.0	16.0	16.0	60.89	47.80	11874	659.7	13.96	455.0	63.6	2.73	818.5	2.44
36b		98	11.0	16.0	16.0	68.01	53.45	12652	702.9	13.63	496.7	66.9	2.70	880.5	2.37
36c		100	13.0	16.0	16.0	75.29	59.10	13429	746.1	13.36	536.6	70.0	2.67	948.0	2.34
40a	400	100	10.5	18.0	18.0	75.04	58.91	17578	878.9	15.30	592.0	78.8	2.81	1057.9	2.49
40b		102	12.5	18.0	18.0	83.04	65.19	18644	932.2	14.98	640.6	92.6	2.78	135.8	2.44
40c		104	14.5	18.0	18.0	91.04	71.47	19711	985.6	14.71	687.8	86.2	2.75	1220.3	2.42

	单角钢		双角钢

角钢型号	圆角	重心距	截面积	质量	惯性矩	截面模量		回转半径			i_y，当 a 为下列数值				
	R	z_0	A	q	I_x	W_x^{max}	W_x^{min}	i_x	i_{x0}	i_{y0}	6mm	8mm	10mm	12mm	14mm
	mm		cm²	kg/m	cm⁴	cm³		cm			cm				
L20×3	3.5	6.0	1.13	0.89	0.40	0.66	0.29	0.59	0.75	0.39	1.08	1.17	1.25	1.34	1.43
L20×4		6.4	1.46	1.15	0.50	0.78	0.36	0.58	0.73	0.38	1.11	1.19	1.28	1.37	1.46
L25×3	3.5	7.3	1.43	1.12	0.82	1.12	0.46	0.76	0.95	0.49	1.27	1.36	1.44	1.53	1.61
L25×4		7.6	1.86	1.46	1.03	1.34	0.59	0.74	0.93	0.48	1.30	1.38	1.47	1.55	1.64
L30×3	4.5	8.5	1.75	1.37	1.46	1.72	0.68	0.91	1.15	0.59	1.47	1.55	1.63	1.71	1.80
L30×4		8.9	2.28	1.79	1.84	2.08	0.87	0.90	1.13	0.58	1.49	1.57	1.65	1.74	1.82
L36×3	4.5	10.0	2.11	1.66	2.58	2.59	0.99	1.11	1.39	0.71	1.70	1.78	1.86	1.94	2.03
L36×4		10.4	2.76	2.16	3.29	3.18	1.28	1.09	1.38	0.70	1.73	1.80	1.89	1.97	2.05
L36×5		10.7	3.38	2.65	3.95	3.68	1.56	1.08	1.36	0.70	1.75	1.83	1.91	1.99	2.08
L40×3	5	10.9	2.36	1.85	3.59	3.28	1.23	1.23	1.55	0.79	1.86	1.94	2.01	2.09	2.18
L40×4		11.3	3.09	2.42	4.60	4.08	1.60	1.22	1.54	0.79	1.88	1.96	2.04	2.12	2.20
L40×5		11.7	3.79	2.98	5.53	4.72	1.96	1.21	1.52	0.78	1.90	1.98	2.06	2.14	2.23
L45×3	5	12.2	2.66	2.09	5.17	4.25	1.58	1.39	1.76	0.90	2.06	2.14	2.21	2.29	2.37
L45×4		12.6	3.49	2.74	6.65	5.29	2.08	1.38	1.74	0.89	2.08	2.16	2.24	2.32	2.40
L45×5		13.0	4.29	3.37	8.04	6.20	2.51	1.37	1.72	0.88	2.10	2.18	2.26	2.34	2.42
L45×6		13.3	5.08	3.99	9.33	6.99	2.95	1.36	1.71	0.88	2.12	2.20	2.28	2.36	2.44
L50×3	5.5	13.4	2.97	2.33	7.18	5.36	1.96	1.55	1.96	1.00	2.26	2.33	2.41	2.48	2.56
L50×4		13.8	3.90	3.06	9.26	6.70	2.56	1.54	1.94	0.99	2.28	2.36	2.43	2.51	2.59
L50×5		14.2	4.80	3.77	11.21	7.90	3.13	1.53	1.92	0.98	2.30	2.38	2.45	2.53	2.61
L50×6		14.6	5.69	4.46	13.05	8.95	3.68	1.51	1.91	0.98	2.32	2.40	2.48	2.56	2.64
L56×3	6	14.8	3.34	2.62	10.19	6.86	2.48	1.75	2.20	1.13	2.50	2.57	2.64	2.72	2.80
L56×4		15.3	4.39	3.45	13.18	8.63	3.24	1.73	2.18	1.11	2.52	2.59	2.67	2.74	2.82
L56×5		15.7	5.42	4.25	16.02	10.22	3.97	1.72	2.17	1.10	2.54	2.61	2.69	2.77	2.85
L56×8		16.8	8.37	6.57	23.63	14.06	6.03	1.68	2.11	1.09	2.60	2.67	2.75	2.83	2.91
L63×4	7	17.0	4.98	3.91	19.03	11.22	4.13	1.96	2.46	1.26	2.79	2.87	2.94	3.02	3.09
L63×5		17.4	6.14	4.82	23.17	13.33	5.08	1.94	2.45	1.25	2.82	2.89	2.96	3.04	3.12
L63×6		17.8	7.29	5.72	27.12	15.26	6.00	1.93	2.43	1.24	2.83	2.91	2.98	3.06	3.14
L63×8		18.5	9.51	7.47	34.45	18.59	7.75	1.90	2.39	1.23	2.87	2.95	3.03	3.10	3.18
L63×10		19.3	11.66	9.15	41.09	21.34	9.39	1.88	2.36	1.22	2.91	2.99	3.07	3.15	3.23
L70×4	8	18.6	5.57	4.37	26.39	14.16	5.14	2.18	2.74	1.40	3.07	3.14	3.21	3.29	3.36
L70×5		19.1	6.88	5.40	32.21	16.89	6.32	2.16	2.73	1.39	3.09	3.16	3.24	3.31	3.39
L70×6		19.5	8.16	6.41	37.77	19.39	7.48	2.15	2.71	1.38	3.11	3.18	3.26	3.33	3.41
L70×7		19.9	9.42	7.40	43.09	21.68	8.59	2.14	2.69	1.38	3.13	3.20	3.28	3.36	3.43
L70×8		20.3	10.67	8.37	48.17	23.79	9.68	2.13	2.68	1.37	3.15	3.22	3.30	3.38	3.46
L75×5	9	20.3	7.41	5.82	39.96	19.73	7.30	2.32	2.92	1.50	3.29	3.36	3.43	3.50	3.58
L75×6		20.7	8.80	6.91	46.91	22.69	8.63	2.31	2.91	1.49	3.31	3.38	3.45	3.53	3.60
L75×7		21.2	10.16	7.98	53.57	25.42	9.93	2.30	2.89	1.48	3.33	3.40	3.47	3.55	3.63
L75×8		21.5	11.50	9.03	59.96	27.93	11.20	2.28	2.87	1.47	3.35	3.42	3.50	3.57	3.65
L75×10		22.2	14.13	11.09	71.98	32.40	13.64	2.26	2.84	1.46	3.38	3.46	3.54	3.61	3.69

角钢型号	圆角	重心距	截面积	质量	惯性矩	截面模量		回转半径			i_y, 当 a 为下列数值				
	R	z_0	A	q	I_x	W_x^{max}	W_x^{min}	i_x	i_{x0}	i_{y0}	6mm	8mm	10mm	12mm	14mm
	mm		cm²	kg/m	cm⁴	cm³		cm			cm				
∟80× 5	9	21.5	7.91	6.21	48.79	22.70	8.34	2.48	3.13	1.60	3.49	3.56	3.63	3.71	3.78
6		21.9	9.40	7.38	57.35	26.16	9.87	2.47	3.11	1.59	3.51	3.58	3.65	3.73	3.80
7		22.3	10.86	8.53	65.58	29.38	11.37	2.46	3.10	1.58	3.53	3.60	3.67	3.75	3.83
8		22.7	12.30	9.66	73.50	32.36	12.83	2.44	3.08	1.57	3.55	3.62	3.70	3.77	3.85
10		23.5	15.13	11.87	88.43	37.68	15.64	2.42	3.04	1.56	3.58	3.66	3.74	3.81	3.89
∟90× 6	10	24.4	10.64	8.35	82.77	33.99	12.61	2.79	3.51	1.80	3.91	3.98	4.05	4.12	4.20
7		24.8	12.30	9.66	94.83	38.28	14.54	2.78	3.50	1.78	3.93	4.00	4.07	4.14	4.22
8		25.2	13.94	10.95	106.3	42.30	16.42	2.76	3.48	1.78	3.95	4.02	4.09	4.17	4.24
10		25.9	17.17	13.48	128.6	49.57	20.07	2.74	3.45	1.76	3.98	4.06	4.13	4.21	4.28
12		26.7	20.31	15.94	149.2	55.93	23.57	2.71	3.41	1.75	4.02	4.09	4.17	4.25	4.32
∟100× 6	12	26.7	11.93	9.37	115.0	43.04	15.68	3.10	3.91	2.00	4.30	4.37	4.44	4.51	4.58
7		27.1	13.80	10.83	131.9	48.57	18.10	3.09	3.89	1.99	4.32	4.39	4.46	4.53	4.61
8		27.6	15.64	12.28	148.2	53.78	20.47	3.08	3.88	1.98	4.34	4.41	4.48	4.55	4.63
10		28.4	19.26	15.12	179.5	63.29	25.06	3.05	3.84	1.96	4.38	4.45	4.52	4.60	4.67
12		29.1	22.80	17.90	208.9	71.72	29.47	3.03	3.81	1.95	4.41	4.49	4.56	4.64	4.71
14		29.9	26.26	20.61	236.5	79.19	33.73	3.00	3.77	1.94	4.45	4.53	4.60	4.68	4.75
16		30.6	29.63	23.26	262.5	85.81	37.82	2.98	3.74	1.93	4.49	4.56	4.64	4.72	4.80
∟110× 7	12	29.6	15.20	11.93	177.2	59.78	22.05	3.41	4.30	2.20	4.72	4.79	4.86	4.94	5.01
8		30.1	17.24	13.53	199.5	66.36	24.95	3.40	4.28	2.19	4.74	4.81	4.88	4.96	5.03
10		30.9	21.26	16.69	242.2	78.48	30.60	3.38	4.25	2.17	4.78	4.85	4.92	5.00	5.07
12		31.6	25.20	19.78	282.6	89.34	36.05	3.35	4.22	2.15	4.82	4.89	4.96	5.04	5.11
14		32.4	29.06	22.81	320.7	99.07	41.31	3.32	4.18	2.14	4.85	4.93	5.00	5.08	5.15
∟125× 8	14	33.7	19.75	15.50	297.0	88.20	32.52	3.88	4.88	2.50	5.34	5.41	5.48	5.55	5.62
10		34.5	24.37	19.13	361.7	104.8	39.97	3.85	4.85	2.48	5.38	5.45	5.52	5.59	5.66
12		35.3	28.91	22.70	423.2	119.9	47.17	3.83	4.82	2.46	5.41	5.48	5.56	5.63	5.70
14		36.1	33.37	26.19	481.7	133.6	54.16	3.80	4.78	2.45	5.45	5.52	5.59	5.67	5.74
∟140× 10	14	38.2	27.37	21.49	514.7	134.6	50.58	4.34	5.46	2.78	5.98	6.05	6.12	6.20	6.27
12		39.0	32.51	25.52	603.7	154.6	29.80	4.31	5.43	2.77	6.02	6.09	6.16	6.23	6.31
14		39.8	37.57	29.49	688.8	173.0	68.75	4.28	5.40	2.75	6.06	6.13	6.20	6.27	6.34
16		40.6	42.54	33.39	770.2	189.9	77.46	4.26	5.36	2.74	6.09	6.16	6.23	6.31	6.38
∟160× 10	16	43.1	31.50	24.73	779.5	180.8	66.70	4.97	6.27	3.20	6.78	6.85	6.92	6.99	7.06
12		43.9	37.44	29.39	916.6	208.6	78.98	4.95	6.24	3.18	6.82	6.89	6.96	7.03	7.10
14		44.7	43.30	33.99	1048	234.4	90.95	4.92	6.20	3.16	6.86	6.93	7.00	7.07	7.14
16		45.5	49.07	38.52	1175	258.3	102.6	4.89	6.17	3.14	6.89	6.96	7.03	7.10	7.18
∟180× 12	16	48.9	42.24	33.16	1321	270.0	100.8	5.59	7.05	3.58	7.63	7.70	7.77	7.84	7.91
14		49.7	48.90	38.38	1514	304.6	116.3	5.57	7.02	3.57	7.67	7.74	7.81	7.88	7.95
16		50.5	55.47	43.54	1701	336.9	131.4	5.54	6.98	3.55	7.70	7.77	7.84	7.91	7.98
18		51.3	61.95	48.63	1881	367.1	146.1	5.51	6.94	3.53	7.73	7.80	7.87	7.92	8.02
∟200× 14	18	54.6	54.64	42.89	2104	385.1	144.7	6.20	7.82	3.98	8.47	8.54	8.61	8.67	8.75
16		55.4	62.01	48.68	2366	427.0	163.7	6.18	7.79	3.96	8.50	8.57	8.64	8.71	8.78
18		56.2	69.30	54.40	2621	466.5	182.2	6.15	7.75	3.94	8.53	8.60	8.67	8.75	8.82
20		56.9	76.50	60.06	2867	503.6	200.4	6.12	7.72	3.93	8.57	8.64	8.71	8.78	8.85
24		58.4	90.66	71.17	3338	571.5	235.8	6.07	7.64	3.90	8.63	8.71	8.78	8.85	8.92

不等肢角钢　双角钢

角钢型号 $B×b×t$	圆角 R	重心距 z_x (mm)	重心距 z_y (mm)	面积 A (cm²)	质量 q (kg/m)	i_x (cm)	i_y (cm)	i_{y0} (cm)	i_{y1} 6mm (cm)	i_{y1} 8mm (cm)	i_{y1} 10mm (cm)	i_{y1} 12mm (cm)	i_{y2} 6mm (cm)	i_{y2} 8mm (cm)	i_{y2} 10mm (cm)	i_{y2} 12mm (cm)
L25×16×3	3.5	4.2	8.6	1.16	0.91	0.44	0.78	0.34	0.84	0.93	1.02	1.11	1.40	1.48	1.57	1.66
L25×16×4		4.6	9.0	1.50	1.18	0.43	0.77	0.34	0.87	0.93	1.05	1.14	1.42	1.51	1.60	1.68
L40×25×3	3.5	4.9	10.8	1.49	1.17	0.55	1.01	0.43	0.97	1.05	1.14	1.23	1.71	1.79	1.88	1.96
L40×25×4		5.3	11.2	1.94	1.52	0.54	1.00	0.43	0.99	1.08	1.16	1.25	1.74	1.82	1.90	1.99
L32×20×3	4	5.9	13.2	1.89	1.48	0.70	1.28	0.54	1.13	1.21	1.30	1.38	2.07	2.14	2.23	2.31
L32×20×4		63.3	13.7	2.47	1.94	0.69	1.26	0.54	1.16	1.24	1.32	1.41	2.09	2.17	2.25	2.34
L45×28×3	5	6.4	14.7	2.15	1.69	0.79	1.44	0.61	1.23	1.31	1.39	1.47	2.28	2.36	2.44	2.52
L45×28×4		6.8	15.1	2.81	2.20	0.78	1.43	0.60	1.25	1.33	1.41	1.50	2.31	2.39	2.47	2.55
L50×32×3	5.5	7.3	16.0	2.43	1.91	0.91	1.60	0.70	1.38	1.45	1.53	1.61	2.49	2.56	2.64	2.75
L50×32×4		7.7	16.5	3.18	2.49	0.90	1.59	0.69	0.140	1.47	1.55	1.64	2.51	2.59	2.67	2.75
L56×36×3	6	8.0	17.8	2.74	2.15	1.03	1.80	0.79	1.51	1.59	1.66	1.74	2.75	2.82	2.90	2.98
L56×36×4		8.5	18.2	3.59	2.82	1.02	1.79	0.78	1.53	1.61	1.69	1.77	2.77	2.85	2.93	3.01
L56×36×5		8.8	18.7	4.42	3.47	1.01	1.77	0.78	1.56	1.63	1.71	1.79	2.80	2.88	2.96	3.04
L63×40×4	7	9.2	20.4	4.06	3.19	1.14	2.02	0.88	1.66	1.74	1.81	1.89	3.09	3.16	3.24	3.32
L63×40×5		9.5	20.8	4.99	3.92	1.12	2.00	0.87	1.68	1.76	1.84	1.92	3.11	3.19	3.27	3.35
L63×40×6		9.9	21.2	5.91	4.64	1.11	1.99	0.86	1.71	1.78	1.86	1.94	3.13	3.21	3.29	3.37
L63×40×7		10.3	21.6	6.80	5.34	1.10	1.97	0.86	1.73	1.81	1.89	1.97	3.16	3.24	3.32	3.40

角钢型号 $B \times b \times t$	圆角 R	重心距 z_x (mm)	重心距 z_y (mm)	面积 A (cm²)	质量 q (kg/m)	回转半径 i_x (cm)	回转半径 i_y (cm)	回转半径 i_{y0} (cm)	i_{y1},当 a 为下列数值 6mm (cm)	8mm	10mm	12mm	i_{y2},当 a 为下列数值 6mm (cm)	8mm	10mm	12mm
∟70×45× 4	7.5	10.2	22.3	4.55	3.57	1.29	2.25	0.99	1.84	1.91	1.99	2.07	3.39	3.46	3.54	3.62
∟70×45× 5	7.5	10.6	22.8	5.61	4.40	1.28	2.23	0.98	1.86	1.94	2.01	2.09	3.41	3.49	3.57	3.64
∟70×45× 6	7.5	11.0	23.2	6.64	5.22	1.26	2.22	0.97	1.88	1.96	2.04	2.11	3.44	3.51	3.59	3.67
∟70×45× 7	7.5	11.3	23.6	7.66	6.01	1.25	2.20	0.97	1.90	1.98	2.06	2.14	3.46	3.54	3.61	3.69
∟75×50× 5	8	11.7	24.0	6.13	4.81	1.43	2.39	1.09	2.06	2.13	2.20	2.28	3.60	3.68	3.76	3.83
∟75×50× 6	8	12.1	24.4	7.26	5.70	1.42	2.38	1.08	2.08	2.15	2.23	2.30	2.63	3.70	3.78	3.86
∟75×50× 8	8	12.9	25.2	9.47	7.43	1.40	2.35	1.07	2.12	2.19	2.27	2.35	3.67	3.75	3.83	3.91
∟75×50× 10	8	13.6	26.0	11.6	9.10	1.38	2.33	1.06	2.16	2.24	2.31	2.40	3.71	3.79	3.87	3.95
∟80×50× 5	8	11.4	26.0	6.38	5.00	1.42	2.57	1.10	2.02	2.09	2.17	2.24	3.88	3.95	4.03	4.10
∟80×50× 6	8	11.8	26.5	7.56	5.93	1.41	2.55	1.09	2.04	2.11	2.19	2.27	3.90	3.98	4.05	4.13
∟80×50× 7	8	12.1	26.9	8.72	6.85	1.39	2.54	1.08	2.06	2.13	2.21	2.29	3.92	4.00	4.08	4.16
∟80×50× 8	8	12.5	27.3	9.87	7.75	1.38	2.52	1.07	2.08	2.15	2.23	2.31	3.94	4.02	4.10	4.18
∟90×56× 5	9	12.5	29.1	7.21	5.66	1.59	2.90	1.23	2.22	2.29	2.36	2.44	4.32	4.39	4.47	4.55
∟90×56× 6	9	12.9	29.5	8.56	6.72	1.58	2.88	1.22	2.24	2.31	2.39	2.46	4.34	4.42	4.50	4.57
∟90×56× 7	9	13.3	30.0	9.88	7.76	1.57	2.87	1.22	2.26	2.33	2.41	2.49	4.37	4.44	4.52	4.60
∟90×56× 8	9	13.6	30.4	11.2	8.78	1.56	2.85	1.21	2.28	2.35	2.43	2.51	4.39	4.47	4.54	4.62
∟100×63× 6	10	14.3	32.4	9.62	7.55	1.79	3.21	1.38	2.49	2.56	2.63	2.71	4.77	4.85	4.92	5.00
∟100×63× 7	10	14.7	32.8	11.1	8.72	1.78	3.20	1.37	2.51	2.58	2.65	2.73	4.80	4.87	4.95	5.03
∟100×63× 8	10	15.0	33.2	12.6	9.88	1.77	3.18	1.37	2.53	2.60	2.67	2.75	4.82	4.90	4.97	5.05
∟100×63× 10	10	15.8	34.0	15.5	12.1	1.75	3.15	1.35	2.57	2.64	2.72	2.79	4.86	4.94	5.02	5.10
∟100×80× 6	10	19.7	29.5	10.6	8.35	2.40	3.17	1.73	3.31	3.38	3.45	3.52	4.54	4.62	4.69	4.76
∟100×80× 7	10	20.1	30.0	12.3	9.66	2.39	3.16	1.71	3.32	3.39	3.47	3.54	4.57	4.64	4.71	4.79
∟100×80× 8	10	20.5	30.4	13.9	10.9	2.37	3.15	1.71	3.34	3.41	3.49	3.56	4.59	4.66	4.73	4.81
∟100×80× 10	10	21.3	31.2	17.2	13.5	2.35	3.12	1.69	3.38	3.45	3.53	3.60	4.63	4.70	4.78	4.85

角钢型号 $B\times b\times t$	圆角 R	重心距 z_x (mm)	重心距 z_y (mm)	面积 A (cm²)	质量 q (kg/m)	回转半径 i_x (cm)	i_y (cm)	i_{y0} (cm)	i_{y1} 6mm (cm)	i_{y1} 8mm	i_{y1} 10mm	i_{y1} 12mm	i_{y2} 6mm (cm)	i_{y2} 8mm	i_{y2} 10mm	i_{y2} 12mm
L110×70× 6	10	15.7	35.3	10.6	8.35	2.01	3.54	1.54	2.74	2.81	2.88	2.96	5.21	5.29	5.36	5.44
L110×70× 7	10	16.1	35.7	12.3	9.66	2.00	3.53	1.53	2.76	2.83	2.90	2.98	5.24	5.31	5.39	5.46
L110×70× 8	10	16.5	36.2	13.9	10.9	1.98	3.51	1.53	2.78	2.85	2.92	3.00	5.26	5.34	5.41	5.49
L110×70× 10	10	17.2	37.0	17.2	13.5	1.96	3.48	1.51	2.82	2.89	2.96	3.04	5.30	5.38	5.46	5.53
L125×80× 7	11	18.0	40.1	14.1	11.1	2.30	4.02	1.76	3.13	3.18	3.25	3.33	5.90	5.97	6.04	6.12
L125×80× 8	11	18.4	40.6	16.0	12.6	2.29	4.01	1.75	3.13	3.20	3.27	3.35	5.92	5.99	6.07	6.14
L125×80× 10	11	19.2	41.4	19.7	15.5	2.26	3.98	1.74	3.17	3.24	3.31	3.39	5.96	6.04	6.11	6.19
L125×80× 12	11	20.0	42.2	23.4	18.3	2.24	3.95	1.72	3.20	3.28	3.35	3.43	6.00	6.08	6.16	6.23
L140×90× 8	12	20.4	45.0	18.0	14.2	2.59	4.50	1.98	3.49	3.56	3.63	3.70	6.58	6.65	6.73	6.80
L140×90× 10	12	21.2	45.8	22.3	17.5	2.56	4.47	1.96	3.52	3.59	3.66	3.73	6.62	6.70	6.77	6.85
L140×90× 12	12	21.9	46.6	26.4	20.7	2.54	4.44	1.95	3.56	3.63	3.70	3.77	6.66	6.74	6.81	6.89
L140×90× 14	12	22.7	47.4	30.5	23.9	2.51	4.42	1.94	3.59	3.66	3.74	3.81	6.70	6.78	6.86	6.93
L160×100× 10	13	22.8	52.4	25.3	19.9	2.85	5.14	2.19	3.84	3.91	3.98	4.05	7.55	7.63	7.70	7.78
L160×100× 12	13	23.6	53.2	30.1	23.6	2.82	5.11	2.18	3.87	3.94	4.01	4.09	7.59	7.67	7.75	7.82
L160×100× 14	13	24.3	54.0	34.7	27.2	2.80	5.08	2.16	3.91	3.98	4.05	4.12	7.64	7.71	7.79	7.86
L160×100× 16	13	25.1	54.8	39.3	30.8	2.77	5.05	2.15	3.94	4.02	4.09	4.16	7.68	7.75	7.83	7.90
L180×110× 10	14	24.4	58.9	28.4	22.3	3.13	5.81	2.42	4.16	4.23	4.30	4.36	8.49	8.56	8.63	8.71
L180×110× 12	14	25.2	59.8	33.7	26.5	3.10	5.78	2.40	4.19	4.26	4.33	4.40	8.53	8.60	8.68	8.75
L180×110× 14	14	25.9	60.6	39.0	30.6	3.08	5.75	2.39	4.23	4.30	4.37	4.44	8.57	8.64	8.72	8.79
L180×110× 16	14	26.7	61.4	44.1	34.6	3.05	5.72	2.37	4.26	4.33	4.40	4.47	8.61	8.68	8.76	8.84
L200×125× 12	14	28.3	65.4	37.9	29.8	3.57	6.44	2.75	4.75	4.82	4.88	4.95	9.39	9.47	9.54	9.62
L200×125× 14	14	29.1	66.2	43.9	34.4	3.54	6.41	2.73	4.78	4.85	4.92	4.99	9.43	9.51	9.58	9.66
L200×125× 16	14	29.9	67.0	49.7	39.0	3.52	6.38	2.71	4.81	4.88	4.95	5.02	9.47	9.55	9.62	9.70
L200×125× 18	14	30.6	67.8	55.5	43.6	3.49	6.35	2.70	4.85	4.92	4.99	5.06	9.51	9.59	9.66	9.74

注: 一个角钢的惯性矩 $I_x=Ai_x^2$, $I_y=Ai_y^2$, 一个角钢的截面模量 $W_x^{max}=I_x/z_x$, $W_x^{min}=I_x/(b-z_x)$, $W_y^{max}=I_y/z_y$, $W_y^{min}=I_y/(b-z_y)$。

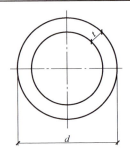

I—截面惯性矩；
W—截面模量；
i—截面回转半径。

尺寸(mm)		截面面积 A(cm²)	重量 (kg·m⁻¹)	截面特性			尺寸(mm)		截面面积 A(cm²)	重量 (kg·m⁻¹)	截面特性		
d	t			I (cm⁴)	W (cm³)	i (cm)	d	t			I (cm⁴)	W (cm³)	i (cm)
32	2.5	2.32	1.82	2.54	1.59	1.05	60	3.0	5.37	4.22	21.88	7.29	2.02
	3.0	2.73	2.15	2.90	1.82	1.03		3.5	6.21	4.88	24.88	8.29	2.00
	3.5	3.13	2.46	3.23	2.02	1.02		4.0	7.04	5.52	27.73	9.24	1.98
	4.0	3.52	2.76	3.52	2.20	1.00		4.5	7.85	6.16	30.41	10.14	1.97
38	2.5	2.79	2.19	4.14	2.32	1.26		5.0	8.64	6.78	32.94	10.98	1.95
	3.0	3.30	2.59	5.09	2.68	1.24		5.5	9.42	7.39	35.32	11.77	1.94
	3.5	3.79	2.98	5.70	3.00	1.23		6.0	10.18	7.99	37.56	12.52	1.92
	4.0	4.27	3.35	6.26	3.29	1.21	63.5	3.0	5.70	4.48	26.15	8.24	2.14
42	2.5	3.10	2.44	6.07	2.89	1.40		3.5	6.60	5.18	29.79	9.38	2.12
	3.0	3.68	2.89	7.03	3.35	1.38		4.0	7.48	5.87	33.24	10.47	2.11
	3.5	4.23	3.32	7.91	3.77	1.37		4.5	8.34	6.55	36.50	11.50	2.09
	4.0	4.78	3.75	8.71	4.15	1.35		5.0	9.19	7.21	39.60	12.47	2.08
45	2.5	3.34	2.62	7.56	3.36	1.51		5.5	10.02	7.87	42.52	13.39	2.06
	3.0	3.96	3.11	8.77	3.90	1.49		6.0	10.84	8.51	45.28	14.26	2.04
	3.5	4.56	3.58	9.89	4.40	1.47	68	3.0	6.13	4.81	32.42	9.54	2.30
	4.0	5.15	4.04	10.93	4.86	1.46		3.5	7.09	5.57	36.99	10.88	2.28
50	2.5	3.73	2.93	10.55	4.22	1.68		4.0	8.04	6.31	41.34	12.16	2.27
	3.0	4.43	3.48	12.28	4.91	1.67		4.5	8.98	7.05	45.47	13.37	2.25
	3.5	5.11	4.01	13.90	4.56	1.65		5.0	9.90	7.77	49.41	14.53	2.23
	4.0	5.78	4.54	15.41	6.16	1.63		5.5	10.80	8.48	53.14	15.63	2.22
	4.5	6.43	5.05	16.81	6.72	1.62		6.0	11.69	9.17	56.68	16.67	2.20
	5.0	7.07	5.55	18.11	7.25	1.60	70	3.0	6.31	4.96	35.50	10.14	2.37
54	3.0	4.81	3.77	15.68	5.81	1.81		3.5	7.31	5.74	40.53	11.58	2.35
	3.5	5.55	4.36	17.79	6.59	1.79		4.0	8.29	6.51	45.33	12.95	2.34
	4.0	6.28	4.93	19.76	7.32	1.77		4.5	9.26	7.27	49.89	14.26	2.32
	4.5	7.00	5.49	21.61	8.00	1.76		5.0	10.21	8.01	54.24	15.50	2.30
	5.0	7.70	6.04	23.34	8.64	1.74		5.5	11.14	8.75	58.38	16.68	2.29
	5.5	8.38	6.58	24.96	9.24	1.73		6.0	12.06	9.47	62.31	17.80	2.27
	6.0	9.05	7.10	26.46	9.80	1.71	73	3.0	6.60	5.18	40.48	11.09	2.48
57	3.0	5.09	4.00	18.61	6.53	1.91		3.5	7.64	6.00	46.26	12.67	2.46
	3.5	5.88	4.62	21.24	7.42	1.90		4.0	8.67	6.81	51.78	14.19	2.44
	4.0	6.66	5.23	23.52	8.25	1.88		4.5	9.68	7.60	57.04	15.63	2.43
	4.5	7.42	5.83	25.76	9.04	1.86		5.0	10.68	8.38	62.07	17.01	2.41
	5.0	8.17	6.41	27.86	9.78	1.85		5.5	11.66	9.16	66.87	18.32	2.39
	5.5	8.90	6.99	29.84	10.47	1.83		6.0	12.63	9.91	71.43	19.57	2.38
	6.0	9.61	7.55	31.69	11.12	1.82							

尺寸(mm) d	t	截面面积 A(cm²)	重量 (kg·m⁻¹)	I (cm⁴)	W (cm³)	i (cm)	尺寸(mm) d	t	截面面积 A(cm²)	重量 (kg·m⁻¹)	I (cm⁴)	W (cm³)	i (cm)
76	3.0	6.88	5.40	45.91	12.08	2.58	114	4.0	13.8/2	10.85	209.35	36.73	3.89
	3.5	7.97	6.26	52.50	13.82	2.57		4.5	15.48	12.15	232.41	40.77	3.87
	4.0	9.05	7.10	58.81	15.48	2.55		5.0	17.12	13.44	254.81	44.70	3.86
	4.5	10.11	7.93	64.85	17.07	2.53		5.5	17.75	14.72	276.58	48.52	3.84
	5.0	11.15	8.75	70.62	18.59	2.52		6.0	20.36	15.98	297.73	52.23	3.82
	5.5	12.18	9.56	76.14	20.04	2.50		6.5	21.95	17.23	318.26	55.84	3.81
	6.0	13.19	10.36	81.41	21.42	2.48		7.0	23.53	18.47	338.19	338.19	3.79
83	3.5	8.74	6.86	69.19	16.67	2.81		7.5	25.09	19.70	357.58	357.58	3.77
	4.0	9.93	7.79	77.64	18.71	2.80		8.0	26.64	20.91	376.30	376.30	3.76
	4.5	11.10	8.71	85.76	20.67	2.78	121	4.0	14.70	11.54	251.87	41.63	4.14
	5.0	12.25	9.62	93.56	22.54	2.76		4.5	16.47	12.93	279.83	46.25	4.12
	5.5	13.39	10.51	101.04	24.35	2.75		5.0	18.22	14.30	307.05	50.75	4.11
	6.0	14.51	11.39	108.22	26.08	2.73		5.5	19.96	15.67	333.54	55.13	4.09
	6.5	15.62	12.26	115.10	27.74	2.71		6.0	21.68	17.02	359.32	59.39	4.07
	7.0	16.71	13.12	121.69	29.32	2.70		6.5	23.38	18.35	384.40	63.54	4.05
89	3.5	9.40	7.38	86.05	19.34	3.03		7.0	258.07	19.68	408.80	67.57	4.04
	4.0	10.68	8.38	96.68	21.73	3.01		7.5	26.74	20.99	432.51	71.49	4.02
	4.5	11.95	9.38	106.92	24.03	2.99		8.0	28.40	22.29	455.57	75.30	4.01
	5.0	13.19	10.36	116.79	26.24	2.98	127	4.0	15.46	12.13	292.61	46.08	4.35
	5.5	14.43	11.33	126.29	28.38	2.96		4.5	17.32	13.59	325.29	51.23	4.33
	6.0	15.65	12.28	135.43	30.43	2.94		5.0	19.16	15.04	357.14	56.24	4.32
	6.5	16.85	13.22	144.22	32.41	2.93		5.5	20.99	16.48	388.19	61.13	4.30
	7.0	18.03	14.16	152.67	34.31	2.91		6.0	22.81	17.90	418.44	65.90	4.28
95	3.5	10.06	7.90	105.45	22.20	3.24		6.5	24.61	19.32	447.92	70.54	4.27
	4.0	11.44	8.89	118.60	24.97	3.22		7.0	26.39	20.72	476.63	75.06	4.25
	4.5	12.79	10.04	131.31	27.64	3.20		7.5	28.16	22.10	504.58	79.46	4.23
	5.0	14.14	11.10	143.58	30.23	3.19		8.0	29.91	23.48	531.80	83.75	4.22
	5.5	15.46	12.14	155.43	32.72	3.17	133	4.0	16.21	12.73	337.53	50.76	4.56
	6.0	16.78	13.17	166.86	35.13	3.15		4.5	18.17	14.26	375.42	56.45	4.55
	6.5	18.07	14.19	177.89	37.45	3.14		5.0	20.11	15.78	412.40	62.02	4.53
	7.0	19.35	15.19	188.51	39.69	3.12		5.5	22.03	17.29	448.50	67.44	4.51
102	3.5	10.83	8.50	131.52	25.79	3.48		6.0	23.94	18.79	483.72	72.74	4.50
	4.0	12.32	9.67	148.09	29.04	3.47		6.5	25.83	20.28	518.07	77.91	4.48
	4.5	13.78	10.82	164.14	32.18	3.45		7.0	27.71	21.75	551.58	82.94	4.46
	5.0	15.24	11.96	179.68	35.23	3.43		7.5	29.57	23.21	584.25	87.86	4.45
	5.5	16.67	13.09	194.72	38.18	3.42		8.0	31.42	24.66	616.11	92.65	4.43
	6.0	18.10	14.21	209.28	41.03	3.40	140	4.5	19.16	15.04	440.12	62.87	4.79
	6.5	19.50	15.31	223.35	43.79	3.38		5.0	21.21	16.65	483.76	69.11	4.78
	7.0	20.89	16.40	236.96	46.46	3.37		5.5	23.24	18.24	526.40	75.20	4.76
108	4.0	13.06	10.26	177.00	32.78	3.68		6.0	25.26	19.83	568.06	81.15	4.74
	4.5	14.62	11.49	196.35	36.36	3.66		6.5	27.26	21.40	608.76	86.97	4.73
	5.0	16.17	12.70	215.12	39.84	3.65		7.0	29.25	22.96	648.51	92.64	4.71
	5.5	17.70	13.90	233.32	43.21	3.63		7.5	31.22	24.51	687.32	98.19	4.69
	6.0	19.32	15.09	250.97	46.48	3.61		8.0	33.18	26.04	725.21	103.60	4.68
	6.5	20.72	16.27	268.08	49.64	3.60		9.0	37.04	29.08	798.29	114.04	4.64
	7.0	22.20	17.44	284.65	52.71	3.58		10	40.84	32.06	867.86	123.98	4.61
	7.5	23.67	18.59	300.71	55.69	3.56							
	8.0	25.12	19.73	316.25	58.57	3.55							

尺寸(mm)		截面面积	重量	截面特性			尺寸(mm)		截面面积	重量	截面特性		
d	t	$A(\text{cm}^2)$	(kg·m⁻¹)	I (cm⁴)	W (cm³)	i (cm)	d	t	$A(\text{cm}^2)$	(kg·m⁻¹)	I (cm⁴)	W (cm³)	i (cm)
146	4.5	20.00	15.70	501.16	68.65	5.01	194	5.0	29.69	23.31	1326.54	136.76	6.68
	5.0	22.15	17.39	551.10	75.49	4.99		5.5	32.57	25.57	1447.86	149.6	6.67
	5.5	24.28	19.06	599.95	82.19	4.97		6.0	35.44	27.82	1567.21	161.57	6.65
	6.0	26.39	20.72	647.73	88.73	4.95		6.5	38.29	30.06	1684.61	173.67	6.63
	6.5	28.49	22.36	694.44	95.13	4.94		7.0	41.12	32.28	1800.08	185.57	6.62
	7.0	30.57	24.00	740.12	101.39	4.92		7.5	43.94	34.50	1913.64	197.28	6.60
	7.5	32.63	25.62	784.77	107.50	4.90		8.0	46.75	36.70	2025.31	208.79	6.58
	8.0	34.68	27.23	828.41	113.48	4.89		9.0	52.31	41.06	2243.08	231.25	6.55
	9.0	38.74	30.41	912.71	125.03	4.85		10	57.81	45.38	2453.55	252.94	6.51
	10	42.73	33.54	993.16	136.05	4.82		12	68.51	53.86	2853.5	294.15	6.45
152	4.5	20.85	16.37	567.61	74.69	5.22	203	6.0	37.13	29.15	1803.07	177.64	6.97
	5.0	23.09	18.13	624.43	82.16	5.20		6.5	40.13	31.50	1938.81	191.02	6.95
	5.5	25.31	19.87	680.06	89.48	5.18		7.0	43.10	33.84	2072.43	204.18	6.93
	6.0	27.52	21.60	734.52	96.65	5.17		7.5	46.06	36.16	2203.94	217.14	6.92
	6.5	29.71	23.32	787.82	103.66	5.15		8.0	49.01	38.47	2333.37	229.89	6.90
	7.0	31.89	25.03	839.99	110.52	5.13		9.0	54.85	43.06	2586.08	254.79	6.87
	7.5	34.05	26.73	891.03	117.24	5.12		10	50.63	47.60	2830.72	278.89	6.83
	8.0	36.19	28.41	940.97	123.81	5.10		12	72.01	56.52	3296.49	324.78	6.77
	9.0	40.43	31.74	1037.59	136.53	5.07		14	83.13	65.25	3732.07	367.69	6.70
	10	44.61	35.02	1129.99	148.68	5.03		16	94.00	73.79	4138.78	407.76	6.64
159	4.5	21.84	17.15	652.27	82.05	5.46	219	6.0	40.15	31.52	2278.74	208.10	7.53
	5.0	24.19	18.99	717.88	90.30	5.45		6.5	43.39	34.06	2451.64	223.89	7.52
	5.5	26.52	20.82	782.18	98.39	5.43		7.0	46.62	36.60	2622.04	239.46	7.50
	6.0	28.84	22.64	845.19	106.31	5.41		7.5	49.83	39.12	2789.96	254.79	7.48
	6.5	31.14	24.45	906.92	114.08	5.40		8.0	53.03	41.63	2955.43	269.90	7.47
	7.0	33.43	26.24	967.41	121.69	5.38		9.0	59.38	46.61	3279.12	299.46	7.43
	7.5	35.70	28.02	1026.65	129.14	5.36		10	65.66	51.54	3593.29	328.15	7.40
	8.0	37.95	29.79	1084.67	136.44	5.35		12	78.04	61.26	4193.81	383.00	7.33
	9.0	42.41	33.29	1197.12	150.58	5.31		14	90.16	70.78	4758.50	434.57	7.26
	10	46.81	36.75	1304.88	164.14	5.28		16	102.04	80.10	5288.81	483.00	7.20
168	4.5	23.11	18.14	772.96	92.02	5.78	245	6.5	48.70	38.23	3465.46	282.89	8.44
	5.0	25.60	20.10	851.14	101.33	5.77		7.0	52.34	41.08	3709.06	302.78	8.42
	5.5	28.08	22.04	927.85	110.46	5.75		7.5	55.96	43.93	3949.52	322.41	8.40
	6.0	30.54	23.97	1003.12	119.42	5.73		8.0	59.56	46.76	4186.87	341.79	8.38
	6.5	32.98	25.89	1076.95	128.21	5.71		9.0	66.73	52.38	4652.32	379.78	8.35
	7.0	35.41	27.79	1149.36	136.83	5.70		10	73.8	57.95	5105.63	416.79	8.32
	7.5	37.82	29.69	1220.38	145.28	5.68		12	87.84	68.95	5976.67	487.89	8.25
	8.0	40.21	31.57	1290.01	153.57	5.66		14	101.60	79.76	6801.68	555.24	8.18
	9.0	44.96	35.29	1425.22	169.67	5.63		16	115.11	90.36	7582.30	618.96	8.12
	10	49.64	38.97	1555.13	185.13	5.60	273	6.5	54.42	42.72	4834.18	354.15	9.42
180	5.0	27.49	21.58	1053.17	117.02	6.19		7.0	58.50	45.92	5177.30	379.29	9.41
	5.5	30.15	23.67	1148.79	127.64	6.17		7.5	62.56	49.11	5516.47	404.14	9.39
	6.0	32.80	25.75	1242.72	138.08	6.16		8.0	66.60	52.28	5851.71	428.70	9.37
	6.5	35.43	27.81	1335.00	148.33	6.14		9.0	74.64	58.60	6510.56	476.96	9.34
	7.0	38.04	29.87	1425.63	158.40	6.12		10	82.62	64.86	7154.09	524.11	9.31
	7.5	40.64	31.91	1514.64	168.29	6.10		12	98.39	77.24	8396.14	615.10	9.24
	8.0	43.23	33.93	1602.04	178.00	6.09		14	113.91	89.42	9579.75	701.84	9.17
	9.0	48.35	37.95	1772.12	196.90	6.05		16	129.18	101.41	10706.79	784.38	9.10
	10	53.41	41.92	1936.01	215.11	6.02							
	12	63.33	49.72	2245.84	249.54	5.95							

尺寸(mm)		截面面积	重量	截面特性			尺寸(mm)		截面面积	重量	截面特性		
d	t	A(cm²)	(kg·m⁻¹)	I(cm⁴)	W(cm³)	i(cm)	d	t	A(cm²)	(kg·m⁻¹)	I(cm⁴)	W(cm³)	i(cm)
299	7.5	68.68	53.92	7300.02	488.30	10.31	450	9	124.63	97.88	30332.67	1348.12	15.60
	8.0	73.14	57.41	7747.42	518.22	10.29		10	138.61	108.51	33477.56	1487.89	15.56
	9.0	82.00	64.37	8628.09	577.13	10.26		11	151.63	119.09	36578.87	1625.73	15.53
	10	90.79	71.27	9490.15	634.79	10.22		12	165.04	129.62	39637.01	1716.65	15.49
	12	108.20	84.93	11159.52	746.46	10.16		13	178.38	140.10	42652.38	1895.66	15.46
	14	125.35	98.40	12757.61	853.35	10.09		14	191.67	150.53	45625.38	2027.79	15.42
	16	142.25	111.67	14286.48	955.62	10.02		15	204.89	160.92	48556.41	2158.06	15.39
325	7.5	74.81	58.73	9431.80	580.42	11.23		16	218.04	171.25	51445.87	2286.48	15.35
	8.0	79.67	62.54	10013.92	616.24	11.21	480	8	133.11	104.54	36951.77	1539.66	16.66
	9.0	89.35	70.14	11161.33	686.85	11.18		10	147.58	115.91	40800.14	1700.01	16.52
	10	98.96	77.68	12286.52	756.09	11.14		11	161.99	127.23	44598.63	1858.28	16.59
	12	118.00	92.63	14471.45	890.55	11.07		12	176.34	138.50	48347.69	2014.49	16.55
	14	136.78	107.38	16570.98	1019.75	11.01		13	190.63	149.08	52047.74	2168.66	16.52
	16	155.32	121.93	18587.38	1143.84	10.94		14	204.85	160.20	55699.21	2320.80	16.48
351	8.0	86.21	67.67	12684.36	722.76	12.13		15	219.02	172.01	59302.54	2470.94	16.44
	9.0	96.70	75.91	14147.55	806.13	12.10		16	233.11	183.08	62858.14	2619.09	16.41
	10	107.13	84.10	15584.62	888.01	12.06	500	9	138.76	108.98	41860.49	1674.42	14.36
	12	127.80	100.32	18381.63	1047.39	11.99		10	153.86	120.84	46231.77	1849.27	17.33
	14	148.22	116.35	21077.86	1201.02	11.93		11	168.90	132.65	50548.75	2021.95	17.29
	16	168.39	132.19	23675.75	1349.05	11.86		12	183.88	144.42	54811.88	2192.48	17.26
377	9	104.00	81.68	17628.57	935.20	13.02		13	198.79	156.13	59021.61	2360.86	17.22
	10	115.24	90.51	19430.86	1030.81	12.98		14	213.65	167.80	63178.39	2527.14	17.19
	11	126.42	99.29	21203.11	1124.83	12.95		15	228.44	179.41	67282.66	2691.31	17.15
	12	137.53	108.02	22945.66	1217.28	12.81		16	243.16	190.98	71334.87	2853.39	17.12
	13	148.59	116.70	24658.84	1308.16	12.88	530	9	147.23	115.64	50009.99	1887.17	18.42
	14	159.58	125.33	26342.98	1397.51	12.84		10	163.28	128.24	55251.25	2084.95	18.39
	15	170.50	133.91	27998.42	1485.33	12.81		11	179.26	140.79	60431.21	2280.42	18.35
	16	181.37	142.45	29625.48	1571.64	12.78		12	195.18	153.30	65550.35	2473.60	18.32
402	9	111.06	87.23	21469.37	1068.13	13.90		13	211.04	165.75	70609.15	2664.50	18.28
	10	123.09	96.67	23676.21	1177.92	13.86		14	226.83	178.15	75608.08	2853.14	18.25
	11	135.05	106.07	25848.66	1286.00	13.83		15	242.57	190.51	80547.62	3039.53	18.22
	12	146.95	115.42	27987.08	1392.39	13.80		16	258.23	202.82	85428.24	3223.71	18.18
	13	158.79	124.71	30091.82	1497.11	13.76	560	9	155.71	122.30	59154.07	2112.65	19.48
	14	170.56	133.96	32163.24	1600.06	13.73		10	172.70	135.64	65373.70	2334.78	19.45
	15	182.28	143.16	34201.69	1701.58	13.69		11	189.62	148.93	71524.61	2554.45	19.41
	16	193.93	152.31	36207.53	1801.37	13.66		12	206.49	162.17	77607.30	2771.69	19.38
426	9	117.84	93.00	25646.28	1204.05	14.75		13	223.29	175.37	83622.29	2986.51	19.34
	10	130.62	102.59	28294.52	0328.38	14.71		14	240.02	188.51	89570.06	3198.93	19.31
	11	143.34	112.58	30903.91	1450.89	14.68		15	256.70	201.61	95451.14	3408.97	19.28
	12	156.00	122.52	33474.84	1571.59	14.64		16	273.31	214.65	101266.64	3616.64	19.24
	13	168.59	132.41	36007.67	1690.50	14.60	630	9	175.50	137.83	84679.83	2688.25	21.96
	14	181.12	142.25	38502.80	1807.64	14.47		10	194.68	152.90	93639.59	2972.69	21.92
	15	193.58	152.04	40960.60	1923.03	14.54		11	213.80	167.92	102511.65	3254.34	21.89
	16	205.98	161.78	43381.44	2036.69	14.51		12	232.86	182.89	111296.59	3533.23	21.85
								13	251.86	197.81	119994.98	3809.36	21.82
								14	270.79	212.68	128607.39	4082.77	21.78
								15	289.67	227.50	137134.39	4353.47	21.75
								16	308.47	242.27	145576.54	4621.48	21.72

注：表中钢的理论重量是按密度 7.85g/cm³ 计算的。

卷边槽形冷弯薄壁型钢的规格及截面特性

卷边槽钢

尺寸 (mm)				截面面积 (cm²)	重量 (kg·m⁻¹)	x_0 (cm)	x-x I_x (cm⁴)	i_x (cm)	W_x (cm³)	y-y I_y (cm⁴)	i_y (cm)	W_{ymax} (cm³)	W_{ymin} (cm³)	y_1-y_2 I_{y1} (cm⁴)	e_0 (cm)	I_t (cm⁴)	I_ω (cm⁶)	k (cm⁻¹)
h	b	a	t															
80	40	15	2.0	3.47	2.72	1.452	34.16	3.14	8.54	7.79	1.50	5.36	3.06	15.10	3.36	0.0462	112.9	0.0126
100	50	15	2.5	5.23	4.11	1.706	81.34	3.94	16.27	17.19	1.81	10.08	5.22	32.41	3.94	0.1090	352.8	0.0109
100	50	20	2.5	5.46	4.29	1.755	84.22	3.93	16.84	19.38	1.88	11.04	5.97	36.20	4.35	0.1195	467.4	0.0099
100	50	20	3.0	6.49	5.09	1.732	99.11	3.91	19.82	22.55	1.86	13.02	6.90	42.02	4.29	0.2052	565.6	0.0118
120	50	20	2.5	5.98	4.70	1.706	129.40	4.65	21.57	20.96	1.87	12.28	6.36	39.36	4.03	0.1246	660.9	0.0085
120	50	20	3.0	7.06	5.54	1.592	152.32	4.64	25.39	24.05	1.85	15.11	7.06	41.94	4.03	0.2232	756.2	0.0106
120	60	20	3.0	7.65	6.01	2.106	170.68	4.72	28.45	37.36	2.21	17.74	9.59	71.31	4.87	0.2296	1153.2	0.0087
140	50	20	2.0	5.27	4.14	1.590	154.03	5.41	22.00	18.56	1.88	11.68	5.44	31.86	3.87	0.0703	794.8	0.0058
140	50	20	2.2	5.76	4.52	1.590	167.40	5.39	23.91	20.03	1.87	12.02	5.87	34.53	3.84	0.0929	852.5	0.0065
140	50	20	2.5	6.48	5.09	4.580	186.78	5.39	26.68	22.11	1.85	13.96	6.47	38.38	3.80	0.1351	931.9	0.0075
140	50	20	3.0	7.64	6.00	1.473	219.38	5.36	31.34	25.33	1.82	17.20	7.18	41.91	3.80	0.2442	1028.4	0.0095
140	60	20	3.0	8.25	6.48	1.964	245.42	5.45	35.06	39.49	2.19	20.11	9.79	71.33	4.61	0.2476	1589.8	0.0078
160	60	20	2.0	6.07	4.76	1.850	236.59	6.24	29.57	29.99	2.22	16.19	7.23	50.83	4.52	0.0809	1596.3	0.0044
160	60	20	2.2	6.64	5.21	1.850	257.57	6.23	32.02	32.45	2.21	17.53	7.82	55.19	4.50	0.1071	1717.8	0.0049
160	60	20	2.5	7.48	5.87	1.850	288.13	6.21	36.02	35.96	2.19	19.47	8.66	61.49	4.45	0.1559	1887.7	0.0056
160	60	20	3.0	8.78	6.89	1.740	335.77	6.18	41.97	44.08	2.24	25.33	10.35	70.66	4.46	0.2772	2080.7	0.0071
160	70	20	3.0	9.45	7.42	2.224	243.67	6.29	46.71	60.42	2.53	27.17	12.65	107.20	5.25	0.2836	3070.5	0.0060

尺寸 (mm)				截面面积 (cm²)	重量 (kg·m⁻¹)	x_0 (cm)	x-x			y-y				y_1-y_2	e_0 (cm)	I_t (cm⁴)	I_ω (cm⁶)	k (cm⁻¹)
h	b	a	t				I_x (cm⁴)	i_x (cm)	W_x (cm³)	I_y (cm⁴)	i_y (cm)	W_{ymax} (cm³)	W_{ymin} (cm³)	I_{y1} (cm⁴)				
180	60	20	2.5	7.84	6.45	1.655	374.14	6.91	41.57	36.47	2.16	22.04	8.39	57.94	4.32	0.1719	2302.8	0.0054
180	60	20	3.0	9.35	7.31	1.634	443.17	6.88	49.24	42.63	2.14	26.09	9.76	67.59	4.26	0.2952	2676.1	0.0065
180	70	20	2.0	6.87	5.39	2.110	343.93	7.08	38.21	45.18	2.57	21.37	9.25	75.97	5.17	0.0916	2934.3	0.0035
180	70	20	2.2	7.52	5.90	2.110	374.90	7.06	41.66	48.97	2.55	23.19	10.02	82.19	5.14	0.1213	3165.6	0.0038
180	70	20	2.5	8.48	6.66	2.110	420.20	7.04	46.69	54.42	2.53	25.82	11.12	92.08	5.10	0.1767	3492.2	0.0044
180	70	20	3.0	9.92	7.79	2.002	473.09	6.91	52.57	60.92	2.48	30.43	12.19	100.68	5.11	0.3132	3844.7	0.0056
200	70	20	2.0	7.27	5.71	2.000	440.04	7.78	44.00	46.71	2.54	23.32	9.35	75.88	4.96	0.0969	3672.3	0.0032
200	70	20	2.2	7.96	6.25	2.000	479.87	7.77	17.99	50.64	2.52	25.31	10.13	82.49	4.93	0.1284	3963.8	0.0035
200	70	20	2.5	8.98	7.05	2.000	538.21	7.74	53.82	56.27	2.50	28.18	11.25	92.09	4.89	0.1871	4376.2	0.0041
200	70	20	3.0	10.55	8.28	1.893	623.01	7.68	62.30	64.06	2.46	33.84	12.54	101.87	4.91	0.3312	4825.3	0.0051
220	70	20	2.5	9.26	7.27	1.871	656.91	7.82	59.72	56.21	2.46	30.04	10.96	88.63	4.77	0.2031	5100.0	0.0039
220	70	20	3.0	11.06	8.68	1.796	779.67	8.40	70.88	65.92	2.44	36.70	12.67	101.60	4.72	0.3492	5942.5	0.0047
220	75	20	2.0	7.87	6.18	2.080	574.45	8.54	52.22	56.88	2.69	27.35	10.50	90.93	5.18	0.1049	5313.5	0.0028
220	75	20	2.2	8.62	6.77	2.080	626.85	8.53	56.99	61.71	2.68	29.70	11.38	98.91	5.15	0.1391	5742.1	0.0031
220	75	20	2.5	9.73	7.64	2.070	703.76	8.50	63.98	68.66	2.66	33.11	12.65	110.51	5.11	0.2028	6351.1	0.0035
250	70	20	2.5	9.97	7.83	1.688	888.72	9.44	71.10	58.31	2.42	34.54	10.98	86.72	4.52	0.2188	6759.4	0.0035
250	70	20	3.0	11.91	9.35	1.667	1055.62	9.41	84.45	68.37	2.40	41.01	12.82	101.47	4.47	0.3762	7883.6	0.0043
250	80	20	2.5	10.45	8.20	2.026	959.93	9.58	76.79	80.77	2.78	39.87	13.52	123.66	5.32	0.2292	9268.0	0.0031
250	80	20	3.0	12.48	9.80	2.004	1140.73	9.56	91.26	94.95	2.76	47.38	15.84	145.07	5.27	0.3942	10835.2	0.0037
280	70	20	2.5	10.68	8.38	1.575	1164.47	10.44	83.18	60.12	2.39	37.17	11.08	86.61	4.29	0.2344	8700.0	0.0032
280	70	20	3.0	12.76	10.02	1.555	1384.05	10.41	98.86	70.50	2.35	45.34	12.95	101.35	4.24	0.4032	10154.5	0.0039
280	80	20	2.5	11.16	8.76	1.896	1254.00	10.60	89.57	83.39	2.73	43.98	13.66	123.51	5.07	0.2448	11932.1	0.0028
280	80	20	3.0	13.33	10.46	1.876	1491.08	10.58	106.51	98.03	2.71	52.25	16.01	144.94	5.02	0.4212	13960.3	0.0034
300	80	20	2.5	11.63	9.13	1.819	1477.16	11.27	98.48	84.96	2.70	46.71	13.75	123.44	4.92	0.2552	13930.3	0.0027
300	80	20	3.0	13.91	10.92	1.799	1757.07	11.24	117.14	99.87	2.68	55.51	16.11	144.89	4.87	0.4392	16304.9	0.0032

直卷边Z形冷弯薄壁型钢截面特性表

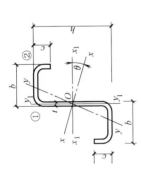

I—截面惯性矩;
W—截面模量;
i—截面回转半径;
I_t—截面抗扭惯性矩;
I_ω—截面翘曲惯性矩;
k—弯扭特性系数$\left(k=\sqrt{\dfrac{GI_t}{EI_\omega}}\right)$。

尺寸(mm) h	b	c	t	截面积 A (cm²)	重量 (kg·m⁻¹)	θ(°)	x_1-x_1轴 I_{x1} (cm⁴)	i_{x1} (cm)	W_{x1} (cm³)	y_1-y_1轴 I_{y1} (cm⁴)	i_{y1} (cm)	W_{y1} (cm³)	x-x轴 I_x (cm⁴)	i_x (cm)	W_{x1} (cm³)	W_{x2} (cm³)	y-y轴 I_y (cm⁴)	i_y (cm)	W_{y1} (cm³)	W_{y2} (cm³)	I_{x1y1} (cm⁴)	I_t (cm⁴)	I_ω (cm⁶)	k (cm⁻¹)
100	40	20	2.0	4.07	3.19	24.02	60.04	3.84	12.01	17.02	2.05	4.36	70.70	4.17	15.93	11.94	6.36	1.25	3.36	4.42	23.93	0.0542	325.0	0.0081
100	40	20	2.5	4.98	3.91	23.77	72.10	3.80	14.42	20.02	2.00	5.17	84.63	4.12	19.18	14.47	7.49	1.23	4.07	5.28	28.45	0.1038	381.9	0.0102
120	50	20	2.0	4.87	3.82	24.05	106.97	4.69	17.83	30.23	2.49	6.17	126.06	5.09	23.55	17.40	11.14	1.51	4.83	5.74	42.77	0.0649	785.2	0.0057
120	50	20	2.5	5.98	4.70	23.83	129.39	4.65	21.57	35.91	2.45	7.37	152.05	5.04	28.55	21.21	13.25	1.49	5.89	6.89	51.30	0.1246	930.9	0.0072
120	50	20	3.0	7.05	5.54	23.60	150.14	4.61	25.02	40.88	2.41	8.43	175.92	4.99	33.18	24.80	15.11	1.46	6.89	7.92	58.99	0.2116	1058.9	0.0087
140	50	20	2.5	6.48	5.09	19.42	186.77	5.37	26.68	35.91	2.35	7.37	209.19	5.67	32.55	26.34	14.48	1.49	6.69	6.78	60.75	0.1350	1289.0	0.0064
140	50	20	3.0	7.65	6.01	19.20	217.26	5.33	31.04	40.83	2.31	8.43	241.62	5.62	37.76	30.70	16.52	1.47	7.84	7.81	69.93	0.2296	1468.2	0.0077
160	60	20	2.5	7.48	5.87	19.87	288.12	6.21	36.01	58.15	2.79	9.90	323.13	6.57	44.00	34.95	23.14	1.76	9.00	8.71	96.32	0.1559	2634.3	0.0048
160	60	20	3.0	8.85	6.95	19.78	336.66	6.17	42.08	66.66	2.74	11.39	376.76	6.52	51.48	41.08	26.56	1.73	10.58	10.07	111.51	0.2656	3019.4	0.0058
160	70	20	2.5	7.98	6.27	23.77	319.13	6.32	39.89	87.74	3.32	12.76	374.76	6.85	52.35	38.23	32.11	2.01	10.53	10.86	126.37	0.1663	3793.3	0.0041
160	70	20	3.0	9.45	7.42	23.57	373.64	6.29	46.71	101.10	3.27	14.76	437.72	6.80	61.33	45.01	37.03	1.98	12.39	12.58	146.86	0.2836	4365.0	0.0050
180	70	20	2.5	8.48	6.66	20.37	420.18	7.04	16.69	87.74	3.22	12.76	473.34	7.47	57.27	44.88	34.58	2.02	11.56	10.86	143.18	0.1767	4907.9	0.0037
180	70	20	3.0	10.05	7.89	20.18	492.61	7.00	54.73	101.11	3.17	14.76	553.83	7.42	67.22	52.89	39.89	1.99	13.72	12.59	166.47	0.3016	5652.2	0.0045

斜卷边 Z 形冷弯薄壁型钢截面特性表

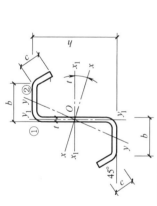

I—截面惯性矩；
W—截面模量；
i—截面回转半径；
I_t—截面抗扭惯性矩；
I_ω—截面翘曲惯性矩；
k—弯扭特性系数 $\left(k=\sqrt{\dfrac{GI_t}{EI_\omega}}\right)$。

附表 2-9

尺寸(mm) h	b	c	t	截面积 A (cm²)	重量 (kg·m⁻¹)	θ(°)	x_1-x_1 轴 I_{x1} (cm⁴)	W_{x1} (cm³)	i_{x1} (cm)	y_1-y_1 轴 I_{y1} (cm⁴)	i_{y1} (cm)	W_{y1} (cm³)	x-x 轴 I_x (cm⁴)	i_x (cm)	W_{x1} (cm³)	W_{x2} (cm³)	y-y 轴 I_y (cm⁴)	i_y (cm)	W_{y1} (cm³)	W_{y2} (cm³)	I_{x1y1} (cm⁴)	I_t (cm⁴)	I_ω (cm⁶)	k (cm⁻¹)
140	50	20	2.0	5.392	4.233	21.99	162.07	23.15	5.48	39.37	2.70	6.23	185.96	5.87	29.26	27.67	15.47	1.69	6.22	8.03	59.19	0.0719	968.9	0.0053
140	50	20	2.2	5.909	4.638	22.00	176.81	25.26	5.47	42.93	2.70	6.81	202.93	5.86	32.00	30.09	16.81	1.69	6.90	9.04	64.64	0.0953	1050.3	0.0059
140	50	20	2.5	6.676	5.240	22.02	198.45	28.35	5.45	48.15	2.69	7.66	227.83	5.84	36.04	33.61	18.77	1.68	7.65	10.68	72.66	0.1391	1167.2	0.0068
160	60	20	2.0	6.192	4.861	22.10	246.83	30.85	6.31	60.27	3.12	8.24	283.68	6.77	38.98	37.41	23.42	1.95	8.15	10.11	90.73	0.0826	1900.7	0.0041
160	60	20	2.2	6.789	5.329	22.11	269.59	33.70	6.30	65.80	3.11	9.01	309.89	6.76	42.66	40.42	25.50	1.94	8.91	11.34	99.18	0.1095	2064.7	0.0045
160	60	20	2.5	6.676	6.025	22.13	303.09	37.89	6.28	73.93	3.10	10.14	348.49	6.74	48.11	45.25	28.54	1.93	10.04	13.29	111.64	0.1599	2301.9	0.0052
180	70	20	2.0	6.992	5.489	22.19	356.62	39.62	7.14	87.42	3.54	10.51	410.32	7.66	50.04	47.90	33.72	2.20	10.34	12.46	131.67	0.0932	3437.7	0.0032
180	70	20	2.2	7.669	6.020	22.19	389.84	43.32	7.13	95.52	3.53	11.50	448.59	7.65	54.80	52.22	36.76	2.19	11.31	13.94	144.03	0.1237	3740.3	0.0036
180	70	20	2.5	8.676	6.810	22.21	438.84	48.76	7.11	107.46	3.52	12.96	505.09	7.63	61.86	58.57	41.21	2.18	12.76	16.25	162.31	0.1807	4179.8	0.0041
200	70	20	2.0	7.392	5.803	19.31	455.43	45.54	7.85	87.42	3.44	10.51	506.90	8.28	54.52	52.52	35.94	2.21	11.32	13.81	146.94	0.0986	4348.7	0.0029
200	70	20	2.2	8.109	6.365	19.31	498.02	49.80	7.84	95.52	3.43	11.50	554.35	8.27	59.92	57.41	39.20	2.20	12.39	15.48	160.76	0.1308	4733.4	0.0033
200	70	20	2.5	9.176	7.203	19.31	560.92	56.09	7.82	107.46	3.42	12.96	624.42	8.25	67.42	64.47	43.96	2.19	13.98	18.11	181.18	0.1912	5293.3	0.0037
220	75	20	2.0	7.992	6.274	18.30	592.79	53.89	8.61	103.58	3.60	11.75	652.87	9.04	63.38	61.42	43.50	2.33	13.08	15.84	181.66	0.1066	6260.3	0.0026
220	75	20	2.2	8.769	6.884	18.30	648.52	58.96	8.60	113.22	3.59	12.86	714.28	9.03	69.44	67.08	47.47	2.33	14.32	17.73	198.80	0.1415	6819.4	0.0028
220	75	20	2.5	9.926	7.792	18.31	730.93	66.45	8.58	127.44	3.58	14.50	805.09	9.01	78.43	75.41	53.28	2.32	16.17	20.72	224.18	0.2068	7635.0	0.0032

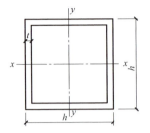

I—截面惯性矩；

W—截面抵抗矩；

i—截面回转半径。

尺寸 (mm)		截面面积 (cm^2)	重量 (kg/m)	截面特性		
h	t			I_x (cm^4)	W_x (cm^3)	i_x (cm)
25	1.5	1.31	1.03	1.16	0.92	0.94
30	1.5	1.61	1.27	2.11	1.40	1.14
40	1.5	2.21	1.74	5.33	2.67	1.55
40	2.0	2.87	2.25	6.66	3.33	1.52
50	1.5	2.81	2.21	10.82	4.33	1.96
50	2.0	3.67	2.88	13.71	5.48	1.93
60	2.0	4.47	3.51	24.51	8.17	2.34
60	2.5	5.48	4.30	29.36	9.79	2.31
80	2.0	6.07	4.76	60.58	15.15	3.16
80	2.5	7.48	5.87	73.40	18.35	3.13
100	2.5	9.48	7.44	147.91	29.58	3.95
100	3.0	11.25	8.83	173.12	34.62	3.92
120	2.5	11.48	9.01	260.88	43.48	4.77
120	3.0	13.65	10.72	306.71	51.12	4.74
140	3.0	16.05	12.60	495.68	70.81	5.56
140	3.5	18.58	14.59	568.22	81.17	5.53
140	4.0	21.07	16.44	637.97	91.14	5.50
160	3.0	18.45	14.49	749.64	93.71	6.37
160	3.5	21.38	16.77	861.34	107.67	6.35
160	4.0	24.27	19.05	969.35	121.17	6.32
160	4.5	27.12	21.15	1073.66	134.21	6.29
160	5.0	29.93	23.35	1174.44	146.81	6.26

附录 3 建筑用压型钢板型号及截面特性

1. W600 型（YX130-300-600）

断面基本尺寸(mm)	有效宽度(mm)	展开宽度(mm)	有效利用率
	600	1000	60％

压型板重量及截面特性 附表 3-2

板厚 (mm)	每米板重(kg/m)		每平方米板重(kg/m^2)		有效截面特征	
	钢	铝	钢	铝	I_{ef}(cm^4/m)	W_{ef}(cm^3/m)
0.60	4.99	1.65	8.31	2.75	195.49	30.3
0.80	6.55	2.20	10.92	3.67	275.99	41.50
1.00	8.13	2.75	13.54	4.58	358.09	52.71
1.20	9.70	3.30	16.16	5.50	441.34	63.95

注：1. 钢的密度取 7.85 g/cm^3（7.85kg/dm^3），镀锌层的密度取 2.75g/cm^2（2.75kg/dm^3）；铝的密度取 2.75g/ cm^3（2.75kg/dm^3）；

2. 以 1/300 的挠度和跨度比，计算压型板最大允许檩距。

压型板最大允许檩距（m） 附表 3-3

芯板厚度 (mm)	支承条件	荷载(kN/m^2)													
		0.50		1.00		1.50		2.00		2.50		3.00		3.50	
		钢板	铝板	钢板	铝板	钢板	铝板	钢板	铝板	钢板	铝板	钢板	铝板	钢板	铝板
0.6	悬臂	2.8	1.9	2.2	1.5	1.9	1.3	1.7	1.2	1.6	1.1	1.5	1.0	1.4	1.0
	简支	6.0	4.1	4.7	3.3	4.1	2.8	3.7	2.6	3.5	2.4	3.3	2.2	3.1	2.1
	连续	7.1	4.9	5.6	3.9	4.9	3.4	4.4	3.1	4.1	2.8	3.9	2.7	3.7	2.5
0.8	悬臂	3.1	2.1	2.5	1.7	2.1	1.5	1.9	1.3	1.8	1.2	1.7	1.2	1.6	1.1
	简支	6.7	4.6	5.3	3.7	4.6	3.2	4.2	2.9	3.9	2.7	3.6	2.5	3.5	2.4
	连续	7.9	5.5	6.3	4.3	5.5	3.8	5.0	3.4	4.6	3.2	4.3	3.0	4.1	2.8

芯板厚度(mm)	支承条件	荷载(kN/m²)												
		0.50		1.00		1.50		2.00		2.50		3.00		3.50	
		钢板	铝板	钢板	铝板	钢板	铝板	钢板	铝板	钢板	铝板	钢板	铝板	钢板	铝板
1.0	悬臂	3.4	2.3	2.7	1.8	2.3	1.6	2.1	1.5	2.0	1.3	1.8	1.3	1.8	1.2
	简支	7.3	5.0	5.8	4.0	5.0	3.5	4.6	3.2	4.2	2.9	4.0	2.7	3.8	2.6
	连续	8.6	6.0	6.8	4.7	6.0	4.1	5.4	3.7	5.0	3.5	4.7	3.3	4.5	3.1
1.2	悬臂	3.6	2.5	2.9	2.0	2.5	1.7	2.3	1.6	2.1	1.4	2.0	1.4	1.9	1.3
	简支	7.8	5.4	6.2	4.3	5.4	3.7	4.9	3.4	4.5	3.1	4.3	2.9	4.0	2.8
	连续	9.2	6.4	7.3	5.1	6.4	4.4	5.8	4.0	5.4	3.7	5.1	3.5	4.8	3.3

2. W600 型（YX75-200-600）

压型板规格　　　　　　　　　　　　　　　　　　　　附表 3-4

断面基本尺寸(mm)	有效宽度(mm)	展开宽度(mm)	有效利用率
	600	1000	60%

压型板重量及截面特性　　　　　　　　　　　　　　附表 3-5

板厚(mm)	每米板重(kg/m)		每平方米板重(kg/m²)		有效截面特征	
	钢	铝	钢	铝	$I_{ef}(cm^4/m)$	$W_{ef}(cm^3/m)$
0.60	4.99	1.65	8.31	2.75	61.8	14.75
0.80	6.55	2.20	10.92	3.67	89.9	21.95
1.00	8.13	2.75	13.54	4.58	119.3	29.99
1.20	9.70	3.30	16.16	5.50	151.84	39.39

注：1. 钢的密度取 7.85g/cm³（7.85kg/dm³），镀锌层的密度取 2.75g/cm²（2.75kg/dm³）；铝的密度取 2.75g/cm³（2.75kg/dm³）；

2. 以 1/300 的挠度和跨度比，计算压型板最大允许檩距。

压型板最大允许檩距（m）　　　　　　　　　　　　附表 3-6

芯板厚度(mm)	支承条件	荷载(kN/m²)												
		0.50		1.00		1.50		2.00		2.50		3.00		3.50	
		钢板	铝板	钢板	铝板	钢板	铝板	钢板	铝板	钢板	铝板	钢板	铝板	钢板	铝板
0.6	悬臂	1.9	1.3	1.5	1.0	1.3	0.9	1.2	0.8	1.1	0.7	1.0	0.7	0.9	0.6
	简支	4.0	2.8	3.2	2.2	2.8	1.9	2.5	1.7	2.3	1.6	2.2	1.5	2.1	1.4
	连续	4.8	3.3	3.8	2.6	3.3	2.3	3.0	2.1	2.8	1.9	2.6	1.8	2.5	1.7
0.8	悬臂	2.1	1.4	1.7	1.1	1.4	1.0	1.3	0.9	1.2	0.8	1.1	0.8	1.1	0.7
	简支	4.5	3.1	3.6	2.5	3.1	2.2	2.8	1.9	2.6	1.8	2.5	1.7	2.3	1.6
	连续	5.4	3.7	4.3	2.9	3.7	2.6	3.4	2.3	3.1	2.2	2.9	2.0	2.8	1.9

芯板厚度 （mm）	支承 条件	荷载(kN/m²)													
		0.50		1.00		1.50		2.00		2.50		3.00		3.50	
		钢板	铝板	钢板	铝板	钢板	铝板	钢板	铝板	钢板	铝板	钢板	铝板	钢板	铝板
1.0	悬臂	2.3	1.6	1.8	1.3	1.6	1.1	1.4	1.0	1.3	0.9	1.3	0.9	1.2	0.8
	简支	5.0	3.4	3.9	2.7	3.4	2.4	3.1	2.1	2.9	2.0	2.7	1.9	2.6	1.8
	连续	5.9	4.1	4.7	3.2	4.1	2.8	3.7	2.6	3.4	2.4	3.2	2.2	3.1	2.1
1.2	悬臂	2.5	1.7	2.0	1.4	1.7	1.2	1.6	1.1	1.4	1.0	1.4	0.9	1.3	0.9
	简支	5.4	3.7	4.3	2.9	3.7	2.6	3.4	2.3	3.1	2.2	2.9	2.0	2.8	1.9
	连续	6.4	4.4	5.1	3.5	4.4	3.0	4.0	2.8	3.7	2.6	3.5	2.4	3.3	2.3

3. W750 型（YX35-125-750）

压型板规格　　　　　　　　　　　　　　　　附表 3-7

断面基本尺寸(mm)	有效宽度(mm)	展开宽度(mm)	有效利用率
	750	1000	75%

压型板重量及截面特性　　　　　　　　　　附表 3-8

板厚 （mm）	每米板重(kg/m)		每平方米板重(kg/m²)		有效截面特征	
	钢	铝	钢	铝	$I_{ef}(cm^4/m)$	$W_{ef}(cm^3/m)$
0.60	4.99	1.65	6.65	2.20	13.85	7.48
0.80	6.55	2.20	8.74	2.93	18.83	10.00
1.00	8.13	2.75	10.83	3.67	23.54	12.44

注：1. 钢的密度取 7.85g/cm³（7.85kg/dm³），镀锌层的密度取 2.75g/cm²（2.75kg/dm³）；铝的密度取 2.75g/cm³（2.75kg/dm³）；

　　2. 以 1/300 的挠度和跨度比，计算压型板最大允许檩距。

压型板最大允许檩距（m）　　　　　　　　附表 3-9

芯板厚度 （mm）	支承 条件	荷载(kN/m²)													
		0.50		1.00		1.50		2.00		2.50		3.00		3.50	
		钢板	铝板	钢板	铝板	钢板	铝板	钢板	铝板	钢板	铝板	钢板	铝板	钢板	铝板
0.6	悬臂	1.1	0.8	0.9	0.6	0.8	0.5	0.7	0.5	0.6	0.4	0.6	0.4	0.6	0.4
	简支	2.4	1.7	1.9	1.3	1.7	1.1	1.5	1.0	1.4	0.9	1.3	0.9	1.2	0.8
	连续	2.9	2.0	2.3	1.6	2.0	1.4	1.8	1.2	1.7	1.1	1.6	1.1	1.5	1.0
0.8	悬臂	1.2	0.8	1.0	0.7	0.8	0.6	0.8	0.5	0.7	0.5	0.7	0.4	0.6	0.4
	简支	2.7	1.8	2.1	1.4	1.8	1.3	1.7	1.1	1.5	1.0	1.4	1.0	1.4	0.9
	连续	3.2	2.2	2.5	1.7	2.2	1.5	2.0	1.4	1.8	1.3	1.7	1.2	1.6	1.1
1.0	悬臂	1.3	0.9	1.0	0.7	0.9	0.6	0.8	0.6	0.8	0.5	0.7	0.5	0.7	0.4
	简支	2.9	2.0	2.3	1.6	2.0	1.4	1.8	1.2	1.7	1.1	1.6	1.1	1.5	1.0
	连续	3.4	2.4	2.7	1.9	2.3	1.6	2.1	1.5	2.0	1.4	1.9	1.3	1.8	1.2

常用夹芯板板型及檩距（m）

序号	板型	截面形状（mm）	有效宽度（mm）	板厚 S（mm）	面板厚（mm）	支承条件	荷载（kN/m²）／檩距（m）			
							0.6（0.5）	1.0	1.5	2.0
1	JxB-Qy-1000	1000（适用于：墙面板）	1000	50	0.5	简支	3.4	2.9	2.4	
						连续	3.9	3.4	2.7	
				60		简支	3.8	3.3	2.6	
						连续	4.4	3.7	3.0	
				80		简支	4.5	3.7	2.9	
						连续	5.2	4.2	3.3	
2	JxB42-333-1000	1000（适用于：屋面板）	1000	50	0.5	简支	4.7	3.6	3.0	
						连续	5.3	4.1	3.3	
				60		简支	5.0	3.9	3.1	
						连续	5.6	4.3	3.5	
				80		简支	5.5	4.4	3.4	
						连续	6.2	4.8	3.9	
3	JxB45-500-1000	1000（适用于：屋面板）	1000	75	0.6	简支	(5.0)	3.8	3.1	2.4
						连续	(5.4)	4.0	3.4	2.8
				100		简支	(6.5)	4.9	4.0	3.3
						连续				
				150		简支				
						连续				
4	JxB35-125-750	750（适用于：屋面板）	750	50	0.6	简支	(4.0)	3.0	2.1	1.5
						连续	(5.0)	4.0	3.2	2.6
				100		简支	(5.5)	4.5	3.6	3.0
						连续				
				150		简支				
						连续				

序号	板型	截面形状（mm）	有效宽度（mm）	板厚 S（mm）	面板厚（mm）	支承条件	荷载（kN/m²） 檩距（m）			
							0.6（0.5）	1.0	1.5	2.0
5	JxB40-305-960	960／320／305／40／S　适用于：屋面板	960	50	0.5	简支	3.4	2.9	2.4	
						连续	3.9	3.4	2.7	
				75	0.5	简支	3.8	3.3	2.6	
						连续	4.4	3.7	3.0	
				100	0.5	简支	4.5	3.7	2.9	
						连续	5.2	4.2	3.3	
6	JxB40-320-960	960／320／320／40／S　适用于：屋面板	960	50	0.5	简支	3.4	2.9	2.4	
						连续	3.9	3.4	2.7	
				75	0.5	简支	3.8	3.3	2.6	
						连续	4.4	3.7	3.0	
				100	0.5	简支	4.5	3.7	2.9	
						连续	5.2	4.2	3.3	
7	JxB44-333-1000	1000／333／333／333／44／S　适用于：屋面板	1000	50	0.6	简支	（2.9）	2.4	1.8	
						连续				
				80	0.6	简支	（3.0）	2.5	1.9	
						连续				

注：表中按挠跨比 1/200 确定檩距。当挠跨比为 1/250 时，表中檩距乘以系数 0.9。表中荷载为标准值，已含板自重。

附录 4　螺栓的有效直径和有效面积

螺栓的有效直径及在螺纹处的有效面积　　　　附表 4-1

螺栓直径 d(mm)	螺纹间距 p(mm)	螺栓有效直径 d_e(mm)	螺栓有效面积 A_e(mm²)
10	1.5	8.59	58.0
12	1.75	10.36	84.0
14	2.0	12.12	115.0
16	2.0	14.12	156.7
18	2.5	15.65	192.5
20	2.5	17.65	244.8
22	2.5	19.65	303.4
24	3.0	21.19	352.5
27	3.0	24.19	459.4
30	3.5	26.72	560.6
33	3.5	29.72	693.6
36	4.0	32.25	816.7
39	4.0	35.25	975.8
42	4.5	37.78	1121.0
45	4.5	40.78	1306.0
48	5.0	43.31	1473.0
52	5.0	47.31	1758.0
56	5.5	50.84	2030.0
60	5.5	54.84	2362.0
64	6.0	58.37	2676.0
68	6.0	62.37	3055.0
72	6.0	66.37	3460.0
76	6.0	70.37	3889.0
80	6.0	74.37	4344.0

注：1. d_e——普通螺栓或锚栓在螺纹处的有效直径，$d_e = \left(d - \dfrac{13}{24}\sqrt{3}\, p \right)$；

2. A_e——螺栓在螺纹处的有效面积，$A_e = \dfrac{\pi}{4} d_e^2$。

参 考 文 献

[1] 中华人民共和国住房和城乡建设部. 钢结构设计标准：GB 50017—2017 [S]. 北京：中国建筑工业出版社，2017.

[2] 中华人民共和国住房和城乡建设部. 冷弯型钢结构技术标准：GB/T 50018—2025 [S]. 北京：中国计划出版社，2025.

[3] 中华人民共和国住房和城乡建设部. 门式刚架轻型房屋钢结构技术规范：GB 51022—2015 [S]. 北京：中国建筑工业出版社，2015.

[4] 张其林. 轻型门式刚架 [M]. 济南：山东科学技术出版社，2004.

[5] 夏志斌，姚谏. 钢结构-原理与设计 [M]. 2版. 北京：中国建筑工业出版社，2011.

[6] 陈友泉，魏潮文. 门式刚架轻型房屋钢结构设计与施工疑难问题释义 [M]. 北京：中国建筑工业出版社，2009.

[7] 但泽义. 钢结构设计手册 [M]. 4版. 北京：中国建筑工业出版社，2019.

[8] 张耀春. 钢结构设计原理 [M]. 3版. 北京：高等教育出版社，2011.

[9] 李雄彦，徐兆熙，薛素铎. 门式刚架轻型钢结构工程设计与实例 [M]. 北京：中国建筑工业出版社，2008.

[10] 沈祖炎，陈以一，陈扬骥. 房屋钢结构设计 [M]. 北京：中国建筑工业出版社，2008.

[11] 崔佳. 建筑钢结构设计 [M]. 北京：中国建筑工业出版社，2010.

[12] 马人乐，罗烈，等. 建筑钢结构设计 [M]. 上海：同济大学出版社，2008.

[13] 陈绍蕃. 钢结构稳定设计指南 [M]. 3版. 北京：中国建筑工业出版社，2013.

[14] 张相勇. 建筑钢结构设计方法与实例解析 [M]. 北京：中国建筑工业出版社，2013.

[15] 王静峰，王波. 钢结构设计与应用范例 [M]. 北京：机械工业出版社，2012.

[16] 《轻型钢结构设计指南（实例与图集）》编辑委员会. 轻型钢结构设计指南（实例与图集）[M]. 北京：中国建筑工业出版社，2000.

[17] 《轻型钢结构设计手册》编辑委员会. 轻型钢结构设计手册 [M]. 北京：中国建筑工业出版社，1996.

[18] 《钢结构》编委会. 钢结构 [M]. 北京：中国计划出版社，2008.

[19] 周学军. 门式刚架轻钢结构设计与施工 [M]. 济南：山东科学技术出版社，2001.

[20] 罗福午. 单层工业厂房结构设计 [M]. 北京：清华大学出版社，1990.

[21] 《轻型钢结构制作安装便携手册》编委会. 轻型钢结构制作安装便携手册 [M]. 北京：中国计划出版社，2008.

[22] 建筑结构设计手册丛书编委会. 简明建筑结构设计手册 [M]. 北京：中国建筑工业出版社，1992.